见识城邦

更 新 知 识 地 图　　拓 展 认 知 边 界

FUTURE 未来 STORIES 大历史

What's Next?

David Christian

[美] 大卫·克里斯蒂安 著　王恺昊 译

中信出版集团 | 北京

图书在版编目（CIP）数据

未来大历史 / (美) 大卫 · 克里斯蒂安著 ; 王恺昊
译 . -- 北京 : 中信出版社 , 2023.4
书名原文 : Future Stories: What's Next?
ISBN 978-7-5217-5436-0

Ⅰ . ①未… Ⅱ . ①大… ②王… Ⅲ . ①未来学 Ⅳ .
① G303

中国国家版本馆 CIP 数据核字 (2023) 第 046591 号

未来大历史
著者：　[美] 大卫 · 克里斯蒂安
译者：　王恺昊
出版发行：中信出版集团股份有限公司
（北京市朝阳区东三环北路 27 号嘉铭中心　邮编　100020）
承印者：　宝蕾元仁浩（天津）印刷有限公司

开本：787mm×1092mm 1/16　　印张：22.75　　字数：271 千字
版次：2023 年 4 月第 1 版　　印次：2023 年 4 月第 1 次印刷
京权图字：01–2022–0349　　书号：ISBN 978–7–5217–5436–0
定价：88.00 元

服务热线：400–600–8099
投稿邮箱：author@citicpub.com

目 录

第四部分　设想未来

但丁《神曲·炼狱篇》中头部被扭向后方的占卜者

但丁《神曲·炼狱篇》第20篇的插图。在图中，但丁和他的向导维吉尔目睹了针对古代占卜者的惩罚。之所以受罚，是因为他们想要预见太过遥远的未来。他们的头被扭向后方，这样便只能看得到过去（15世纪中叶的画家普拉莫·德拉·奎西亚绘）。

我把这本书献给我的孙子和孙女，
他们是丹尼尔、伊维·罗丝和索菲亚，
他们是未来，也愿未来善待他们。

导 论

要是你们能够洞察时间所播的种子，
知道哪一颗会长成，哪一颗不会长成，
那么请对我说吧……*

——班柯对三女巫所言，出自莎士比亚《麦克白》
第一幕第三场

在闹鬼的屋子打开一扇嘎吱作响的门，你定会脊背发凉，因为不知道什么东西会从门后出现。在我们的人生中，我们无时无刻不在打开通往未来的门。门后面有什么？“我们如今仿佛对着镜子观看，模糊不清。”若真遇到圣徒保罗所写的情景，我们又该如何为未知做好准备？[1] 本书讲的就是时间隐藏起来的那一面。因为我们尚未抵达，所以这部分时间就像是躺在黑暗之中。对于潜伏在被我们描述为“未来”的陌生场所中的无论何种事物，我们都要想象它

* 本书中莎剧选段的译文均出自朱生豪版本。——译者注（除特殊说明外，本书脚注均为译者注）

的样貌、做好准备并且跟它打交道。

想要弄懂未来可能有点像是想要抓住空气。不过，虽然这看上去似乎虚无缥缈，但未来在很大程度上塑造了我们的所思、所感、所行。面对未来，我们有那么多的焦虑，付出了那么多的努力，又满怀那么多的希望与创造力。的确如此，或许我们大部分的思维关乎的都是可能的未来。大多数时候，我们对于未来可能性的反应都是自动驾驶模式。这是我们日常的未来思维。我们都很熟悉，也没什么特别的。这种未来思维是经生物和神经活动计算后执行的，因为它大多数时候都是下意识工作的，所以感觉上它是一种本能。当我们过马路或者估摸驶来的半挂车会不会撞到自己的时候，我们就会用到这种未来思维。但有时我们得朝新的方向出发，有时要迎接婴儿的降生，有时会遇到突发危机，有时会搬到新的国家，又或者，有时我们会去想象地球的未来。在这些时候，我们才会真正面对未来的神秘莫测。这便是有意识的未来思维。而一旦开始有意识地认真思考未来，我们很快就会意识到未来有多古怪。

本书描述了哲学家、科学家、神学家们是如何思考未来的。它也将讨论其他生物如何应对同样的重大谜题。从细菌到蝙蝠、猴面包树，它们都为此调动了异常复杂的生化和神经机能。本书还探讨了我们人类面向未来的集体思维和惯常的有意识思考，我们试图以此左右未来。最后，本书描述了今天所能想到的一些未来形态，它们距离现在短则几十年，长则数十亿年。在全书的结尾，我们还将对时间的尽头做一些猜测。

日常生活里的奥秘

在生活中，我们时时刻刻都在面临一个奇怪的生存奥秘，那就是未来。未来似乎有很多的可能性。可就在刹那间，除了一种可能之外的所有未来都消失不见了，留给我们的便是独一无二的现在。我们必须迅速处理好现在，因为它瞬间就会冻结成回忆和历史的一部分。这就像身处冰期变成化石的猛犸象，如果猛犸象已经不怎么能扭动打转，那么同理，回忆和历史也改不了多少。我们知道，在每一扇嘎吱作响的门后都有一大波其他的未来可能性在不耐烦地排队等待，队伍长得都望不到头。有的可能性平淡无奇，有的微不足道，有的神秘兮兮，而有的则能改天换地。我们不知道会碰上哪种。

这些关乎未来的奥秘令人着迷，但也很让人害怕。生命中的富饶、美丽、兴奋和意义——那些让人内心澎湃的时刻大多是由这些奥秘带来的。我们真的想要知道每扇门后都是什么吗？ 2000 年前，西塞罗曾发问："元老院的成员大多是（尤利乌斯 · 恺撒）推选出来的，如果恺撒预见到将要在元老院发生的……如果他预见到自己将要被最高贵的公民置于死地（而他们当中不少人的一切都是自己给的），如果他预见到自己的地位将会落得如此卑微，没有一个朋友——不，甚至没有一个奴隶愿意靠近自己的遗体，那么他该带着多么巨大的痛苦度过一生？"[2] 西塞罗认识恺撒。在公元前 44 年 3 月的月中日（3 月 15 日），西塞罗可能在元老院目睹了恺撒遇刺，而凶器是匕首。那段时间，西塞罗正在创作关于占卜的伟大著作。所以，这个案例十分鲜活，也让人感同身受。生活中的戏剧性和兴奋感大多来自对未来的无知，而这也给了我们选择的自由，以及去深思熟虑的道德义务。

尽管如此，很多时候我们还是想对前路略窥一二。我们有哪些线索呢？当我们要去别国旅行时，我们可以跟去过的人聊聊，或者带上《孤独星球》（*Lonely Planet*）作为指南，一如19世纪带着“贝德克尔”系列指南*旅行的欧洲人。作为一名专业的历史学者，我会借助一些建立在旧时记录与手稿之上的“旅行指南”，想象自己穿越回过去。我不会两眼一抹黑地踏上回到过去的旅途，但当我们步入未来时，我们没有向导可依，因为从未有人去过那里，一个人也没有。诚如历史哲学家罗宾·乔治·科林伍德（R. G. Collingwood）提醒我们的：未来不留记载[3]。

因为未来真的非常非常重要，所以未知才会让人恐惧。毕竟，如未来学家尼古拉斯·雷舍尔（Nicholas Rescher）所说：“（未来）是我们所有人余生都会奔赴的地方。”[4]所以，我们都在寻求指导。我们的头脑不停打量着这个世界，寻找某种范式、趋势或是征兆，然后想象可能的未来、或好或坏的未来。我们试图解释梦里、星盘上或是警告中透露的讯息，试图解读占卜者或是财务顾问给出的承诺。我们向父母、医生或是老师询问，现代政府则向经济学家、统计学家和科学家询问（有时候还会付给他们很多钱）。即便未来不留记载，我们还是会乐此不疲，这是因为我们有了某事将近的蛛丝马迹。有时候，借助莱布尼茨所说的“确实可靠性”（moral certainty，也就是“几乎可以肯定”），我们能够做出预测：太阳明天会升起，我有一天会死，政府会坚持让我交税。我不能对这些事

---

* 贝德克尔是成立于1827年的德国旅行手册出版商，其出版的系列指南被称为Baedekers。

“绝对肯定”，但也八九不离十了。除了诸如日食这样很少见的例子，我无法对未来的细节进行预测。过去的每个细节都闪闪发光，但未来不同于此，未来世界雾蒙蒙，那暮色中唯有模糊的身影在移动。

关于未来，我们仅有的线索都来自过去，这是最奇怪的一点。这解释了为什么生活会感觉像在一边盯着后视镜一边开赛车，也难怪我们有时候会撞车。在但丁的《神曲·炼狱篇》里，作为惩罚，占卜者们的头被扭向了后方。和他们一样，我们也是在回望过去时步入了未来。所以，当了解到花费大量时间研究过去的历史学家很少思考未来的时候，我们会觉得有些讽刺。本书的写作目的之一在于构建一个过去思维（也就是“历史”）与未来思维的连接案例，这样我们就能更好地用过去照亮可能的未来。

今天，深思熟虑的未来思维尤为重要，这是因为我们正处在地球历史的转折点上。在过去的100年里，我们人类突然变得如此强大。就这样，我们用不稳当的双手接过了地球的未来和它那满是易碎品的货箱。我们今后50年的所作所为将会塑造未来数千年甚至数百万年生物圈的样子。我们对可能的未来是怎么想的，我们又想要打造怎样的未来？这两点会共同影响我们未来的行为。未来是什么样子的，我们如何做好准备，而什么样的未来到来的可能性最大？对这些问题更深层次的理解，不仅对于专家来说是越发重要的知识，对于当今世界里每个思考的公民来说亦是如此。

然而，尽管未来是如此陌生，尽管我们为可能的未来进行了那么多的思考，尽管认真思考未来的重要性不言而喻，但学校却几乎从未教过关于未来思维的通用性技能。我们向专业人士教授诸如计算机建模这样的特定未来思维技能，但对于我们大多数人而言，未来思维只能随性为之。我们前方的世界神秘莫测，太多的思绪与行为深受其扰，而我们赖以应对的方式却是本能与直觉。我意识到自己对于“未来”的含义知之甚少。认真思考可能的未来需要很多精妙的技巧，而我对此也不甚了解。这也是我写作本书的部分原因。我也找不到任何关于未来以及未来思维的通用介绍。[5] 我猜测不是只有我想要更多地了解嘎吱作响的门后的那片陌生世界，所以，我想写一本自己一直在找的书。我希望它在某种意义上是一本《通往未来的用户指南》。尽管我并非未来思维领域的专家，但我还是试图讲清楚我们所说的“未来”到底意义为何。如何更好地思考可能的未来，以及运用这些收获去想象我们自己的未来、我们地球的未来，乃至整个宇宙的未来。

大历史的视角

通过“大历史”的复合视角，这本书探寻对于可能的未来我们会有哪些思考方式。“大历史”，这一方兴未艾的跨学科领域正是过去 30 多年我教学和写作的母题。[6] 大历史会用所有可能的维度和不同的学科视角去看待过去。大历史还相信，用类似三角测量的方法会产生对于历史更丰富、更深入的理解。大卫·休谟曾说自己在“深究”难题的过程中找到了乐趣[7]，我也希望大历史的视角可以有助于我们理解未来。想象一下，我们拿起一个代表未来的水晶球。在接下来的章节中，我们会让水晶球转动很多次。我们会从不同的角度观察它，在不同的光线下观察它，通过不同领域专家的眼睛来观察它。我们每转动一次水晶球，它的形状、颜色和意义都会有些许变化，我们也能学到新的东西。

从不同的角度看待同一个问题，这是种很有效的办法，网络理论中有一个很有趣的定理给出了缘由。它叫作小世界定理（the small-world theorem），意思是，在一个大多数节点彼此相邻的网络中，只需一两个长途链路就可以通过提高观点、信息和货物的交换速度而让整个网络为之改变。在人类大部分的历史中，其赖以建构的人际网络都只有村庄大小。在这样的网络中，大家都是邻居，看问题的角度也大同小异。但是，如果有一个村民定期去最近的城镇，那么，一旦让村民们接上更大的信息流和大相径庭的视角，大家就会让原先的网络焕然一新。这就是为什么会有一小群连接者在人类历史中扮演革命性的角色。他们是长途旅行者、商队、货郎、云游四海的先知以及士兵。从朝鲜半岛到地中海沿岸，古丝绸之路扯起一张交流的大网，也改变了亚欧大陆的历史。[8] 这种交流不仅出现在商品层面，也出现在信息和文化层面。今天，不同学科间的交流也同样势头迅猛。跨界学者创造了现代科学的基本范式。比如，大爆炸宇宙论把关于至大与至小的物理学连接了起来，现代遗传学则是结合了化学、生物学和物理学。就像丝绸之路那样，大历史的视角可以把很多知识领域如纺线那样交织在一起，并由此创造出新的见解和思维方式。在未来思维这样困难重重而又支离破碎的领域中，打造新的连接会格外重要。温德尔·贝尔（Wendell Bell）可谓现代“未来研究”领域的先驱之一。他曾写道：“在这个不乏专家和专业知识的世界上，有这样一些人：他们有大局观，看得懂不同事物如何相互关联，能看得到整体而不仅仅是一些局部。这样的人会扮演重要的角色，只是当下他们被忽视了。”[9]

与穿行于丝绸之路一样，跨学科当然也很冒险，学者需要在深耕的某一知识领域与大局之间做好平衡。多视角的观察也偶尔会在细小之处、微妙变化或者精确度方面略打折扣，而我希望能让两者得到平衡。在《生命是什么？》（*What Is Life?*）一书的序言中，量子物理学家埃尔温·薛定谔把这一困境说得很清楚。在这本跨学科著作的启发下，弗朗西斯·克里克和詹姆斯·沃森在DNA（脱氧核糖核酸）研究领域的见地也很具有突破性。薛定谔明白自己并非研究生物学出身，但他很清楚物理学可以给生物学提供很多帮助。他写道：

> 想要摆脱这种困境（把多个学科的观念连接在一起的困难），我想不出还有什么别的出路……除非我们当中有人带着二手素材和一知半解去冒险。他们冒险涉足跨越实证和理论的综合性研究，而弄不好就会洋相尽出。[10]

说到探索未来，本书秉持的也是类似的精神。它想让我们“深究”对未来的理解。然而，它也想为此“广泛涉猎”，想从许许多多不同的方面去接近未来，尽管这似乎有点儿自相矛盾。本书将会探索以下几个问题：为了理解未来，我们做了哪些努力；我们和其他生物体如何管理不同的未来；我们人类如何为最可能发生的未来做好准备；最后，在人类的想象中，我们自身的未来、我们地球的未来乃至整个宇宙的未来是什么样子。

《未来大历史》的缘起

为什么一个历史学家要去写未来？大多数历史学家牢牢守着过去，科林伍德认为这是天经地义的。他曾怒喝道："历史学家的分内之事是去了解过去，不是去了解未来。若哪个历史学家在事情发生之前就声称可以左右未来，我们或许就能肯定他们关于历史的基本理念出了问题。"多数历史学家对此表示赞同。但科林伍德的论断非常古怪，因为对于大多数的未来思维而言，学习过去都是关键。这也是为什么并非人人都会赞同他的观点。历史学家爱德华·霍列特·卡尔（E. H. Carr）同意历史学家没法预测具体的事件，但他坚持认为历史学家可以弄清大的历史规律与趋势。这些规律和趋势可以"为将来的行动提供总体指导……既有效又实用"。孔子应该也会同意这个观点，他曾写道："温故而知新。"[11] 我想说服读者：历史学家可能真的能为未来思维贡献良多。

最初，正是大历史让我更认真地思考未来。20 世纪 90 年代初，我和悉尼麦考瑞大学的同事们刚刚在历史学的教学中开始一项极端的实验。我们的历史课涵盖了整个过去，从 138 亿年前那个耀眼的时刻讲起——那时，大爆炸让宇宙诞生。教授这样的一门课有些荒诞不经，但也让人雄心满满，因为它跨越了太多传统的学科领域。可我们也没想到要去讨论未来！我们的最后一节课讲的是今天的世界。下课以后，我最得意的学生之一过来找我。她说自己很喜欢这样漫漫的历史长河，"但是"——我就等着她说这个"但是"——"你不能只讲到当下。如果你已经看过了快 140 亿年，又怎能不去看看接下来的几百年呢？你怎么能把我们晾在悬崖边呢？你也应该讲讲未来。"我感觉像是拍了一下自己的脑门。当然，她说得没错！未来便是余下的时间，难道历史学家们不应该多花点时间去想想吗？

我的同事戴维·布里斯科（David Briscoe）曾在这门课里讲过精彩的生物学内容。第二年，我就跟他一道把未来纳入最后一课当中。当然，我们那时候不知道自己在做什么。多久算未来？接下来10年？ 100万年？我们心里没数。但戴维有个挺好的建议：我们至少得确保这堂课的趣味性。他说：我们别备太多课了。毕竟，**我们真的不知道会发生什么**！所以，我们在学生面前抛硬币，由此决定谁扮演乐观主义者，谁扮演悲观主义者，然后轮流描述好的未来和坏的未来是什么样子的。我们同意只用一个麦克风，这样的话，当我们觉得另一方在胡扯时，就得靠唇枪舌剑抢占麦克风。

这样的课我们上了好几年。不管还有什么其他教学形式，结果都很有趣，也保证会在学生心中根植下这样的想法：如果你打算考虑所有的过去，那么你便不该在思考未来时犹犹豫豫。没错，我们体验过去和未来的方式是不同的，但是，它们也像连体婴儿一样密不可分。因为我要思考未来，所以一系列相关著作也放到了我的面前。它们的作者是神学家、哲学家、科学家、统计学家、科幻作家，还有从事未来学研究的学者。这些著作内容翔实、题材多样，但有时候也稀奇古怪。

最终，当我着手写关于整个历史的书的时候，我听从了学生的意见，在书的最后一章讲述未来。[12] 本书正是基于那一章展开的，但本书谈论的话题要多得多，这是因为我对未来有了更多的了解，也意识到我们的思维中有很大一部分实际上想的竟都是可能的未来。

从这里开始，我会用**未来思维**这个词来囊括对于未来的各种各样的思考，哪怕它们是下意识的。这个词还有很多其他标签。比如，赫伯特·乔治·威尔斯（H. G. Wells）*称之为远见（foresight），有的人叫它未来学（future studies）、预兆（prognostics，这个词苏联作者很喜欢用）、计划（planning）、预测（prediction，这个词经常带着批判性来使用，指的是那种过分自信、过度精确的预言），还有预报（forecasting），或者源自法语的词汇预期（prospective）。对于那种试图把控或者按自己意愿调整未来走向的尝试，不管是不是有意识的，我都会用**未来管理**这个词来描述。

结构与内容

本书分为四个部分，围绕四个大的问题来展开。

第一部分问的是“什么是未来”。它描绘的是哲学家、科学家、神学家在未来面前都有哪些话不吐不快。它还描绘了所有的生物体在试图应付可能的未来时面临的现实挑战。第二部分问的是“生物体如何应对未来”。它描述的是在面临不确定的未来时，生物体会用哪些复杂的生化和神经机制来进行未来管理，这也是一切未来思维的基础。除了那些最聪明的大型生物，这些机制都是在无意识的状态下工作的。大多数的未来思维都是暗流涌动。第三部分围绕我们人类的有意识的未来思维展开，它问的是“人类如何窥探、理解未来，又如何为之做好准备”。从诞生之初至今，人类的未来思维

* 英国著名政治家、社会学家、历史学家、科幻小说家，也是“时间旅行”“外星人入侵”等一系列文学主题的先驱。

发生了翻天覆地的变化，这点与其他物种不同。所以这一部分会分三个不同的历史时期来描述人类的未来思维：年代下限为距今大约10 000 年的奠基时代（foundational era），10 000 年前到距今 200 年的农业时代，以及现代。第四部分问的是“关于人类、地球乃至整个宇宙，在我们的（合理）想象中，它们的未来是怎样的”。我们应该如何去想象几百年后、几十亿年后的未来呢？而且……我们能合理想象出时间的尽头吗？

第一部分

思考未来

哲学家、科学家和生物体是怎么做的？

第 1 章

未来是什么?

时间如河流，时间如地图

我们被安顿于这世上，如同置身于一个大剧场。在这里，万事万物的源泉与来由都完全向我们隐匿。我们既无足够智慧预见未来，又无力阻挡持续威胁自身的顽疾。我们一直在永恒的不确定中坚持着。生存与死亡、健康与疾病、富足与匮乏，它们在人类中的分配法则神秘莫测、不为人知。它们的运转常常难以预料，也总是难以理解。

——大卫·休谟，《宗教的自然史》[1]

什么是未来？答案应该很简单，毕竟我们生活在时间里。所以，未来不就应该是还没有发生的那部分时间吗？

问题在于，一旦你开始对这些问题苦思冥想，很快事情就会变得很复杂。在当代的未来学研究中，关于什么是未来，学者们甚至没有达成共识。诚如未来学学者吉姆·德特（Jim Dator）所写的那样：“‘时间’和‘未来’似乎是未来学研究中最核心的两个概念。但是，未来学的奠基人们实际上很少讨论‘时间’，后来也很少有人认为这是个问题。”[2]

这也难怪！思考未来太伤脑筋了。关于时间的哲学把我们带到一片学术的丛林里。这里到处都是漂亮的观点、盘根错节的形而上学以及让人毛骨悚然的哲学爬虫。我没打算走到丛林深处去，但我们得小心翼翼地走到足以看得到问题的地方。这些问题就像藤蔓植物那样围拢在时间与未来这些概念的四周。

如果想要理解时间，我们就需要理解未来，但时间真的存在吗？或者这个词只是我们给一个看不见摸不着的概念起的名字？在人文科学领域，有的学者更喜欢诸如时间性（temporalities）这样更模糊的措辞。这个词大致可以解释成“时间变化的体验”。[3]哪怕是现代科学也没有给出完整的答案。这就好比没人能够活得长到真正把时间抓住一样。法国作曲家埃克托尔·柏辽兹（有可能）说过：“时间是位伟大的老师，但不幸的是它把所有的学生都给干掉了。”[4]如果花了太多精力研究时间，你会开始感觉自己像苏菲派舞者一样在转圈。这就像是11世纪的波斯天文学家兼诗人欧玛尔·海亚姆（Omar Khayyám）感觉的那样*：

当我在青春时分，
也曾热访过博士圣人，

* 下面这首诗出自《鲁拜集》，过去百年间有多个中文译本。这里选取的是郭沫若的版本。本书涉及《鲁拜集》的诗歌均采用郭沫若的中译本，后文不再一一说明。

炎炎的伟论听了多回；

可我依然出来——由那原小径。[5]

在弥尔顿的《失乐园》中，就算是魔鬼撒旦的追随者也搞不清时间。*

（他们）有的胸怀高尚的理想，

坐在偏僻的小山上面，

就理性、先见、意志和命运，

就定命、自由意志和绝对的先见等问题

试作高谈阔论，但都很迷茫，

如堕五里雾中，得不到结论。[6]

在探寻上帝旨意的过程中，圣奥古斯丁曾对时间有过深刻的思考。他精彩绝伦的《忏悔录》第 11 卷直到今天仍是谈论时间的基础性文献。在该卷中，他问道："什么是时间？谁能给我通俗简要地解释一下？"尽管奥古斯丁的思考深邃而敏锐，但他对时间的问题似乎总是搞不太清。"那么，时间是什么呢？我知道，没人问我这个问题。但如果有人来问我，我不知道该如何解释。"奥古斯丁非常沮丧。他向上帝求助："为了解决这个错综复杂的谜题，我的脑子都要烧坏了。我的主啊，请不要关上门。仁慈的天父啊，我通过基督请求您。请不要关上那扇通往我渴望理解之事的大门。我

* 下文出自朱维之译本（人民文学出版社，2019 年版）。

想理解的事既令人熟悉又让人费解。”正如哲学家杰南·伊斯梅尔（Jenann Ismael）所写的那样：“真的就有这样让人们绞尽脑汁的事。”[7]

对时间的两种看法

哲学家、圣贤、农民、巫师、神学家、逻辑学家、人类学家、生物学家、数学家、物理学家、赌徒、先知、科学家、统计学家、诗人、预言家都被有关时间的难题吸引。所有对自己和身边人的未来惴惴不安的人也都会对这个问题饶有兴趣。关注时间的当代哲学家会在两种主要的解释方法之间做区分，而它们也给我们对未来的理解带来了截然不同的影响。[8]这两者的前身都可以追溯到古代的哲学流派。在古希腊哲学家赫拉克利特（约公元前540—公元前475）的想象中，世界的变化永无止境。这就意味着未来会和过去不一样。与他差不多同时代的哲学家巴门尼德则认为变化是一种幻觉。所以，过去、现在和未来都应该大体上是一样的。很多的哲学与神学流派都会在恒久与变化的关系上纠结不已。古印度文献《奥义书》坚持认为“在无常和变化的区间之外，存在一个亘古不变、始终如一的内核或灵魂（atman*）”。但在很多佛教传统中，“事物并不存在亘古不变、始终如一的内核，一切皆是无常”。[9]

这里有两个比喻。第一个比喻遵循的便是赫拉克利特的学说。

* 也就是印度教中的“我”这个概念。

它认为时间是流淌的，就像河水一般，我们乘着时间去经历永无止境的变化。在这种观点看来，未来与过去不同，也很难预知。在我们的日常生活中，时间也通常给了我们这样的体验，所以这个比喻对我们今天的大多数人来说非常自然。这样的时间就像是一个起伏不定、悲喜无常、生死难料的动荡世界。在一些印度传统中，它被称为轮回（samsara）。

另有一些人认为我们感觉到的流淌和变化不过是一种诱人的幻觉。已故哲学家、时间学者戴维·休·梅洛（D. H. Mellor）曾经声称“真正的时间”不会流淌[10]，时间更像是地图而不是河流。这种看待时间的方法更像是居于高处的上帝视角。从这个角度来说，变化看上去并不再像是发生的事情，而更像是爬过地图上两点的蚂蚁所体会到的不同。从这种观点来看，我们之所以会对未来与过去有不同的感觉，是因为我们自己运动了，而非假定的时间在流淌。这种观点认为过去和未来几乎无异，而且未来在某种意义上应该是可知的，因为它已经被画在了地图上。不变存在于日常生活表面的变化之下。这样的想法可能曾经决定了大多数人思考时间的方式。我会在第 5 章中论述这个问题。视时间为流水的观念带来了一系列的逻辑难题，我们在本章后半部分会涉及这些难题。而在当今瞬息万变的世界中，这些难题困扰着哲学家和科学家，他们也因此对“地图”这个比喻格外认真起来。

有种比喻认为我们深陷时间当中，而另一种比喻则认为我们或许可以超脱时间。说到有关时间的哲学，最新的一项调查把上述两种观念称为“动态”与“静态”的时间，但哲学家们往往把它们称为“时间的 A 序列”和“时间的 B 序列”，这遵照的是英国哲学家 J. 埃利斯·麦克塔格特（J. Ellis McTaggart）于 1908 年发表的著名论文。[11] 这是一个术语，但是这个术语在研究时间的哲学家中使用甚广，我们对此也得习惯。

在实际操作中，这两种比喻之间多有交集。麦克塔格特视时间为幻觉，但即便是他也同意“除非把两个序列都建构起来，不然我们无法观察时间”[12]。关于时间最著名的定义之一出自艾萨克·牛顿爵士之口。我们在他的定义中也能发现这两种比喻混合在了一起。牛顿的《自然哲学的数学原理》一书堪称科学革命史上最重要的著作，在这本书中，牛顿写道，“绝对的、真实的和数学的时间，它自身以及它自己的本性与任何外在的东西无关，它均一地流动”[13 *]，且另一个名字是持续。牛顿定义里的时间像河水一样“流动”，但它也同时是“绝对的”，它还有像地图上线段一样的外延，或者被称为“持续”。

时间如河流：“时间的 A 序列”中的未来

为了让“时间如河流”这样的比喻显得不那么抽象，不如加入马克·吐温笔下的小英雄哈克贝利·费恩和他的朋友吉姆的行列。让我们和他俩一起坐着筏子在密西西比河上顺流直下：

> 第二天夜里，我们大概划了七八个钟头的筏子，水流的速度也超过了每小时 4 英里。我们抓鱼、聊天，还时不时地在水里游上一会儿，这样可以驱赶倦意。漂流在这静静的大河上，躺在筏子上仰望星空，让人感觉到一种肃穆

* 译文摘自《自然哲学的数学原理》（商务印书馆，2006 年版），赵振江译。

的气氛。我们说话的声音都不由得变轻了，也不会放声大笑，只是偶尔低声咯咯笑几下。天气总的来说相当不错。到目前为止，我们都没碰上什么事。当天夜里是这样，接下来的两天也都是如此。

每天晚上，我们都会路过镇子，有些镇子在远处黑漆漆的山坡上。除了一些灯火外，山上什么也看不见。到了第五天晚上，我们经过了圣路易斯，那感觉就像整个世界都被点亮了……现在，每天到了晚上快 10 点，我都要溜到岸上的小村子里，买上一毛钱或者一毛五的饭菜、咸肉或者别的什么吃的。有时候看到不老老实实在窝里待着的小鸡，我也会顺手拎回来……一大清早，趁着天没亮，我溜进玉米地里找吃的，借人家一个西瓜、香瓜、南瓜，或者几根刚长出来的玉米，总之都是这类东西。[14]

"时间的 A 序列"流淌起来就跟密西西比河一样壮阔。大到星辰、银河，小如原子、虫蚁，所有的漂浮物都被它承载着流向未来，就好比密西西比河上的筏子、渔船、独木舟、游艇、明轮船和漂流的木头。我们的生活便是那洪流的一部分。

在筏子带着他们驶向未来的过程中，哈克贝利 · 费恩和吉姆所生活的世界便是赫拉克利特式的。这个世界是动态的，不断变化的。有些事物似曾相识，比如每晚路过的镇子。尽管如此，细节一直在变。哲学家们会用**流逝**（passage）这一术语来形容这种不停变化的感觉。在《鲁拜集》中，19 世纪的英国翻译家爱德华 · 菲茨杰拉德（Edward Fitzgerald）就曾用优美的译文把欧玛尔 · 海亚姆笔下的这种**流逝**之感捕捉到位：

来，随老伽叶*远离空谈，
要知道，生命逝如羽箭，
余者都是谎言，
花开绚烂一时，花败却成永远。[15]

说到时间如河流这样的比喻，我们能从中明白的第二点便是未来存在于某个特定的方向上。筏子载着乘客从起点密苏里州圣彼得堡（马克·吐温很可能在想的是他的老家汉尼拔**）顺流直下。未来顺流而下，或者说在我们前方。又或者，你也可以说未来在我们下方，就像很多说中文的人一样，说到过去你想到的是“上”，说到未来你想到的是“下”。再或者说未来在我们后方——如果跟澳大利亚原住民群体和夏威夷语使用者一样，你想到未来的时候就会觉得它在我们背后。[16]不管未来藏在哪儿，它都跟过去不在一个方向上。

未来是隐藏起来的，这是我们学到的第三点。我们充其量看到雾蒙蒙的一片，什么华美的细节、芬芳与颜色都捕捉不到。而正是这样的细节、芬芳与颜色才让过去与今天折射出七彩缤纷。过去，哈克贝利·费恩能记得“借”一个香瓜或者“拎”一只“不老老实实在窝里待着的”小鸡。当下稍纵即逝，就像夜里偶尔的几次“低

---

* “老伽叶”即为本诗原作者欧玛尔·海亚姆，在某些早期中译本中，他的名字也被译作莪默·伽亚谟。

** 在《哈克贝利·费恩历险记》中，密苏里州圣彼得堡是虚构的城市，但是它以密苏里州的汉尼拔为原型。

声咯咯笑”一样。但当它来临的时候，它比什么都更加真实。只有当下的我们可以感受到拂过脸颊的风、大河的奔腾，又或者是“借”来的西瓜的重量、森林大火的气味。我们对于当下的感觉实在是太强烈了，以至于有的哲学家（当下主义者）认为只有当下才是现实。我记得我曾听到英国的佛教僧人圣戒法师（Ariyasilo）* 提醒我们："过往已逝，将来未至。且听鸟鸣！”

在“时间的A序列”中，过去与未来迥然不同。图1.1点出了两者的一些区别。2013年，英格兰银行用这幅图来预测通货膨胀。2013年之前的那些部分描述的是过去，它们基于详细信息而成，形成了一条单线。2013年之后，细节突然不见了，数据点呈扇形散开，形成模糊不清的可能性区域。继续向右看，很快，预测数据就变得过于宽泛，以至于告诉不了我们什么有用的信息。仅仅说到3年之后的情况，英格兰银行便只能做出“有90%的概率物价水平会在下降0.5%到上涨4.5%之间波动”这样无用的预测。在“时间的A序列”当中，哪怕只隔着当下这层薄纱，过去与未来也有着天壤之别。

过去与未来相交的那一刻格外神秘。乘着筏子顺流而下，我们就好像在靠近一个由各种可能的未来组成的超维度幽灵舰队。然而，当它们靠近时，越来越多的未来可能性化为虚无。在我们真的抵达未来的那刻，大雾四散，只剩下了一种可能性。这仅存的未来变成了炫目的当下，而它也将滑入过去的行列。

* 全名Ajahn Ariyasilo。Ariya在梵语中是“圣徒”的意思，而silo在古印度巴利文中有“戒”的含义。故此处依汉语中佛教语汇表达习惯译为“圣戒法师”。

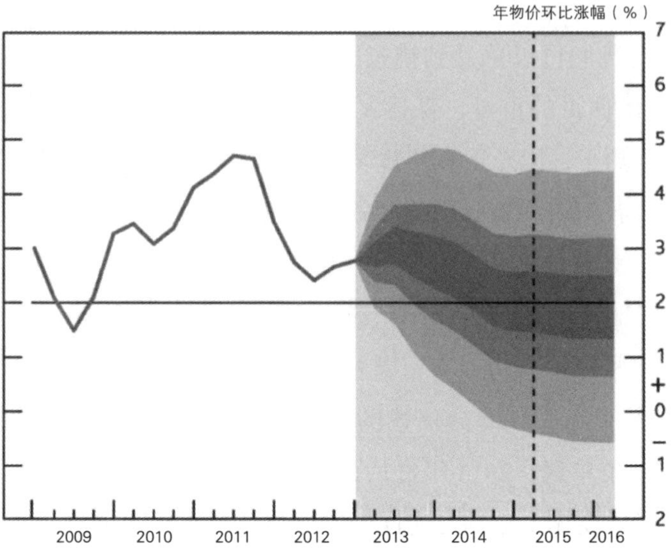

图 1.1　2013 年 5 月，英格兰银行通货膨胀预测图

未被阴影覆盖的区域的折线代表 2013 年之前的通胀率，它们是已知的。在假设条件与图绘制时保持“完全相同”的前提下，我们在右侧阴影区域看见了上百种可能的通货膨胀变化结果。颜色越深，表明该区域通胀变化实现的可能性越大。这一扇形也表明预测很快就会因变得过于宽泛而毫无用处。

（资料来源：Kay and King, Radical Uncertainty, loc. 1625 Kindle。）

这有点像是量子物理中一个很奇特的过程。它被称作“波函数坍缩”（the collapse of the wave function）。就上千万个亚原子粒子而言，它们的位置与运动的众多可能性在数学上可以用概率波来描述。这看上去有点像英格兰银行对未来通胀率的预测。但是，当你对一个系统进行测量时，所有的可能性瞬间坍缩成单个可以检测的状态，这就好比银行对过去通胀率的描述。在“时间的 A 序列”中，可能的未来在我们接近时似乎也会以类似的方式坍缩。其他的未来都去哪儿了呢？它们真的曾经存在过吗？

我们可以用一张图来总结“时间的 A 序列”的主要特征。本

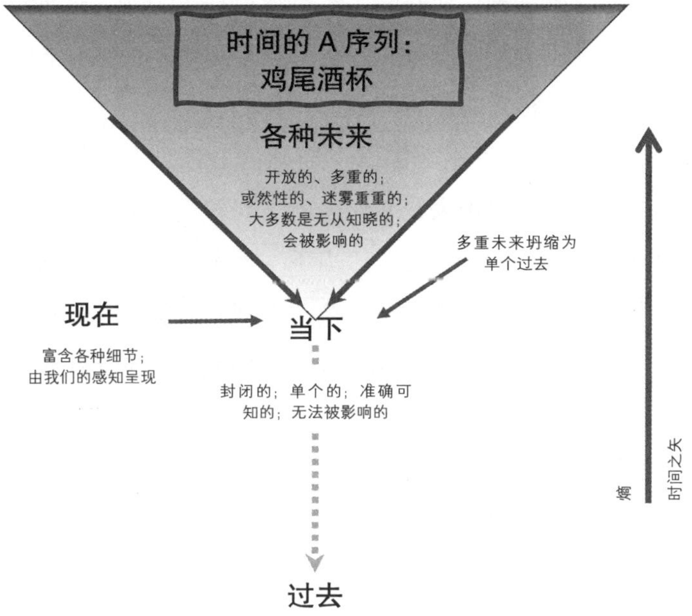

图 1.2　时间的 A 序列：鸡尾酒杯

书会多次用到这张图——未来锥（future cone）[17]。想要对未来锥的形状有个大致的了解，可以回去看看说明英格兰银行对未来通胀率的预测图。把多余的线条擦干净，逆时针旋转 90 度，你就有了这张包含过去与未来的图。它看上去有点像鸡尾酒杯。因为我们所有的证据都表明过去只有一个，所以过去由一条直线呈现，而未来则向外延展成一个含有很多未来可能性的锥体。

时间如地图："时间的 B 序列"中的未来

对于当今世界上的大多数人而言，"时间的 A 序列"式的思维感觉挺对。但它并非永远正确。在研究时间的哲学家看来，时间的理解形式还有第二种，而一些宗教传统也深以为然。这种形式的时间看上去更像是地图而不是河流。这就如同众神视角下的时间一样。麦克塔格特称之为“时间的 B 序列”。

和“时间的 A 序列”相比，“时间的 B 序列”更简单，也更具线性。过去、现在与未来，它们彼此之间并没有太多不同：它们不过是地图上的不同区域而已。“当下”刚好是你此刻所处的区域，而未来则在你目前位置的一旁。换一个观察者就会给过去、现在与未来下不同的定义，这就好比纽约的观察家与莫斯科的观察家所想象的西方是不一样的。这里有一张图可以概括“时间的 B 序列”的主要特征。你首先注意到的一点是图里没有锥体！这张图看上去更像是一条虫子而非鸡尾酒杯。

看看你的待完成事项清单或课程表，那就好比你在看一张时间

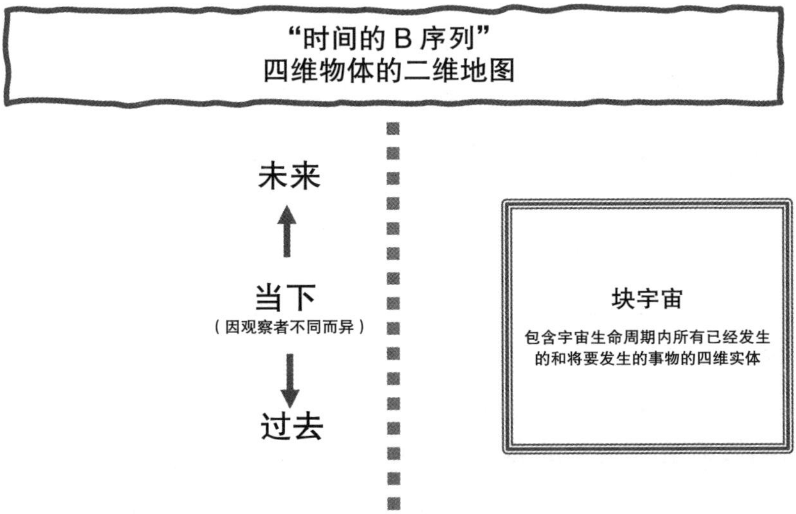

图 1.3 “时间的 B 序列”

地图。9：45，看牙医。11：30，开会。18：30，和朋友共进晚餐。日程表描绘的是一组由时间构成的景观，其中的未来与过去都只是不同的地方而已。当然，地图的比喻也意味着未来是可知的：18：30的时候我就会跟朋友共进晚餐。

“时间的B序列”采纳了胡·普赖斯（Huw Price）的观点。普赖斯称之为“无时的视角”（view from nowhen）。在此视角下，所有时间点都是平等的。[18]这正是地图上方的视角。想象一下，你飞在密西西比河上方的高空中，然后你锁定了哈克贝利·费恩和吉姆的筏子所在的位置。你不会和他们一样感受到水流的颠簸，但你看得到他们的来路与去处。对你来说，他们旅途的不同部分都存在于一个单体空间之中。如果我们飞得够高，我们甚至能想象这样一张囊括宇宙间万事万物的地图。不管是已经存在的，还是即将存在的，都在图中。从最久远的过去到最遥远的未来，这张寰宇地图的坐标通达所有时空。最终，我们看到的是一大坨冻住的集合体，它囊括了万事万物、生死祸福。哲学家威廉·詹姆斯（William James）将这个奇怪的思维实体称为“块宇宙”（block-universe）。爱因斯坦则称之为“时空连续体”（space-time continuum）。各种事物把块宇宙塞得满满当当。威廉·詹姆斯认为，当下并无特殊之处，是因为“不管发生于何时，每个事件都同样是完全真实的。同理，发生于不同**空间**位置的事物也同样是完全真实的”[19]。圣奥古斯丁虽然没有现代术语可用，但他似乎相信上帝看到了块宇宙：“永恒之中，没有什么会转瞬即逝。但所有一切会作为整体出现。”或者，如哲学家西蒙·布莱克本（Simon Blackburn）所言：“过去、现在和未来，所有的事件都如凝在琥珀中的苍蝇般存在，只是它们之间的距离或远或近。”[20]

在块宇宙中，我们不该为逝者悲伤，也不该为将来担忧。在给去世老友米凯莱·贝索[*]（Michele Besso）家人的吊唁信中，爱因斯坦把这种感觉表达了出来："他比我稍早一些离开了这个奇怪的世界。但这并不代表什么。对于我们信仰物理的人来说，过去、现在与未来之间的区别只是一种根深蒂固的幻觉。"[21] 库尔特·冯内古特（Kurt Vonnegut）笔下《第五号屠宰场》（*Slaughterhouse Five*）[**] 中的特拉法马铎星人或许会对此表示赞同。他们生活在四维空间里。对他们来说，人没有会死这一说，因为"不管是过去、现在还是将来，所有的时刻都一直存在着，也会一直存在下去"。在很多的哲学与宗教传统中，我们也能找到类似的时间观。13 世纪的日本僧人道元也曾写道："生是一时之法位，死亦是一时之法位。例如春冬，不思冬转成春，不云春转成夏。"[***22]

"时间的 B 序列"还有其他一些古怪特点。在现实图景中，我们没有明确的"当下"作为根基，因而在思考万事万物时不得不将它们当作时空的延伸。我们也得更加重视将时间视作第四维度的观点。那就意味着，当我俯瞰哈克贝利·费恩和吉姆时，他们看上去就不再是移动的点，而是沿着密西西比河顺流直下的线，就像虫子那样。在冯内古特笔下的特拉法马铎星人眼中，人类就像巨大的千

---

* 意大利裔瑞士工程师，爱因斯坦在苏黎世联邦理工学院学习期间与他相识，他也是爱因斯坦在瑞士伯尔尼专利局的同事。两人经常在下班路上讨论哲学问题。贝索先爱因斯坦一个月去世。

** 冯内古特是美国黑色幽默小说家。1945 年，参军的冯内古特在战场上被德军俘虏。他在德累斯顿被关押期间遇上了英美对德累斯顿的大轰炸。轰炸的惨状促使他日后完成了反战名著《第五号屠宰场》。

*** 译文出自道元所著的《正法眼藏》（宗教文化出版社，2003 年版），何燕生译。

足虫，“一头是婴儿时期的双腿，而另一头是老年时期的双腿”。在我们的感觉中，变化只能往一个方向发展，即从过去向未来变化。而这种地图的比喻让我们的这种感觉岌岌可危。在地图上你可以往四面八方移动，所以在时间里前后自由移动又有何不可呢？

鉴于“时间的A序列”似乎带来了更多的哲学与逻辑学难题，现在有很多哲学家和科学家都试着去接纳“时间的B序列”的古怪之处。就拿“当下”这个概念来说，它是区隔过去与未来的那个时刻。在“时间的B序列”中，当下并没有什么特别的。它仅仅碰巧是你所处的时间点或者位置。但在“时间的A序列”中，当下有其特别之处。它与过去、未来都截然不同。所以我们难道不应该围着它画条线段吗？但“当下”的持续时间有多长呢？奥古斯丁认为“现在并不占空间”[23]，这一观点也引出了古希腊哲人所熟知的一个悖论：如果根本就没时间让事物发生于其中，事物又何以发生？哲学家芝诺（约公元前490—约公元前436）就曾邀请我们去想象这样一支正在飞行的箭。在一个无穷小的时间点上，这支飞矢根本跨不过任何距离，所以当时它肯定是停下来了。对那之前和之后的时刻而言，依然同理。因此，飞矢根本就动不起来。但无论是从哲学上来看，还是凭人们的直觉来看，这种无穷小的观点在今天看来都似乎站不住脚。

但要是“当下”并非无穷小呢？或许，时间跟物质和能量一样是由颗粒组成的呢？这是不是就能让我们不再钻牛角尖了呢？或许存在一种名为“时间量子”（chronon）的最小时间原子。空间中的最小距离大约是 10^{-35} 米，而一个时间量子大概就是光穿越这段距离所花的时间。当然，我们所能感知的当下不可能那么短。威廉·詹姆斯把心理学意义上的当下称作“似是而非的现在”。它可能会持续两三秒，人的思维也需要用这么长的时间来调动各种感官去建构单一的“当下”图景。我们的很多器官会感知到信息并加以处理，而一系列神经过程会对这些信息进行编辑和关联。我们的知觉所依靠的便是这样的神经过程。在数据有缺失时，我们的知觉会将其补上，而这一切都需要时间去完成。[24] 当我们经历当下时，它与未来的边界只是一堆模糊不清的印象、画面、思维和声音。但如果现在不是无穷小，那它的一部分肯定伸向了未来，而另一部分也肯定伸到了过去。这就好比时间模型里的鸡尾酒装饰签。这点难道不会让认为过去、现在和未来彼此不同的观点显得很荒唐吗？正因为“时间的 B 序列”并没有给“当下”以特殊地位，所以它也规避了这些悖论。

关于“时间的 A 序列”，圣奥古斯丁还曾经有过另一番发难。既然我们一直在“时间的 A 序列”当中，那么当我们身处当下时，过去和未来都去哪儿了？他问道：“当未来面前浮现出此刻之时，时间会从某个神秘仓库里冒出来。而当过去从此刻中走出时，时间又退到某个神秘的地方去。那从这种意义来看，（过去和未来）存在吗？”[25] 我们从未真正体验过其他可能的未来，从来都只能遇见一种未来。当它来到我们面前时，它就变成了当下。我们只见到了代表团中的一个成员，那凭什么说在我们见到它之前其他可能的未来就真的存在呢？在“时间的 B 序列”中，未来只是地图上的地点，所以也不会产生这些问题。

这里还有一个让我们百思不得其解的问题。如果时间是流逝的，那么它的流速有多快？哈克贝利·费恩给密西西比河测过速。它的流速是 4 英里 / 时（1 英里约合 1.6 千米）。我们可以给时间测速吗？除非我们知道时间流经的是何物。牛顿明白其中的困难。为了解决这个问题，他试图把绝对时间给区分出来。他认为绝对时间是相对时间的根本框架，就像密西西比河的河岸一样。为了解释绝对时间的概念，牛顿求助于神学。他在神学方面进行了和物理学一样的深入思考。他认为，空间和时间赖以存在的终极架构是由无所不在的上帝提供的。牛顿曾用一个颇具启发性的比喻来描述宇宙："它是那无形的、鲜活的、智慧的存在所具有的感觉中枢。"[26]不过他后来撤回了这样的观点。

在非宗教领域的现代科学当中，用神学作解已然行不通。到了19世纪，对于牛顿把上帝视作现实世界终极架构的观点，科学家们试图用一种叫作"以太"（ether）的概念来取而代之。以太是一种纤薄的介质，所有能量和物质都可以通过它传播，人们也借此测量穿过以太的能量与物质的速度。为了检测到以太，人们曾经做过很多次尝试，但无一成功。其中最著名的是1887年的迈克尔逊–莫雷实验（the Michelson-Morley experiment）。这项实验假定光在碰到或者穿过以太时速度会变慢。因此，对于两束相互垂直传播的光而言，它们的速度应该会不一样。但检测中并未发现它们有何不同。这一结果也支持了"时间的A序列"，即时间由过去流向未来，但没有什么介质可以对这样的流动进行测量。在第2章中，我们会看看爱因斯坦是怎么用革命性的方法来解决这一难题的。

决定论、因果关系和时间之矢

"时间的B序列"规避了"时间的A序列"中的悖论，但它也带来了有关未来思维的两大难题。其一，对块宇宙这一概念的阐释可能意味着未来都是被缝起来的，所以并没有选择的余地。那也似乎是自由意志与伦理道德的终结。其二，在“时间的B序列”当中，变化似乎没有明确的方向。对于未来思维来说这可是个大麻烦，因为它剥夺了我们预测未来的一种最有力的方法，即这样的观念：如果A会引发B，那么如果发生了A，我们就能预测不久以后B也会发生。现在我去踢一下球，我就能预测到它过会儿就会动起来。上面的问题则对决定论和因果关系提出了质疑。这也从根本上威胁到我们为应对未来所做的层层假设。“时间的B序列”的确简单，但这就是我们要为简单付出的高昂代价。

幸运的是，我们的直觉中依然存有对这些问题的上佳回答：（1）我们之所以可以塑造未来的形态，是因为它并未完全由过去提前决定；（2）很多形态的变化只有从过去到未来这一个方向，所以，有因才有果。

其中的一些论点古已有之。但它们的现代形式则有赖于科学思维的根本性转变。这种转变产生于19世纪后期。从那时起，现代科学和哲学看待现实和未来的方式变了。从17世纪一直到20世纪初，大多数科学家都认为决定论既符合逻辑又具有启发性。他们希望科学能发现越来越多的力学法则，从而提升我们预测未来的能力。大到恒星的灭亡，小到我早上多喝了一杯咖啡，力学世界之内的万事万物早就由宇宙创世的那刻所主宰，过去如此，今天依旧，未来也不会改变。欧玛尔·海亚姆曾用诗意的语言表达过决定论的观点：

> 最初的泥丸捏成了最终的人形，
> 最后的收成便是那最初的种子；

天地开辟时的老文章

写就了天地掩闭时的字句。[27]

如果欧玛尔·海亚姆是对的，那为可能的未来做计划就全都是胡闹。游戏都是设定好的。“时间的B序列”真的让“选择”二字连同责任、伦理和道德一起全都无处安身了吗？答案是……未必。

说到决定论，有关它的经典现代解释出自伟大的法国科学家皮埃尔-西蒙·拉普拉斯（Pierre-Simon de Laplace）。拉普拉斯是一位杰出的数学家，在他生活的那个年代，人们对科学的力量可谓信心满满。1814年，在《关于概率的哲学随笔》（“A Philosophical Essay on Probabilities”）中，拉普拉斯为后牛顿时代的科学提出了基于决定论的逻辑体系。

> 现在发生的事件与先前的事件相关联，而它们之间的联系基于一个显而易见的原则：没了让其产生的原因，一件事情便不会发生。因此，我们就应该把宇宙的当前状态看成它先前状态的结果，它也是接下来那个状态的原因。如果有这样一种智慧的存在*，给它某个特定的时刻，它就能掌握当时所有驱动自然运行的力量以及构成自然的各种主体的情况，不仅如此，它还强大到可以分析这些数据，那么，从宇宙里最大的天体到最小的原子，它们的运行都会被这种智慧的存在纳入同一个公式中。对它来说，

* 后世称之为“拉普拉斯妖”。

没有什么事会是含糊不清的，未来会跟过去一样出现在它眼前。

拉普拉斯承认：在实践中，就理解力而言，人类与这样的全知存在之间会一直存在“无限距离”。[28] 我们会因无知而保留自由选择的幻觉。但是，拉普拉斯认为自由选择本身就是一种幻觉。

这种论断并非新创的。约 2000 年前，在《论占卜》（*On Divination*）一书里，西塞罗就曾在一段苏格拉底式的对话中借他的弟弟昆图斯（Quintus）之口表达过这样的看法。昆图斯为自己的斯多葛主义论点辩护。他认为“存在一种由因构成的整齐序列，其中，因与因彼此相连，而每个因又会带来各自的果”，所以，“万事皆由命数而生”。基于此，昆图斯得出了和拉普拉斯类似的结论，即如果知道的够多，我们便能预测未来。“时间的演变如同松开一根绳子。它并没有创造什么新的事物，只是按一定次序把事件展开。”[29]

极端的决定论一直让神学家和哲学家们忧心忡忡。这是因为，如果人类没有选择的自由，他们便不会为自己的行为负责，而道德伦理也会因此画上句号。如何把人类的自由选择和上帝的全知全能这两种观念一碗水端平？对亚伯拉罕诸教传统的神学家而言，这成了难题。而对科学家来说，也很难下定论说自然法则是否给个人选择以及偶然随机性留有余地。

对极端决定论的有力回击一直不绝于耳。在与西塞罗的激烈论战中，奥古斯丁认为：尽管上帝全知全能，但我们确实拥有选择的自由，因为上帝给予了我们有限的选择自由；然而，上帝的“先知先觉”永无止境，他也有超脱时间的能力，因此，他连我们的自由意志都可以“预见”到！[30]当代研究时间的哲学家们也有类似的论断。他们认为块宇宙真实存在。但它是由两大因素共同建构起来的。其一，原则上可以被广泛预测的力学原理。其二，发生时难以预测的事件，比如量子事件或者生物体带有目的性的选择。唯有置身于流动时间之外的存在才可以“看见”块宇宙。但这样的存在又或多或少地由深陷于流动时间中的事物组成。无独有偶，这种认为自由意志和决定论可以共存的观点在今天被称为“相容论”（compatibilism）。

从拉普拉斯的时代起，反对极端决定论的声音就一波接一波，哪怕像在物理学这样最纯粹的科学门类中也是如此。科学哲学家拉里·劳丹（Larry Laudan）就曾写道，19世纪末，大多数科学家就已经放弃了对绝对确定性的期望，他们转而致力于“一项更为适中的计划，即创造出一些合情合理、八九不离十或者经得起检验的理论。正如皮尔士和杜威*所认为的那样，这种变化也代表了科学哲学史上最大的分水岭之一：放弃了对确定性的孜孜以求”[31]。

对于认知、现实和未来而言，此番科学观念的转变可谓意义深远。造成这种转变的原因也不止一个。

哲学家们表示，能为确定性打包票的逻辑系统并不存在。伯特兰·罗素曾用一句简单的话作为例子：“这句话是假的。”如果这句话是假的，那它就是真的。但如果它说的是真的，那它又一定是假的。20世纪30年代，库尔特·哥德尔（Kurt Gödel）的“不完全性定理”（incompleteness theorems）表明所有的逻辑系统都一定包含

* 两人均为美国著名实用主义哲学家。

不能被证明为真的命题。在计算科学领域，阿兰·图灵证明了计算机程序的走向没办法提前断定。近年来，瑞士数学家兼物理学家尼古拉·吉桑（Nicolas Gisin）也曾表示，哪怕在数字世界中，绝对的精确也是可望而不可即。[33]

20 世纪初，量子物理学表明很多亚原子级别上的事件天然就预测不了，这也从根本上动摇了决定论在物理学中的地位。将一束光照在有两个孔的平面上，然后试着去预测某个光子会从哪个孔穿过，但人们对此无能为力。如理查德·费曼所言，这也意味着“未来……无法预测”。[34] 没错！这不仅仅因为我们自身的无知。今天，这种不确定性笼罩在物理学的方方面面。我们所处的宇宙是由难以预测的亚原子粒子组成的。这些粒子的组织方式多到难以计量。鉴于此，它们也都是反击拉普拉斯极端决定论的有力论据。一般性的法则与趋势肯定存在，但它们没法决定未来的细枝末节，所以完美的未来预测从理论上说没法实现。

还有一大原因会让人丢掉对完美预测的期盼，那便是混沌理论。20 世纪 60 年代初，气象学家爱德华·洛伦茨（Edward Lorenz）发现，在经历诸如天气一类的复杂系统之后，起始条件的细微变化能产生大相径庭的结果。起初看上去微乎其微的不同会被正反馈环放大很多次，这就是我们所知的“蝴蝶效应”。它的名字来源于洛伦茨的一个比喻：一只蝴蝶在地球上的某处扇动翅膀，放大之后会给另一处带来飓风。新冠肺炎全球大流行就是这样一个例子。虽然病毒小到用电子显微镜才能看见，但这一改变世界的事件就是由单个病毒的基因组改变所引发的。

说到对严格意义上的决定论最有力的反击，演化生物学便是其中之一。如果未来的一切都完全注定，为什么演化过程会产生如此之多似乎想要干预事件发展的生物体（包括我们自己）？如果没什么可选的，那为什么演化过程会把如此之多的精力投入到选择机制中？这一论点也同样历史悠久。约1500年前，波爱修斯（Boethius）在被囚于帕维亚期间写下了《哲学的慰藉》（*Consolation of Philosophy*）一书。在书中，哲学女神问起战车争先赛的结果会不会事先已有定论，波爱修斯的回答是不可能，因为“如果那样的话，练习技术就没什么用了”[35]。一点没错，如果上帝已经安排好了比赛结果，又何必给人类以巧妙选择的能力？

总结来看，对于宇宙的大多数现代解释都同意一点：具体的事件和结果不是完全事先注定的。正如物理学家菲利普·安德森（Phil Anderson）在1972年说的那样："能把万事万物简化为基本法则并不意味着能用这些法则重建整个宇宙。"现代科学的体系存在一定的“伸缩性”。威廉·詹姆斯曾写道："不同的部件之间留有一定的松散的间隙。"[36]如果哈克贝利·费恩和吉姆把桨伸进密西西比河，他们就会稍稍改变行进的轨迹。正因为块宇宙中似乎还有东西在动来动去，“时间的B序列”才不会把我们逼上极端决定论的道路。可以舒一口气了吧！

但我们还有关于因果关系的问题。在“时间的B序列”中，时间的变化似乎向前向后都可以。但因果这一概念要求变化只能朝着一个方向——有因才有果。

不管我们想象中的时间是向前还是向后运行的，最基本的物理学方程都一样有效。20世纪初的物理学家们明白了这点。如果你想要用电影胶片拍下电子的运行轨迹，然后搞清楚胶片是往前还是往后转的，那你肯定完成不了。[37]今天，如果有物理学家在诸如日内瓦附近的大型强子对撞机这样的地方工作的话，他们就会经常遇到貌似可以在时间中逆行的粒子，比如，正电子就是这样。对于物理学的基本粒子来说，它们在时间中似乎并没有方向可言。

这也颠覆了我们所有关于因果关系的认识。由于因果关系这一概念本身已经遇上了麻烦，有人便对这样的转变表示欢迎。大卫·休谟在18世纪就曾表示：你永远没法把因果关系逮个正着。你能表明两件事似乎有关联，比如你踢一下球，球就会离你远去，但你不可能有办法证明就是踢这个行为引发了球的移动。可能的原因太多了，而这也是症结所在。是我腿部肌肉的收缩引发了球的运动吗？是因为把球定在原地的某种东西不见了？是我大脑里的神经元让我踢的球？或者原因是创造了我、球还有足球场的宇宙大爆炸？罗素在1912年曾有这样一番论断：因果关系这个概念会带来无休止的回溯。统计学家很熟悉隐藏原因的问题。20世纪50年代，越来越多的证据表明吸烟和肺癌之间的相关性。但英国统计学家罗纳德·费希尔（Ronald Fisher）另有看法，他不但以喜欢唱反调出名，而且还喜欢抽烟（他还是从烟草公司领工资的顾问）。他就争辩说，吸烟与肺癌两者可能都是由某种未被发现的基因导致的，或者肺癌会诱发吸烟行为！奇怪的是，你还很难反驳这样的论调。[38]

这些难题实在是太深奥了，所以，20世纪初，包括罗素在内的很多人都表示科学界和哲学界应该把因果关系连同时间有方向这样的观点通通抛弃。[39] 但即便是罗素也曾迟疑不决。他有充分的理由——和很多20世纪初的科学家一样，当时的罗素刚刚开始摈弃牛顿科学体系中万物皆有定数的观念。因此，面对因果关系、过去与未来的关系，他的理解方式也会宽泛一些，不会那样非此即彼。

就连休谟也曾承认：虽然有逻辑问题，但由于因果关系在很长时间里行之有效，因此这一概念在实践中不可或缺。罗素也同意这一观点。只要不把它当作放之四海而皆准的金科玉律，那么就算谈一谈因果律也合情合理。换句话说，哪怕达不到绝对肯定，当我们对于要预测的可能性有十足把握时，我们还是可以用上因果关系。“如果……在我们知道的很多例子中，A 的后面都跟着 B，而且这种前后关系很少或者从未失效，那在实践中，我们就有充分理由说‘A 是 B 的原因’。不过，它的前提是我们不能给原因这个概念附加任何围绕它产生的形而上学迷思。”[40]

20 世纪末，因果关系的观点以更为温和的形式再度出现。计算机科学家朱迪亚·珀尔（Judea Pearl）表示，如果从介入某个特定过程的特定当事方的角度来考虑因果关系，我们就能摆脱对原因的无休止的回溯。[41] 毕竟，这也是我们人类在真实世界中用到因果关系的地方。我们没打算把所有的原因都囊括其中，只想涉及那些变化产生的原因。我现在踢一下球会发生什么？我打算用多大的力道去踢球？球是不是充满了气？球是不是被定在原地？基于诸如此类的问题，我就能做出很好的预测。珀尔表明，这种关于因果关系的解释更为温和，而它可以跟数学的严谨相辅相成。

认为时间有方向的观点也以更为温和的方式实现了回归，那便是时间之矢的概念。它看问题时会有更多角度，也不会非此即彼。如果面对的物体很简单，比如亚原子粒子，那确实很难说时间有什么方向。但在日常生活中，我们所碰到的物体的结构都要复杂得多，我们也能从中找到许许多多时间之矢的例证。打碎一个鸡蛋再炒开，把这个过程拍下来你就会明白时间之矢了。[42] 顺着时间移动的方向，组织在一起的物体**渐渐解构**。顺着这个方向，蛋壳碎了，蛋清和蛋黄搅在了一起，而**不是**一个已经被炒开的鸡蛋自己分出了蛋清和蛋黄。

为了描述这一过程，科学家们用上了热力学的专业语汇，而热力学的用词都是非常精妙的。能量与物质的无序被称为“熵”。科学家们表示，随着你由过去走向未来，这样的“熵”是趋于不断增加的。所以，虽然宇宙中的总能量守恒，但随着时间流逝，能量的存在形式会愈发无序。它会越来越不像流动有序的电流，而越来越像随机迸发的热能。当这种随机性达到极致时，能量会因变得过于混乱而做不了什么功。组织更为有序的能量（“自由能”）可以做更多的功，它们甚至可以把物质的结构安排得井井有条。但是，在做功过程中，自由能的流畅性和有序性都会越来越差，就像电池的电量会越来越低。随着熵的增加，自由能的减弱无可阻挡，而这也让所有的变化有了方向。它确保了能量的流动，而自由能的流动使得复杂实体得以建构与延续。但复杂实体（包括你我在内）一边将能量流动为自己所用，一边又想让能量流动偃旗息鼓。所以，它们的存在加速了自由能的减弱，这有点自相矛盾。[43] 随着自由能的减弱，复杂物体的存在变得愈发难以为继，所以其物质和能量都开始变得更为无序。这一切诠释的便是热力学第二定律，它也是所有自然法则的一大基础。

从严格意义上来说，热力学第二定律不是什么法则。但在宇宙演化的过程中，它所代表的方向正是大势所趋。没有哪条科学定律说炒鸡蛋就不能把上上下下的原子重新分门别类，再把自个儿塞回蛋壳里。只是这种随机事件不会发生的概率实在是太大了（大得没边！大得惊人！大得不可思议！）。复杂的结构之所以最终会解体，是因为无序排列比有序排列的可能形态要多很多。所以，如果你可以一直转动某个大得没边的轮盘，那你差不多也可以确定自己终将分崩离析。简而言之，在从过去迈向未来时，我们都会预期存在这样一种普遍规律（另一种“确实可靠性”）：除非从外界额外添加更为有序的“自由能”（除非有人把东西收拾好），否则复杂结构都会倾向于变得更为简单。你不打扫房间的话，将来它一定会没那么整洁。沿着时间之矢的指向，无序增加，终将解体。

不乏其他原因能让你相信大多数变化都是有方向性的。往湖里丢一块石头，涟漪传播的方向永远会是由内向外，绝对不会由外向内。包括宇宙中能量的移动在内，任何波状的传播都有这样的特点。其原因我们还没有完全搞清楚。[44] 但说到时间的方向性，最有力的一个例子便存在于大爆炸宇宙论之中。我们的宇宙在沿着单一的时间方向膨胀，而这个方向通往未来。

“时间的 B 序列”并没有把时光倒流的可能性完全排除。尽管如此，对于我们这样体形庞大而又步伐笨拙的复杂实体而言，这些可能性似乎都可以忽略不计了。毕竟我们所要集中处理时间与未来等问题的地点是地球。我们可以假设时间是有方向的。哪怕是在“时间的 B 序列”中，我们也能用因果关系的概念来帮助自己预测未来可能发生什么。又可以舒一口气了吧！

总结一下。“时间的 B 序列”中有关块宇宙的概念似乎让我们对选择和因果关系的认识产生了根本性的动摇。但即便如此，现代科学还是告诉我们哪怕在块宇宙中也并非事事早已尘埃落定。影响我们的大多数变化都是有方向的，所以因的后面真的会有果。那也意味着我们可以真真切切地为未来做出选择，而且很多时候我们的确可以依靠因果关系的概念来预测可能的未来。未来思维并非天方夜谭！这真是一大安慰！

第 2 章

实践中的未来思维

作为关系存在的时间

如何让物理学中设想的时间与实际操作中遇到的时间协调一致，这是事关时间的形而上学中的核心难题。

——杰南·伊斯梅尔《时间的体验》[1]

通过介绍有关时间的哲学观点，第 1 章探讨了未来的某些神秘之处。但在日常生活中，未来并不是抽象的。不管事关未来的观念多么精确或者严格，它对我们来说都不是要紧的，真正要紧的是从此时到彼时我们该做什么。我们期待关于未来的观念可以助自己一臂之力。如果可以投身哲学辩论的话，哪怕是最小的细菌大概也会同意马克思的《关于费尔巴哈的提纲》* 的最后一条："哲学家只是用不同的方式解释世界，而问题在于改变世界。"[2] 所以，在实践中我们该如何应对不确定性呢？我们生活于"时间的 A 序列"里的湍流与黑暗之中，却对"时间的 B 序列"所描摹的可知未来充满渴望。作为伟大的印度宗教史诗，《薄伽梵歌》（又称"神之歌"）的

---

* 卡尔·马克思于 1845 年春创作的一篇文章，发表于马克思逝世之后的 1888 年。该文分十一条批判了费尔巴哈忽视人的主观能动性和唯心主义片面夸大主观能动性的错误。

核心故事便可以被理解为对这种热切渴望的诗意解读*。

阿周那王子是一名武士，即将投身战场。“众多螺号和喇叭，铜鼓、大鼓和小鼓，一起鸣响闹嚷嚷。”他担心未来会有手足相残的可怕屠戮，因为他在敌阵中看到“父辈、祖辈和老师，舅父、儿子和孙子，还有兄弟们和同伴”。他面临着“时间的A序列”中所有因未来而起的混乱与恐惧。他大为惊骇，困惑不已。所以，阿周那向为自己驾驭战车的黑天（Krishna）** 发出请求：让时间不再流动，也让宇宙为之暂停。黑天遵命，“把战车停在双方军队中间”。此时，阿周那和黑天身处奇怪的时间边界区。这里既无“时间的A序列”中的动感与明确感，也无“时间的B序列”中的上帝视角。在如此的静态空间中，王子向黑天询问关于未来的建议。阿周那并不想打眼前的这一仗，连想到它都会惊惧不已。“神弓从手中脱落，周身皮肤直发烧。”但黑天解释道，生死之战无可避免，“因为世上无论哪个人，甚至没有一刹那不行动”。即便不行动，它本质上也是一种行动。接着，黑天让阿周那通过自己的神眼略窥一二。在这样的时间观中，所有的未来已经铺陈开来。“我在这里收回一切世界，对立军队中的所有战士，即使没有你，也将不存在。”在阿周那通过黑天之眼所见的这个块宇宙中，无论为自己还是为敌人的身殒进行哀悼都毫无意义。阿周那说道：“我、你和这些过往，过去无时不存在，我们大家死去后，仍将无时不存在。”[3] 面对不会变化

* 下文关于史诗内容的译文摘自《薄伽梵歌》（黄宝生译，商务印书馆，2011年版）。在个别字词上，本书采用的英语转译与中译本会略有出入。因该中译本由黄宝生直接译自梵文，故依然保留该中译本原文，未再根据本书中的英语转译进行修订，特此说明。

** 也常被音译作“克利须那”或“克里希那”，是印度教大神毗湿奴的化身。因其梵语名称意为“黝黑”，故在中文典籍中被称作“黑天”。

的“时间的B序列”，阿周那匆匆的一瞥便让他有了行走在这世上所需的从容。“下定决心，投入战斗！”

和阿周那一样，我们所有人在为未来做准备时都身处时空中的某个特定位置。然而，真正行动起来时，我们则需要对正在发生的事情拥有更为宽广的全局视野。所以，所有的未来思维都是基于事物的关系存在的。某种程度上，它就像是一场谈判，一边是我们自身与当下所处位置的局限，而另一边则是我们拼命想要看到的广阔天地。这意味着没人可以回答这个问题：“何为未来？它又是如何运作的？”你如何应对未来取决于你是谁以及你在宇宙中处于何时何地。

相对论与未来

20世纪初，阿尔伯特·爱因斯坦用科学精确地表明：我们对于时间的体验本质上是基于关系存在的，而且它会因视角不同而异。1905年，26岁的爱因斯坦还只是一名供职于瑞士伯尔尼专利局的员工。那一年，他发表了关于狭义相对论的著名论文，推翻了牛顿绝对时间的观点，也改变了我们对于时间与未来的理解。[4]

该论文表示，时间的流动速度并非一以贯之、绝对不变。相反，时间流动的快慢则会依照一系列严格的法则因观察者不同而异。这些法则基于不同观察者的“参照系”、各自的位置以及在宇宙中的运动情况。我们对于时间的体验不断变化，德国社会学家诺贝特·埃利亚斯（Norbert Elias）就此在一本具有先锋意义的历史学著作中如是写道：“人们发现时间是某种形式的关系，而非牛顿认为的客观流动。爱因斯坦最终为这一发现盖章确认。”[5]

爱因斯坦的论点基于一个不简单的事实。这一事实在20世纪初就已经广为人知：光速是恒定不变的。这听上去很奇怪。如果你奔着太阳而去，然后测量一下向你投来的阳光速度有多快。那么无论别的观察者是在远离太阳还是向着太阳垂直运动，你得到的结果都会跟他们一模一样。你们的测速枪都会显示光速大约是30万千米/秒[6]。我们可不觉得地球上的物体也会如此。如果去测量一辆向我迎面驶来的汽车有多快，我能想到它的速度会跟与我背向而驰时不同。与爱因斯坦生活在同时代的大多数人都认为光速的反常能够得到解决：可能是实验结果出了差错。爱因斯坦看问题的方式就不一样：没准儿正如所有实验结果显示的那样，光速就是恒定不变的。在这些实验中，观察者不同，而他们所持的尺子、计时表和测速枪一定是有什么奇怪之处才最终得出了一样的结果。他写道："如果不管观察者处于怎样的运动状态他们所得的（光速）数值都相同，那么，他们对于时间和空间的测量结果一定是不同的。"为了进一步探讨他的假设，爱因斯坦用了一个有名的思想实验。这项思想实验基于当时跑得最快的交通工具——火车。[7]如果爱因斯坦在今天发展他的学说，他用的比喻肯定会包含喷气式飞机或者运载火箭。

这里我们对他的思想实验稍加改动。想象一下，艾萨克站在火车站，看见有两个光源同时闪了一下。一处光源位于车站以东10千米，另一处位于车站以西10千米。当然，他知道闪光实际发生的时间要比自己注意到的时间稍早一些，因为光传播到此处要花时间。现在想象一下，阿尔伯特坐在一列自西向东运行的火车上。当两处闪光发生的时候，火车恰巧通过车站。那么，如果艾萨克说两地的闪光是同时发生的，阿尔伯特会同意吗？爱因斯坦的答案是否定的。为什么呢？

光传播 10 千米到达车站需要花时间。因为艾萨克和阿尔伯特知道光速不变，所以他们都能精确计算出这段时间究竟有多长。但他们也知道当光抵达艾萨克所处位置时，阿尔伯特坐的火车又已经往东走了一点距离。这也意味着，为了到达火车上阿尔伯特所处的位置，从西边发出的光要比从东边发出的光多运行一点距离。所以，在阿尔伯特看来，西边的光要比东边的光闪得晚。这些许的区别带来的影响可就大了。对于艾萨克来说，同时发生的事件在阿尔伯特眼里并非同时发生的。实际上，东边的闪光在艾萨克眼中发生于“当下”，但他对于阿尔伯特来说则是处于未来。爱因斯坦表示，哪怕用一模一样的钟，它们对同一事件的计时结果也会因所处参照系的些许不同而相异。而且，两个测量结果都是正确的。有人会说只有艾萨克是正确的，因为他没有动。别被这样的观点给误导了。艾萨克和阿尔伯特两人都随着一颗行星在太空中急速运行，而这颗行星的表面还在以大约 1600 千米的时速自转（具体还得取决于你离赤道有多近）。而且，太阳系还在围着银河系中心以超过 80 万千米 / 时的速度转动。

我们很少会遇到运行速度快到可以左右时间的物体，因此，我们通常不会注意到这样的时间异常。然而，速度快慢对时间的影响确实存在。我记得十几岁的时候在电视上看过这样一个实验。有一小块铀，研究人员用盖革计数器去测量它的放射速度。我能听见计数器发出正常的嘀嗒声。然后铀被放进了转速非常之快的离心机。现在它的运行速度比离心机外面的铀要快得多。这也把离心机里的铀置于一个不同于我以及电视演播厅中其他观察者所在位置的参照系当中。它现在就像是火车上的阿尔伯特，但是它的运行速度要远远超过火车。当离心机加速时，盖格计数器上的嘀嗒声开始减慢。测量环境是同样的演播厅，但离心机里的时间似乎变慢了。作为沉迷于科学的小书呆子，那时的我惊掉了下巴，也被它深深吸引。今天，GPS（全球定位系统）就必须把这种细微的差别考虑在内。卫星围绕地球飞速运转，汽车在地面上行驶。它们身处非常不同的参照系中，而 GPS 需要使两者协调一致。利用粒子加速器工作的物理学家们也需要认真考虑这一效应。比如，欧洲核子研究组织（CERN）的大型强子对撞机实际上就是一台巨大的离心机，而物理学家会把其中的亚原子粒子加速到接近光速的水平。在 1915 年提出的广义相对论中，爱因斯坦表示：引力场同样会让时空产生弯曲。这一观点被 2014 年的电影《星际穿越》（*Interstellar*）采纳。片中的英雄库珀穿过了已知密度最大的天体——黑洞。回到太阳系后，他发现女儿已经比自己老了几十岁。

爱因斯坦的这些论点如何影响我们对未来的理解呢？最重要的一点在于，这些论点意味着人们无法百分之百确定何时过去终结，何时未来开启。这些问题的答案会因你所处的位置以及运动状态而千差万别。对于我来说属于未来的事情可能对你来说属于过去，所以我们对于未来与过去的定义取决于我们所处的参照系，它们是相对的。

爱因斯坦的观点也因此影响了我们对于因果关系的认识。他表示没有什么会快过光速，这就意味着因果效应的速度不会没有上限。如果我在世界杯上踢入制胜球（这个可能性很低），我的捷报会以光速发送到太空中。用不了一秒钟，我在月球上的粉丝就开始庆祝了。而半人马座阿尔法星系行星上的粉丝则要过 4 年多才能开始庆祝，那儿也是离我们最近的恒星系。但是，对于我在仙女星系的粉丝而言，他们想要听到这个好消息得等 250 万年。等到那时候，我的胜利对他们来说已经无关紧要了。从我进球的地方开始，胜利的消息以光速向四面八方传播，这就像是涟漪。想要抵达越遥远的地方，涟漪所花的时间越长。

为了用图阐明这个观点，爱因斯坦和他的数学家朋友赫尔曼·闵可夫斯基（Hermann Minkowski）用上了“光锥”（light cone）的概念。在我们的想象中，时空以光速向未来延展，形成光锥区域。对于未来的事件而言，只有当它处于这一区域时，我才能对其产生影响。同理，只有我处于某一过去事件的未来锥当中，我才能被它影响。在块宇宙中，爱因斯坦–闵可夫斯基光锥模型把与我有因果联系的（位于两个锥体当中的部分）和与我无关的领域区分开来。

总结一下，爱因斯坦表示：在你想问关于时间与未来的问题时，你应该明确“参照系”，或者说是你提问的角度，因为站在不同的角度答案是不一样的。参照系不同，关于现在与未来的“真相”也会千姿百态。这些论点也诠释了一种被称作“视角主义”（perspectivism，也译“透视主义”）的哲学流派。哲学家戴维·丹克斯（David Danks）“大致”将其定义为“一种认为科学界的理论、模型、知识和主张皆为视角所左右而非客观普遍真理的观点”[8]。这也表明，未来以及我们对于未来的认识必须结合特定视角来理解。

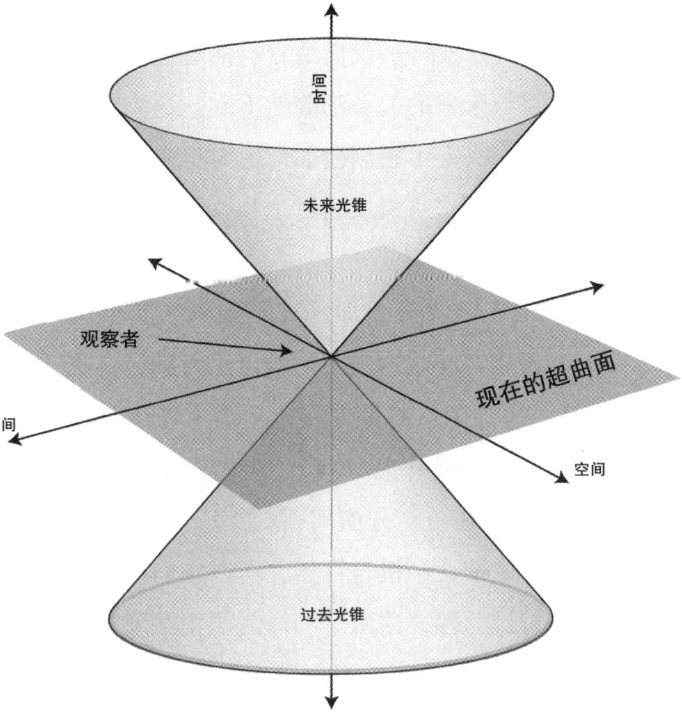

图 2.1　爱因斯坦–闵可夫斯基的光锥与因果观点

四维“超曲面”的二维呈现。
（K. Aainsqatsi, SVG version of Image:World_line.png, May 7, 2007, https://commons.wikimedia.org/w/index.php?curid=2210907.）

生物体的未来

在我们的日常生活中，爱因斯坦的相对论几乎不会带来实际的影响。这是因为，无论是你还是你的朋友、你的家乡、你所处的星球在穿越太空时差不多都是处于同一速度的，所以，你们也大体上属于同一个参照系。不过，参照系不仅仅由运动状态决定，其他因素也会让其千变万化。作为人类，决定我们参照系的首要因素是一个简单而意义深远的事实——我们活着。活着这件事情让所有的生物体和宇宙、时间与未来的关系都截然不同。这决定了未来对它们而言意味着什么，也决定了它们会如何应对未来。

活着意味着什么？它所引发的讨论和关于时间的问题一样复杂而艰深。

关于生命有很多定义。比如，美国国家航空航天局（NASA）把生命定义为“有能力遵照达尔文的演化论而进行自我延续的化学系统”。在这里，我们需要着重关注塑造了生物体与其未来关系的几个特征，有两个特征格外突出：（1）生物体很复杂，所以它们在未来会无可避免地衰老乃至分崩离析；（2）不管是不是有意识的，生物体的行为都好像带着动机与目标，所以它们在乎未来，也想左右未来。复杂性与目的性，这两个特征需要稍微展开来谈一谈。

当我们把一个 DNA 分子或者一条金鱼又或者我隔壁邻居描述为“复杂”的时候，那究竟是什么意思？现代物理学中有各种各样的“场”。宇宙最简单的基本组成部分都是由“场”带来的。其中包括像引力这样的能量，以及夸克这样组成物质的基本单元。[9]它们是那样简单，并不再由别的东西构成。然而，在与其他的力和物体短暂相遇的过程中，它们的某些属性还是会发生改变。组成宇宙的大部分简单物质与力都似乎是随机摇摆的，在时间中或顺流或逆行。对于如此简单的存在而言，很难说时间的概念还有什么意义。

复杂实体就不一样了。不是说它们与简单实体相比优或是劣，只是热力学第二定律使得复杂实体的数量比简单实体更少，结实程度也差一些。但对人类而言，宇宙大部分的美、意义和重要性都是这些复杂实体所赋予的。我们可以给复杂实体下这样的定义：它们由多种组件构成，这些组件精密排列，也让该物体有了独特的“涌现”性质。复杂实体都是建构起来的，所以它们自身的结构可以存续一段时间（可以是几秒钟，也可以是几万亿年）。如果无法存续的话，我们也不会注意到它们的存在了。

原子和分子就是复杂实体，天上的星星、水里的海星也是，水晶、细菌也不例外，还有爱因斯坦实验里拿着尺子、钟表和测速枪的观察者们，他们连同这些工具一起全都是复杂实体。原子由质子、中子和电子精密排列而成，也因此有了涌现性质。比如，原子的放射性会有差异，与其他原子之间的反应方式也不尽相同。化学家和物理学家可以极其精准地对这些属性进行测量。因为原子的各组成部分之间的关系会发生变化，它们的结构和属性也会变。所以，对于复杂实体来说，时间有它的意义：它意味着变化。时间最终也意味着崩溃，因为所有的复杂实体都会瓦解为不同的组成部分。这遵循的是热力学第二定律。我们在前面的章节中已经提到了它恶魔般的运作模式。这意味着，对复杂实体而言，未来就是那个自身会最终分崩离析的时代，所以未来也充满了戏剧张力。它们能存活多久？何时会瓦解？如何瓦解？确实，整个宇宙的故事都可以被当作一场戏来讲。其中演对手戏的是复杂实体和最终会让它们土崩瓦解的熵力。[10]

生物体第二个重要的特征便是它们的行为好像带着目的：它们表现出了“能动性”。遗传学家保罗·纳斯（Paul Nurse）曾写道：“带有目的性的行为是定义了生命的一大属性。”[11] 当然，我们在讨论生物体时所用的**能动性**、**目的性**这些词都是比喻义的，因为事实上类似于**目的性**、**能动性**这样的词都被用来指那些我们并没有完全理解的现象，比如物理学中的**暗能量**。所以，在后文中，读者必须清楚，说到**目的性**和**能动性**的时候，我们的意思是那些**看上去**带有目的的行为。

没有生命的复杂物体看上去并不会有目的性。没错，它们会在时间中存续下去，也就是说它们一时半会儿不会崩溃。但是，它们之所以会存续，是因为建构起它们的物理法则使然，这样的存续是机械的。例如，电磁力让原子彼此久久相依，有时候能长达数十亿年。然而，如果给它们施加足够的热量，比如在恒星的内部，那么我们可以信心满满地预测它们终会瓦解。原子们不会想着怎么躲过这样的高温，也不会想着怎么跟宇宙讨价还价。

生物体则不同了。如狄兰·托马斯（Dylan Thomas）所言，它们不会"温顺地走进那个良夜"*，受到威胁时，它们似乎会"怒斥光明的消亡"。且看一个细菌为了追寻一星半点的食物或者为了从险境中全身而退是如何迎难而上、破风前行的。你所见到的就跟一个原子迥然不同，细菌的前途要难预料得多。细菌的行为少了些机械化，它更有创造性，结局也未可知。究其原因肯定在于细菌从来没有跟周围不断变化的力和能量达成平衡。就跟哈克贝利·费恩和吉姆一样，每个细菌似乎都像是在有意操控那承载着自身存亡的筏子。筏子并不牢固，细菌还要驾着它穿越由能量和物质构成的激流，更要命的是，这激流一直变化多端。面对未曾碰到的挑战，细菌随时需要寻找新的解决办法。细菌的行为就像是它真的想要活下去。为了生存，它们会抗争，它们所展现出的创造力和聪明才智让人刮目相看。这也解释了为什么它们的行为难以预测。就像所有的

* 狄兰·托马斯是20世纪初英国著名诗人，这句诗也成为电影《星际穿越》中的经典台词。

生物体一样，它们被困在一场无休止的抗争中。熵可能会带来瓦解，而细菌就要为此抗争下去。这让它们与未来的关系剑拔弩张，充满了不确定性和戏剧性。非生物体与未来的相遇是被动的，但生物体似乎会带着自己的好恶与目的主动面向未来。与原子和小行星不同，它们对于将要遇见的未来似乎有些挑剔。

这种显而易见的目的性是从哪里来的呢？我们似乎还没有一个完整的答案。很多传统的宗教和哲学流派认为目的性已根植于宇宙之中，而这种品质的创造者便是造物主。然而，现代科学并没有在作为整体存在的宇宙中发现什么潜在的目的性。所以，为何宇宙不带有目的性，但宇宙中却诞生了行动起来像是带着目的性的主体呢？想要解释清楚这点有点棘手。

生物体的目的性显而易见，它来自一种盲目的、**毫无**目的的机制，并由此得以延续。查尔斯·达尔文称之为**自然选择**，而这也是今天我们所能得到的最佳解释。正如哲学家丹尼尔·丹尼特（Daniel Dennett）所言："自然选择所带来的演化……毫无远见可言……但它渐渐打造出了富有远见的个体。"[12] 自然选择给生物体配备了各式生存窍门，也把它们打造成为这些窍门的用户。生物体会自我复制。因此，如果某个特定的有机体可以代代延续，它原先的结构、那些让它得以存活一段时间的技能都会在复制中被保留下来。这也是为何对所有的生物体而言，它们都表现出两大根本目标——生存与繁衍。自然选择的真正美丽之处在于这种复制的过程并不完美，而不完美带来了些许变化。其中的某些变化或许为生存带来了新的方法。几十亿代以来，生物不断通过适应提高生存机会，因为只有活下来才能繁衍后代。这也解释了为什么自然选择赋予了生物体如此包罗万象而又灵活变通的窍门大全。也正因为这样的馈赠，生物体得以应对不同环境中的未来不确定性。

这些生存技巧中最基本的一条就是生存的目的本身。我们找不到不管发生了什么都似乎不太关心的生物。我们所见到的生物之所以可以存在于今天，是因为它们的祖先用行动表示自己真的想要活下去，真的想要留下后代——哪怕未来笼罩在黑暗中，其间不断会有东西冒出来偷偷搞破坏，这些生物还是达成目标了。超过 40 亿年的自然选择也解释了为什么所有的生物体在思考与应对未来时都是如此富有创造力。

总而言之，在面对未来时，生物体处于其独特的参照系当中。首先，它们是复杂实体，一直有解体的危险，这也是为什么它们与未来的关系具有“时间的 A 序列”所有的运动性与不确定性。其次，生物体的行为似乎具有目的，就像它们关心未来似的：它们带着创造力积极寻找自己可以在其中生存、繁衍，或许甚至可以繁荣昌盛的未来形态。对于生物体而言，未来之地鲜有确定之处，万事皆有风险，而你必须伺机而动。但你并非完全无能为力。生态学家卡尔·萨菲纳（Carl Safina）曾对飞鱼身处的危险世界有过精彩的描写，如他写的那样：“无论是对于飞鱼还是对鸟儿来说，每一方所有的成功都是暂时的。然而，暂时的成功便是全部的意义。”[13]

预见未来、管理未来的总体原则

生物体如何影响像未来这样虚无缥缈的东西呢？对于所有生物体的未来思维而言，有几条基本原则广泛适用。有一些我们已经谈到了，但在这里我们要更为正式地讲一讲。

第一条原则很简单：我们没有来自未来的证据，所以，除了诸如预测日食这样少见的例子之外，我们很难分毫不差地预测到可能发生的未来。然而，哪怕预测日食也是基于我们过去的知识做出的。正如史学家科林伍德所抱怨的那样，想要验证关于未来可能性的假说，我们没有来自未来的文献可用。[14] 出生证明告诉我，我是何时何地来到这世上的，但（目前还）没有死亡证明来告诉我，我将于何时何地、以何种方式死去。这意味着关于未来的论断并非严格由证据约束，这点与历史、科学以及法律问题的论证不同。难怪未来思维的法则会如此不同。

第二条原则乍看上去就有点隐晦了：关于未来可能性，仅有的证据来自过去。这种观点有点自相矛盾。我们都像但丁《神曲·炼狱篇》中头部被扭向后方的占卜者。我们想用过去的研究成果来预见未来的事情，而且在研究问题时常用这种策略，只不过不是每回都会承认。我愿意称之为纳斯列丁·霍加思维法，名称来源于一位著名的土耳其智者*。一天晚上，纳斯列丁在家中黑漆漆的地下室里把结婚戒指给弄丢了，找了半天也没找到。最终，他跑到屋外在路灯下面找。一个朋友问他为什么要在那儿找，纳斯列丁回答道："因为这里有灯啊。"

如果采用纳斯列丁·霍加式策略，那么就要在有灯的地方找。就我们的目的而言，这就意味着在灯火通明的往日世界中寻找关于隐秘未来的证据。这也就是为什么所有的生物体都有传感器分子或者感觉器官。在过去与当下，它们可以帮助自己侦测到周围涌动的

* 13世纪的土耳其口头文学家，其创作的笑话和故事在世界范围内广为流传，中国人熟知的阿凡提的故事多源自纳斯列丁的创作。

暗流，而类似的暗流也可能藏匿于未来。圣奥古斯丁对此理解通透："当……人们说自己知晓未来的时候，他们看见的并非还不存在的事件……但他们看见了已经存在的原因与征兆……这也是大脑构思未来并做出预测时的基础。"[15]

未来思维的第三条原则是我们对未来的观念会左右未来的样子。无论时间的大河何等壮阔，对于细菌而言，承载自己性命的筏子纵使弱不禁风，也可以有几分在自己的掌控之中。那就意味着细菌可以用行动左右未来。今天，大多数科学家相信持续燃烧化石燃料会用危险的方式改变全球气候。这种对于未来可能性的预感影响了人们今天的行为，而这也会改写接下来几十年气候变化的进程。过去思维（又称"历史"）能改变我们对于过去的看法，但据我所知，它没法最终改变过去。与之形成对照的是，未来思维可以改变它的母题——未来。

第四条原则最为基本，但也最为复杂：尽管没有来自未来的证据，我们仍**可以**在过去找到关于未来的强力暗示。想要达成这点主要有两个办法：（1）我们可以问问其他带着目的的个体计划做什么；（2）我们可以研究过去的潮流大势，再小心翼翼地将之投射到未来当中。

为了获得有关未来可能性的线索，简单的方法便是去问问其他带着目的的个体他们的计划是怎样的。语言让人类深谙此道。我们不停问别人（包括超自然的力量）意图何在。"陪审团的诸位，你们认为被告是否有罪？""阿波罗神啊，你能把我的敌人都炸飞吗？"但是，通过咨询别人来了解未来的策略只在几种情况下行得通：当我们认为未来取决于某人的决定且我们相信自己可以跟此人沟通并左右其决定的时候。在第 6 章中我们会大篇幅地谈到这种策略，还会讨论古代的占卜行为。

说到将过去当作通往未来的向导，最重要的方法便是**趋势捕捉**（trend hunting）。这就像是你坐的船漂在水中，你去研究水流，好确定船会跟哪股激流撞上，然后再看看能不能让船改变航向。

所有的生物体都会用到趋势捕捉，这也是人类会首先寻求的策略。为了找到可能的趋势，我们的脑子时刻都在掂量，大多数时候是潜意识在发挥作用。趋势捕捉并不寻求确定性。未来没有什么确定可言。即便有，我们也没有足够的时间和资源撑到发现确定未来的那刻。趋势捕捉转而会去寻找那些我们希望可以在未来一直持续作用的一般性规律，所以这有点像是在赌马。这也经常意味着我们是在寻找那些我们自以为自己可以扭转的潮流大势。美国经济学家布莱恩·阿瑟（Brian Arthur）用过一个比喻，这个比喻哈克贝利·费恩应该会很喜欢。

> 如果你觉得自己是艘汽轮船，可以逆流而上，那你可就是在自欺欺人了。实际上，你掌控的只是艘顺流直下的纸船。如果你想反抗，你哪儿都去不了。从另一方面说，如果你安安静静地观察水流，然后意识到你是其中的一部分，意识到水流不停在变且总把你带到新的困境中，那你时不时就会把桨伸到河里撑一把，让自己游走于漩涡之间。[16]

尽管趋势捕捉并不能十拿九稳，但它还是非常好用的。这是因为我们过去的很多趋势非常有规律，我们可以满怀信心地把它们投射到未来当中。死亡、交税、清晨的日出，这些过去的事实依然确定无疑。

趋势捕捉有四种主要方法。

第一种方法是直接观察相关性和趋势性。这种方法也是使用场景最为普遍的。比如，气温下降，熊就会知道冬眠的时候到了。事关当下状况的信息会给可能的未来设下条条框框，所以，（有用的）信息对于所有的未来思维而言都很重要。如果在这局中你已经打出了黑桃A，我就知道没人再能打出这张牌了。也就是说，我们知道的关于趋势的信息越多，就可以越好地预测，这是一条普遍规律。这也是为什么在新冠肺炎大流行的高发阶段各国政府要不厌其详地收集随时变化的感染率数据。

趋势捕捉的第二种方法是**随机摸奖**（随机模拟）。和淘金者一样，你一边挖一边抱有期望。你的抽样是随机的，希望可以刚好发现可能性较大的趋势。现代的数学技术手段把这种随机摸奖法用得眼花缭乱，比如蒙特卡罗模拟（Monte Carlo simulations）*。自然选择一直用的就是这种方法。它转动的是基因的赌盘，一个接一个地随机尝试各种变异，直到碰到某个奏效的变异。在政治领域，民意调查员随机采访选民的时候用的也是这种方法，可能的选举结果因此显露出轮廓。

所有具备信息分享能力的物种（甚至植物也在某种程度上可以做到）用的都是第三种趋势捕捉方法。这种方法所依赖的便是分享信息，这些信息关乎当下事态以及近期可能会发生的事情。第四种方法是人类用的（可能**只有**人类在用）。人类会系统分析趋势的**成**

* 因其发明者、波兰裔美国数学家斯塔尼斯拉夫·乌拉姆的叔叔经常借债光顾摩纳哥蒙特卡罗的赌场而得名。

因。我们会研究为什么趋势如此，因为如果可以弄清楚的话，我们对于这一趋势在未来可能扮演的角色会有更好的了解。牛顿的运动定律解释了为何炮弹、苹果和行星都会严格按照可以测算的路径来运行。这种基于因果关系的理解方式让人们对未来运行轨迹的预测成为可能，并且精度会大为提升。对因果关系理解的不断深化在很大程度上诠释了现代科学的预测本领。在第 7 章中，我们会来看看这个问题。

既然我们都知道事物瞬息万变，为什么还要相信过去的趋势并以此作为面对未来可能性时的指南呢？趋势捕捉背后的逻辑被哲学家们称为“归纳逻辑”，或者简称为“归纳法”。这与“演绎逻辑”不同。比如欧几里得的数学定理背后就是演绎逻辑。如果公理没错，那么仔细进行演绎推理一定会得出绝对保真的结果。归纳逻辑不保证学说的完美，但是在实际操作中它比演绎逻辑更有用，这

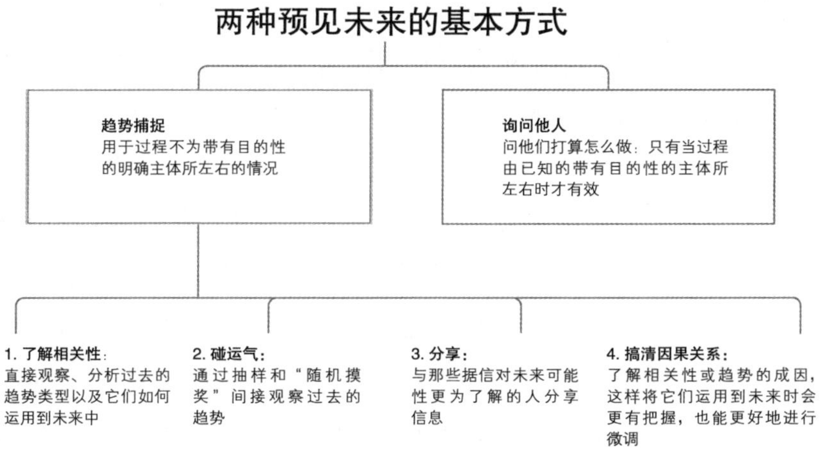

图 2.2　如何用过去预见可能的未来

是因为确真无疑的公理实在是太少了。归纳逻辑会在过去中寻找规律，然后让人相信这些规律将持续存在。它无法百发百中，因为谁也没法保证今天的规律会一直照旧。罗素讲过一个关于归纳主义者火鸡的悲剧故事，我们能从中发现归纳逻辑的局限。故事中的火鸡是个归纳主义者，她注意到每天早上 9 点会有食物奉上。每天准时出现的食物都证明她的预测是对的。于是，到了 12 月的某一天，火鸡觉得这些过去的经验已经使她足够确信一个普遍（归纳出的）真理：每天早上 9 点都会有吃的被送来。未来看上去一片光明、充满希望。然而，悲剧的是，这刚好发生在一场人类仪式之前，人类叫它圣诞节。为了过节，火鸡会被人宰了之后烤着吃。正如澳大利亚学者艾伦·查默斯（Alan Chalmers）笔下冷酷的文字："对真前提的归纳推理得出了一个错误的结论。"[17]

尽管归纳法有很多局限性，但我们还是得用它，因为这个世界并不像欧几里得的数学那样富有条理、逻辑严密且可以预测。用归纳法进行的论证很多时候都是对的，所以归纳主义者火鸡其实路子没错。归纳法背后的逻辑遵循了一条原则，大卫·休谟对此进行过很好的阐述："**那些我们没有经历过的事，一定与我们经历过的某些事情相似。自然规律的一致性永远保持不变。**"[18] 这也是纳斯列丁的原则：我们见得着的事物可能会为隐匿不见的事物提供线索。时间可见的一面可能也会向我们讲述关于隐藏起来的那一面的故事，但我们对此无法确信。休谟的一致性原则实际上并非哲学或者科学定律，而是一种强有力的预感，或者更坦白地说，是一种"大胆相信"。正如休谟所说："我们仅仅是出于习惯才认为未来会与过去一致。"[19] 过去，我们太多次见到太阳在清晨升起，所以我有充分的理由预料到它在未来依然会照常升起。我没有办法打包票，但这种预感挺对的，以至于我敢在这知识并不完善的世界下注。确实，没准儿我可以把自己的预测当作一个简单的事实。在 2010 年版的学术写作指南中，联合国政府间气候变化专门委员会就当年发布的一份报告表示，“在某些情况下，有些发现所拥有的证据是压倒性的，也被绝大多数人认同。那么，把这类发现当作事实陈述或许是恰当的。即便没有使用表示不确定性的限定词也无可厚非”（参见表 2.1）。有很多预测在过去一直准确，我们也把它们当作简单的事实。比如，藏传佛教中有几点关于死亡的思考非常有名，而这些预测都有十足的把握：

1. 死亡无可避免。
2. 我们剩余的寿命一直在减。
3. 不管我们是否已经做好了准备，死亡终究会来。
4. 人生长短不定。
5. 死有百般缘由。
6. 人的肉身脆弱不堪。[20]

我们对归纳法的运用并非仅仅是出于习惯或者盲目信任。归纳法如此有效且常见有着更深层的原因。虽然没有什么事情完全天注定，但我们的宇宙也不是混沌无序的，其中有章可循，它们也确保了规律性与趋势性的存在。比如在进行天文学研究时发现的规律与趋势，我们将之套用到未来也是合情合理的。这些规则多是或然性的。它们不能事先就把要发生的事情安排得明明白白，但它们能大体引领事物的方向，时而把握得松一些，时而紧一些。对于可能发生的事情，这些法则会给它们加上条条框框，这也就是为什么有的未来会真的比其他未来有更大的概率发生。例如，宇宙中最基本的法则中有一条是这么说的：引力总会让物体彼此靠近。在我们的宇宙中，引力作用对质子施加压力，恒星由此诞生。在过去的上百亿年间，恒星诞生的趋势都可以由这条法则来解释，但它无法决定具体某个恒星会于何时何地出现。归纳法虽然从不能打包票，但总让人感觉靠谱，结果也常常如此。这些在事物变化的基本规律中可见一斑。

趋势一旦被发现，它就可以用来生成关于未来可能性的地图或是模型。所有的生物体都多少可以就自己的未来做一番模拟，再就其中最有可能发生的未来做些准备，而我们人类的这一套操作则已经出神入化。关于可能的未来，我们会在脑中建构很多不同的模型，这是因为我们的感觉器官所能提供的确切信息少之又少。比如，我们的眼睛只能观测到电磁波谱的很小一部分。但是，自然选择给我们安装了可以填补内容的未来预测系统。该系统会根据我们过去的经验进行猜测，由此把缺环都补上。我们会在第 4 章中谈到这点。面对直奔自己猛冲而来的半挂车，我们只需匆匆瞥上一眼便足以模拟出未来的不悦景象：我会像虫子一样被碾压。但我模拟出的未来景象中也有好点儿的，所以我会躲到路边。

哪怕信息有缺失，思维也会自行脑补以完成形象建构。视觉假象向我们展现了这一点。“内克尔立方体”由区区十二条线段组成[21]。但是，在盯着它看了一会儿之后，你就能发现自己的思维竟会用如此匮乏的信息来建构眼前的景象。你很可能看到了一个三维立方体，但视觉假象生来就会让事物含混不清。它也让我们有机会见识到自己的思维在进行形象建构时是如何努力创造其他可能的。在这个例子中，我们的思维分不清立方体的正面究竟朝哪个方向，不知是上下还是左右。你盯着它看大约 5 秒，立方体就会翻转过来。孩子在玩耍的时候总会像这样搭建自己的玩具王国，对弈的棋手们同样会如此计算不同的走法。关于世界的样貌，艺术家们、科学家们也会这般探索不同的假说。建模是现代科学的一大基础方法，对于所有的未来思维来说，用有关过去趋势的信息建构不同的未来模型都是基础。没有什么模型是完美的，但正如英国统计学家乔治·博克斯所说："所有的模型都是错的，但有的模型有用。"[22]

在进行趋势捕捉的时候，学会区分趋势的不同种类也很重要。趋势会有不同的形态。它们有的呈一条直线，有的呈指数级变化，还有的呈波浪形。又或者有的趋势变化太过无常，没法让人信心满满地做出预测。当然，对于未来思维来说，还是表现出规律的趋势最有用。一些现实领域中存在很多可靠的趋势，比如天体运行就是如此。人们用这些趋势来进行预测的话会很有力，而且有些时候连细节也不会错。你所在的位置下次看见月食是什么时候呢？天文学家能告诉你答案，还能告诉你月食会持续多长时间。在其他的领域

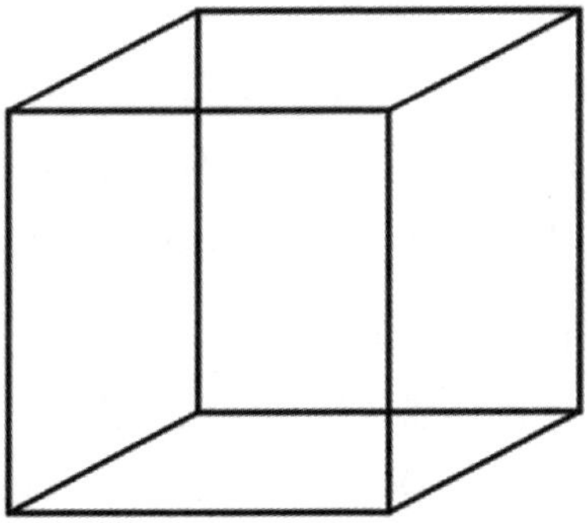

图 2.3　观察我们的思维如何建模：内克尔立方体

就很少有规律的趋势，比如政坛。这是因为和所有生物体一样，人的行为实难预测。而在某些现实领域，想要满怀信心地进行预测根本就是无稽之谈。别让我预测10年后的利率会是什么水平。未来大多是一片漆黑。我们也需要在真实存在的和想象出来的趋势之间做区分，它们就是统计学家所说的**信号**和**噪声**。[23]暮色将至，灌木丛晃动着，是树丛里藏着一头熊，还是风在恶作剧？

当各种各样的未来可能性变成了单一的当下时，决定性的那刻出现了。它充满了戏剧性，也颇有神秘色彩。所有的未来思维都在这一刻推向高峰。这时，我们必须做好预判并开始行动。未来思维一直在让我们为这一刻做准备。它让未来的可能性逐渐收窄，但它很难把范围缩小到仅有一种可能的未来。所以我的预测究竟该达到怎样的精确度呢？和所有的赌徒一样，我们所面临的选择很棘手。我该为单个赢家（不管是赌马还是一家公司）赌上所有并指望它大获全胜吗？或者，我该把赌注分到几匹马或者几家公司头上吗？这样的话，我的赢面会大一些，但可能的收益也会少一些。每个在游乐场里算命的人都知道，在做预测的时候，你必须避免牵扯太多细枝末节（不然你的预测肯定是错的），也断不能过于宽泛（不然你的预测没人会感兴趣）。“你会遇到一个陌生人，他个子很高、皮肤黝黑、腰缠万贯，然后你们一个星期之内就会结婚。”这样的预测就可能太过于精确了，也不会准的。“你会遇到一个陌生人”，这么说可能是挺准的，但宽泛到一点意思都没有。“顺其自然”这样的预测尽可能做到了保险，但谁会买账？[24]为此，尼古拉斯·雷舍尔有过这样一段描述：“在其他条件相同的前提下，预测的信息越多，它就越靠不住。反过来，越没有什么信息，它就越可靠。这样的总体原则很让人恼火。”[25]对于所有形式的未来思维而言，在笼统和精确之间寻找最合适的位置可能是它们所面临的头等难事。

了不起的是，所有的生物体都把这等难事处理得很好。在自然选择的过程中，它们的未来思维机制都得到了很大程度上的改进。要不是有这样的本领，生命也不会在地球上存活将近40亿年。

未来在想象中的地貌：未来锥

我们对于各种未来可能性的概念是很模糊的，究其原因，是它与我们所持的关于过去的概念不同。我们关于过去的概念受限于细枝末节的证据，受限于具体的日期、名字和事件。所以，当我们尝试着对各种未来的可能性瞥上一眼时，也可以视之为阴云密布下的地形地貌，一切全靠想象。有些未来的地貌可能就跟画着远方群岛的中世纪地图一般花里胡哨，图上满是神话里的怪兽。但有的地貌可能出人意料地准确。我们如何想象未来的地貌就变得很重要。因为正如未来思维的第三条原则告诉我们的，想象中未来的样子会左右我们的行为，而我们的行为则会决定明天的我们遇见怎样的未来。

为了对这些未来的地貌有些印象，我们需要回顾未来锥的概念。下面的未来锥是从前文的爱因斯坦–闵可夫斯基光锥延伸出来的。需要强调的是，这些图描述的并非未来，这点很重要。它们所描述的是我们觉得自己在到达未来时会看到的地貌。

下面的三张图强调的是想象中未来地貌的最重要的几个特点。为了描述未来的不同区域，这几张图遵循了未来主义者喜欢押头韵的无厘头习惯（据我所知，这样做没有什么特别的理由），他们用

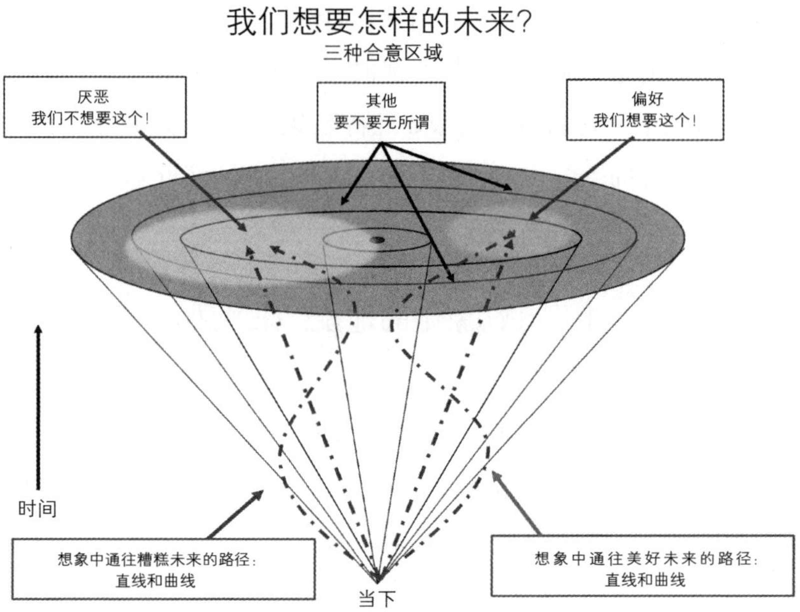

图 2.4　一号未来锥：不同偏好性的区域

的形容词都是以字母 P 开头的形容词。请注意这些不同区域的具体位置都是随手画的，不宜过度解释。

作为带有目的性的主体，我们需要问自己关于未来的第一个问题便是：我们想要怎样的未来？我们的第一个未来锥想要反映的是我们自己的直觉。在我们的直觉当中，未来包含糟糕之地、美好之地以及很多介于它们之间的地貌形态。正常情况下，我们都会向着美好之地进发，那里就是乌托邦。我们对糟糕之地避之不及。

我们的第二个问题是：什么样的未来最可能发生？也正是在思考这个问题时我们会期望过去的趋势可被当作指南。但要说过去的趋势是否规律以及所能提供的指导效果如何，这些过去的趋势可就千差万别了。在诸如气象预报这样的领域，人们普遍会给可能性加上具体概率，并以此来预估天气变化。比如，在2010年版的学术写作指南中，联合国政府间气候变化专门委员会就提出了七个不同的程度。

表2.1 联合国政府间气候变化专门委员会关于“结果可能性”的量度表（2010年版）

用词	结果的可能性
几乎可以确定	99%~100%的可能性
非常可能	90%~100%的可能性
可能	66%~100%的可能性
差不多	33%~66%的可能性
不太可能	0%~33%的可能性
非常不可能	0%~10%的可能性
几乎不可能	0%~1%的可能性

就可预测性而言，我们的二号未来锥把这些程度简化为四个区域。对于这些可能性的百分比不用太较真，它们仅仅起到示意作用。

在二号未来锥外围颜色更深的区域中，我们很少发现什么有用的趋势，或者压根儿就发现不了。对于未来的可能性而言，它所能提供的指引也非常少。总体而言，预测未来似乎显得“荒诞不经”。明天会发生超新星爆发，把太阳系抹掉吗？我们真的不知道。据哲学家托比·奥德（Toby Ord）推测，它在未来100年间发生的概率还不到五千万分之一。但连他自己也知道这只是大胆的猜测。往里走几步，我们就抵达了“可能区”。在这里，事情仍然很不规律——没有什么足够可靠的趋势或者规律能让人信心满满地做

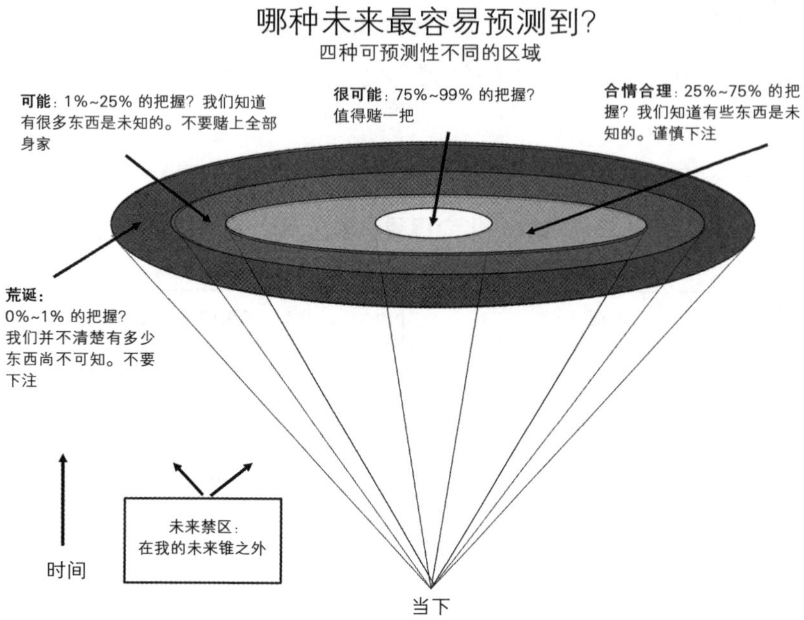

图 2.5　二号未来锥：不同可预测性的区域

出预测。这些未来可能会发生，但我们不应该下太多的注。在未来的 30 年内，核聚变技术会提供充足的清洁能源吗？有可能，但我们也不敢再说更大的话了。再往里进一步，趋势就更加可靠了。它所给的提示是“合情合理”，但不能笃定。在这个区域中你会发现很多进展是基于或然性的。我们可以预测最终累积的结果，但无法预测具体的事件，例如，我敢就铀的半衰期有多长打赌，但不敢拿具体某个原子何时会衰变来下注（这样下注就属于“荒诞区”的范畴）。在“合情合理区”，我们可以下注，但是得小心谨慎。最中意的赛马会赢得墨尔本杯吗？对于像人类和赛马这样带有目的性的生物体而言，他们横跨“可能”和“合情合理”两大区域。这让预测政治事件变得非常有趣，也非常难办。到 2050 年，世界各国的政要真的会认真遵守协议，把碳排放减到零吗？有可能，但你会为之押多少赌注？在未来锥的中央，我们发现一片叫作“很可能”的区域。在这里，我们所应对的事物进程是规律的、机械的，如同铁律一般。所以，即便是对单个事件的结果，我们也能信心满满地下注。在这个区域中，太阳每天早上升起，政府要收税，你我迟早会被熵击倒。化学家对这个区域很熟悉：把 2,4,6-三硝基甲苯（也被称作 TNT）点燃就会爆炸。在此，我们可以认为自己的预测具有“接近必然”的确定性。

现代科学和现代人思考未来的方式已经从更难预测的区域移向了更好预测的区域，我们在第 7 章中会看到这点。如今，天文学家可以追踪大多数近地小行星的运行轨迹。对于小行星是否会撞上地球的预测已从“荒诞”变为了“合情合理”。很多医学预测也按类似的方向演变，包括具体病症的死亡率预测。不管是人口增长还是全球气候的变化，关于它们的预测也大体如此。

在实际生活中，事物可预测性的程度随衡量它们的精细度变化。因此，和前面的四分法相比，对未来可能性的评估结果可能会有多得多的细微差别。美国统计学家内特·西尔弗（Nate Silver）针对政治和体育事件建构了一套预测系统。他表示，在不同类型的选举之间，美国的选举专家们会就其可预测性的程度进行区分：“预测众议院选举结果的准确性会比预测参议院选举结果的准确性差，而预测参议院选举结果的准确性又比不上预测总统大选。在预测党内总统候选人初选结果时，其准确性比起预测大选也要差不少。”[27] 规律和趋势不会一成不变，不同的事件进程也会带来可预测性的变化。如果想要考虑这些问题，我们那四个表示可预测性的区域能帮上不少忙。不过，如果想要提供精确的结果，那它们可就

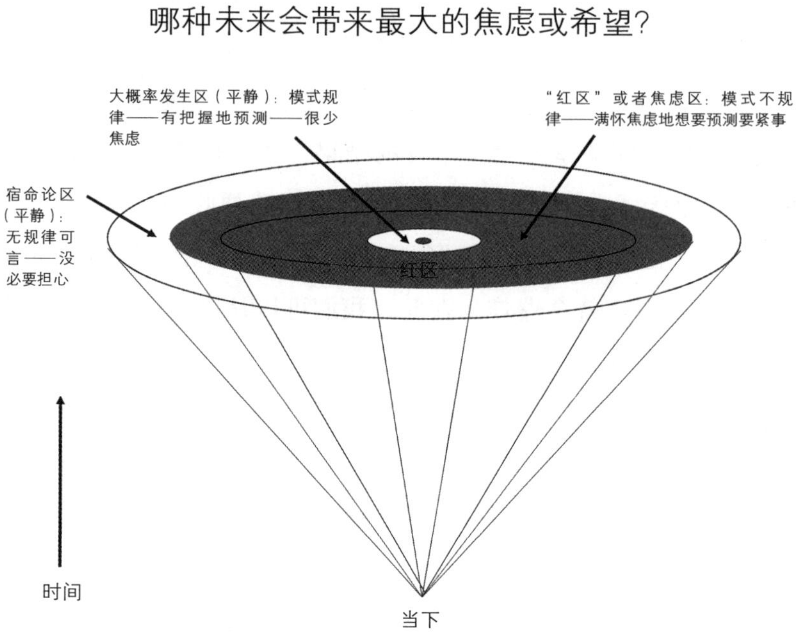

图 2.6　三号未来锥：焦虑区域

没法糊弄了。

最终，三号未来锥把偏好性和可能性联系了起来。作为智慧哺乳动物，我们人类有强烈的欲望、恐惧以及其他情感，它们在很大程度上左右了我们的未来思维。有时显意识（意识心理）给我们的指令也会被它们推翻。这也是为什么我们经常会分不清什么样的未来是我们想要的，而什么样的未来又是大概率会发生的。经济学家肯尼斯·阿罗（Kenneth Arrow）曾告诉一位军官，他所使用的天气预报实际上在统计学意义上是随机的，所以没什么用。军官告诉阿罗："预报的确难称优秀，这点统帅很清楚。但是，他需要用这些预报结果来制订计划。"[28]

大多数未来思维都是强烈的情感使然。对于无法预测的未来，我们不会付诸什么情感，也不会费脑子去想。它们就是二号未来锥最外围的“荒诞区”。对于预测时可以八九不离十的未来我们也不会太担心，它们处于“很可能”这一区域中。临刑死囚所表现出的泰然自若便属于这一区域。“可能区”和“合情合理区”才是强烈情感的汇集之地。在这些区域中，我们看到了预测并左右自己所在乎的未来的希望。这里是“红区”，它让我们对预测并掌控未来可能发生的事有了激情和热望。这些区域的存在把人们送到了占星师和算命先生的跟前，也正是这些区域让当代的企业高管们斥巨资去雇用经济预测师。专家级的预测师会提出信心满满的建议，也会消弭人们因未知而生的痛苦不安。不过，当预测错到离谱时，他们也可以充当替罪羊。[29]

紧迫性与可预测性在“红区”相会。其他生物体与未来的关系也在这里定形，而这便是我们下一章的主题。

第二部分

管理未来

细菌和动植物是怎么做的？

第 3 章

细胞何以管理未来？

我们会用计算机模拟自然界的复杂系统。在这方面最让人惊讶的一点便是复杂行为的根基未必复杂。的确，有的行为非常有意思，复杂起来甚至让人沉醉其中。但它们其实是由极其简单的组件产生的。

——克里斯托弗·朗顿（Christopher Langton）

于 1989 年，圣菲研究所[1]

拿你和距离最近的维纳斯捕蝇草去跟大肠杆菌相比，结果就像是用迪拜哈利法塔对照它门前台阶上的蚂蚁。细胞非常之小，大多数比人眼可见的下限小得多。但它们似乎同样会为了找寻更好的未来而曲折前行。在追寻可能的未来时，它们也一样得去摸索精确和笼统之间那微妙的平衡点。尽管身躯微小，它们面向未来的思维能力却注定不俗，不然生命也不会如此绵延不息。但这么小的空间怎么塞得下如此之多对未来的思考呢？

所有的生物都是由细胞构成的，所以理解细胞的未来思维非常重要。你我皆是由数十万亿个细胞组成的巨大集合体。如果我们想要活下去，我们的每个细胞肯定都得在自己的未来面前应对自如。所以，一切关于未来的思考归根到底都是细胞的未来思维。当然，这个层面上的未来思维并非有主观意识的。它赖以存在的生化和神经机制似乎并不需要像主观意识那样复杂的东西。从严格意义上来说，我们谈论细胞的未来“思维”本身就是一个比喻。尽管如此，我还是会用这样的比喻。这是因为细胞管理未来的方式似乎非常有目的性、非常坚决，坦率地说，也非常聪明。

在关乎管理未来这样的任务面前，所有的生物体都会先自问三个问题（比喻意义上的“问”）：我想要怎样的未来？什么样的未来看上去可能性最大？我怎么才能转向自己想要的未来？

第一步，生物体会决定自己想要的是什么。它们心中的乌托邦长什么样？因为我要形容驱动所有未来思维的目的和期望，所以我把“乌托邦”这个词强行搬过来用。这个词最早是托马斯·莫尔（Thomas More）爵士在他的一本出版于1516年的书里使用的，它描绘的是南美洲外海一个虚构的岛屿社会。莫尔的乌托邦被当成美好社会的样板，而这个词也被用来形容所有想象出来的理想世界。如果用个比喻的话，所有的生物体都有自己的乌托邦，也就是一号未来锥里的偏好区域。在这些未来形态中，生物体安全无虞、营养充足、舒适自在。它们不用承受太大的压力，也得以繁衍生息。即便是最简单的生物体也能区分未来形态的好坏。乌托邦与其对立面“反乌托邦”让所有生物体的未来思维不仅有了努力的方向，也有了存在的紧迫性。

第二步，生物体会把握趋势。它们会寻找有关趋势的信息，而这些信息可以帮它们预测可能性更大的未来形态。它们会着重研究更为常规的趋势。这些趋势位于二号未来锥中“很可能”与“合情

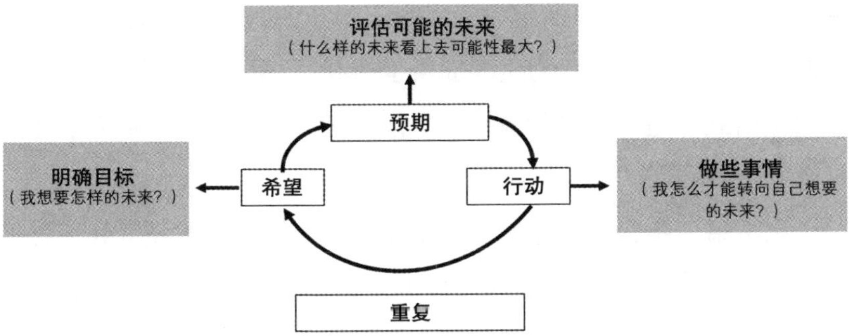

图 3.1　管理未来的工具包：三个通用步骤

合理”这两个区域，也因此有最大的指导意义。明确了何为最重要的趋势并评估其势头强劲与否之后，生物体就会用归纳逻辑（当然，这是个比喻）把这些趋势投射到一个想象出的未来当中。[2]

对于类似细菌的简单有机体来说，它们就是靠植入其基因组的通用算法来评估趋势的。比如，大肠杆菌所拥有的算法告诉它：当周围没有多少乳糖的时候，生成乳糖酶就是一件徒劳无功的事情。经由上千万代的自然选择，此类规则已经被安在了生物体的基因组里，并一直延续下去。这是因为遗传了这一算法的个体更可能存活和繁衍。但是为了知道什么时候用上这些规则，细菌还需要搞清楚此时此刻周围在发生什么。乳糖水平是升是降？把握趋势得靠感觉，但它也需要某种形式的记忆力。这样你就可以拿当下的状况和不久之前的状况进行比较。的确，记忆的存在可能首先就是为了思考未来。最近的神经学研究成果显示：在拥有神经系统的生物体当中，记忆和未来思维是由大脑的同一区域来负责的。这可能也解释了为什么记忆力不太好的人没法去想象不同的未来形态。[3]约瑟夫·勒杜（Joseph LeDoux）用其神经学家字斟句酌的精准语汇如是说："记忆首先是一种细胞功能，今天与未来的细胞功能能从过去吸取教训。记忆也由此为生存提供了便利。"早在两个多世纪以前，康德便悟到了这一深刻的真理："回想过去（记忆），只是为了让预见未来成为可能。"[4]

到了第三步，生物体就会下赌注了。它们下注时经常处于急于预测的焦虑状态下，也就是三号未来锥的"红区"中。它们行动了。它们介入这个世界，划桨驶入周围的急流，又试图向着自己的乌托邦前行。如果你是个细菌，一旦前面看不到任何吃的，你可能就会朝着一个新方向移动。如同布莱恩·阿瑟所言，对未来的经营有点像是武术："秘诀在于观察，在于勇敢行动，在于找准绝佳时机。"[5]执行第三步需要勇气，一种果断行动的勇气，哪怕对于结果没有确切把握，哪怕明知可能满盘皆输。就像黑天跟阿周那说的那样："下定决心，投入战斗！"

然后，这几个步骤就会循环往复。但现在的你已经有了新的信息，所以你可以对计划进行微调了。如果你确信原先的目标已经难以达成或者成本太高，又或者你可以达成比原目标更好的结果，那么你甚至要对目标本身进行调整。这些可能的未来发生概率不同，而对它们的概率大小不断进行再评估的过程被统计学家称作贝叶斯分析法。在第7章里我还会简单说说这个话题。这个术语听上去很唬人，但它的基本理念非常简单。一开始，你会对事情发生的可能性进行初步的（甚至是随意的）预估。贝叶斯派的统计学家称之为"先验"（prior）。接着，随着新的信息汇入，你对"先验"进行校正，下注多少也会进行微调，如是往复。从阿米巴原虫到维纳斯捕蝇草，所有的生物体都是不错的贝叶斯派统计学家。[6]

在现实世界中，这三个步骤会互有重叠。但是，生物体都想在这个具有非常大不确定性的世界里活下去，而把三个步骤分开来思考或许就能厘清正在发生什么。

有一组技能涉及范围更广，我们称之为“认知”。而所有生物体管理未来的工具包构成了其中的重要部分。认知生物学家帕梅拉·莱昂（Pamela Lyon）写道：“生物认知是有机体一系列感觉和其他信息处理机制的复合体。有机体借此熟悉、珍视所处的环境，（并与环境互动）以实现其存在的目的。其中最基本的目标便是生存（成长或兴旺）与繁殖。”[7]即便是对最简单的生物体而言，它们的认知工具包里也包括预测未来可能发生事件的能力。它们的认知还包括对周围环境中当下状况的感知与评估、记忆与学习，甚至包含了某种与同物种的其他成员分享信息的能力。

生物学家们慢慢认识到，所有的生物体皆有认知。[8]对于它们而言，危及生存的威胁是在不断变化的。认知让它们得以学会为可能发生的未来精心准备，并由此对威胁做出创造性的反应。在谈及思维时，丹尼尔·丹尼特曾说：“思维本质上是用来预感的，是用来产生预期的。”[9]他的这句话对于所有的生物体来说都没错。

在病毒和单细胞生物身上，我们看到了管理未来的最简单形态。为了让读者对其中的工作原理有点概念，本章余下的部分将会描述单细胞生物是如何管理未来的。描述的过程中会用到生物化学的方法，用到的装置也能在人体每个正在工作的细胞中找到与之类似的。

微生物界

世界上存在小到肉眼不可见的生物。直到几个世纪以前，这样的观点还似乎是天方夜谭。但在今天，单个细胞已经被认为是最小的、可以被称为“活物”的个体，它们也成为构成生命的基础。如同原子对于化学家的意义，对于生物学家来说，细胞就是他们研究的根基。

第一位通过显微镜观察细胞的“自然哲学家”是英国科学家罗伯特·胡克（Robert Hooke）。1665 年，他在一片猪肉里看到了细胞，并称它们为 cella。这是个拉丁语单词，意思是小房间、小隔间，因为他看到每个细胞都有墙壁（即细胞膜），与外界隔开。有个爱磨镜片的荷兰人叫安东尼·列文虎克（Antoni van Leeuwenhoek），他是头一个意识到单个细胞可能也是活物的观察者。列文虎克发现了一个前所未知的世界。这一世界的生物全由单细胞组成。在这里，生物体是如此渺小，一滴水里就可能有上百万条生命愉快地生活在一起。他将之称为“微生动物”（animalcules）[10]。

微生物的小小世界之前不为人知，而像我们这样大型的生物体竟和它们共享这颗星球。这一发现的伟大意义无疑堪比在其他星球上发现生命（未来几十年可能真的会有这样的发现）。但直到 1839 年人们才意识到细胞是建构所有生命形态的单元。那一年，德国植物学家施莱登（Matthias Schleiden）和生理学家施旺（Theodor Schwann）宣布：“所有的生物体均由本质上相类似的部分组成。它们叫作细胞。”1858 年，德国病理学家鲁道夫·菲尔绍（Rudolf Virchow）完成了生命细胞理论的最后一环。他指出每个细胞都可以被视作单独的生命个体。只有两个分子厚的细胞膜创造了区隔内外的边界，而细胞膜内的世界是活的，它也让细胞得以与外界接触并进行能量、营养、信息和废弃物的交换。[11]

有个貌似在理的说法：仅由单个细胞构成的生物体一定很简

单。但现在我们知道每个细胞都由几十亿个原子组成。构成每个细胞的分子种类也成千上万。所有的这些部件都经过精心设计，彼此间的互动也伴随着化学物质的精妙舞步，只是我们还没完全搞清楚它们的舞蹈究竟由谁编排。每个部件似乎都很简单，但简单的部件之间也会通过多种多样的反馈环进行互动，而它们的互动行为也会涌现出超乎寻常的复杂性。这点在关于复杂性的研究中可以表现出来，这是个方兴未艾的领域。[12]

我们今天知道单细胞生物也可以为自己的未来打赌，且水平高超、手段精妙。它们可以从错误中学习。它们能记得不久之前发生了什么，也会按照贝叶斯分析法来计算概率大小。它们甚至可以针对诸如温度、氧气浓度等外部条件来创造其内部的分子模型，并用这些模型来判断什么样的行动最合适。[13]当然，如果只有一个细胞，你便没法真的思考。我们用以思考的大脑是由上千亿个细胞组成的。大多数脑细胞都比单个细菌要大，所以对于细菌来说，没法真的长出个脑子来。细菌必须转而通过力所能及的生化反应网络来管理自己的未来。实际上，这就是在计算自己需要什么、什么最可能发生、此时此刻需要做些什么。

要说最微缩版本的未来管理工具包，近40亿年前生命初生于地球至今一直都有。通过对不同微生物物种基因进行比较，我们发现未来管理工具包曾经广泛存在，很可能所有生物物种的最后共同祖先露卡（the last universal common ancestor，简称LUCA）的体内也有。露卡是今天所有存活于世的生物体的假想祖先[14]，存在于大约40亿年前，但它已经包含感觉器官，可以用行动保护自己。而且，它还包含一个由许多分子开关组成的计算网络。这个计算网络可以让它带着目的去做选择，比如“发现了食物（A），那就朝它移动

（B），但只有食物很多的话才值得……要是已经没剩下什么吃的（–A），就别费劲移到那儿去了（–B）”。几乎可以肯定的是，露卡的运作和许多复杂系统类似。它包含的正反馈环促使其积极前进，保持动态，而它所包含的负反馈环则会抑制这些进程并使其按兵不动。为了应对来自系统中其他部分的反馈，这些系统之间的联结也会产生很多种差别细微的反应。换句话说，在面临未来的不确定性时，所有的生物体都需要用基本的“逻辑电路”来计算一番，而这样的“逻辑电路”在露卡的身上就可以找到。

本章的明星是大肠杆菌。今天世上存活的大肠杆菌数以亿万计，光你的肠道里就有好几百万个。它们很喜欢人的肠道。

大肠杆菌在生物学上的学名是 *Escherichia coli*，以首次发现它的奥地利生化学家西奥多·埃舍里希（Theodor Escherich）命名。这个名字是几种相关细菌的合称。在过去大约一亿年的时间里，这几种细菌的演化过程不尽相同。[16] 生物学家会把所有的生物体分为三大组，这就是生物的三大“超级界”，或者说三大“域”：细菌、古菌、真核生物。细菌便是其中之一。细菌与古菌是单细胞生物，被归类为原核生物。每个原核生物仅有一个细胞，它们都得是全才。为了生存，为了准备好应对未来，这些单细胞生物不得不尽其所能。

大肠杆菌呈杆状。每个大肠杆菌的长度只有一米的百万分之几，也就是几微米。三四十个大肠杆菌首尾相接加起来也只有人类头发丝的宽度（大约是 80 微米）。尽管如此，每个细胞都要包含多达 100 万亿个原子以及许许多多有趣的生物成分。

大肠杆菌如何应对不确定的未来？

想要明白大肠杆菌是如何进行未来管理的，最好有个能把我们缩小到蛋白质分子大小的向导。有向导带着，我们能够进入细胞质里。那是个黏糊糊的陌生世界。这会让人有点惴惴不安，紧跟向导很有必要。我们接下来就会看看所有未来管理的基本运作机制。你自己体内的每个细胞都有类似的机制。这是个陌生的世界。我们会发现自己仿佛身处摇摇晃晃、泥泞不堪的乡间。热能时不时带来震颤，没有规律可言。更为规律的电磁力场一直对我们推推搡搡。在我们的周围，我们看到一大群分子仿佛陷入了一场泥地摔跤大赛。这个世界很复杂，有时还很危险。然而，这个世界里也有了不起的团队协作与配合。

试想，我们已经冷静了下来，向导也准备好带我们参观了。首先，我们要向细胞内的基因组进发。基因组存储的信息都是组成大肠杆菌的分子所需要的。有了这些信息，大肠杆菌内的差不多4000种分子得以有序工作，大肠杆菌也得以进行未来管理。为了抵达基因组，我们得穿过黏糊糊的细胞质，还要经过一大群正在工作的分子。这些分子大多是蛋白质，它们汗流浃背，埋头苦干。最后，我们会遇到在细胞内部自由漂浮的DNA。它们身躯巨大，全身拧巴地形成环状。当我们抵达的时候，那感觉就有点像是宇航员降落在一个破旧的螺旋形太空站。

凑近点看，DNA链看上去像是个摇摇欲坠而又交织在一起的螺旋形阶梯，并形成了一个回环。两侧的分子阶梯由横板层层相连。阶梯的每一级分为两半，由两个被氢键松散连接的碱基组成。每个碱基仅由几个分子构成。碱基只有四种，所以如果你把它们分别染为红色、白色、蓝色和黑色，那么你就可以想象自己为它们送行的场景。每一级阶梯会有两种颜色，而这些颜色会重复出现400万次。当然，不同的颜色组合是随机的，它们会一直绵延到很远的地方。但是你可能会搞错“随机”的含义。20世纪60年代，遗传学家们发现碱基序列实际上是一种四字母密码。分子各有分工，正是这些分子让每个健康的大肠杆菌细胞得以运转，而构成它们所需要的全部信息都被密码囊括其中。

想要读取这些密码的话，你首先必须把DNA的每级阶梯都分成两半。这并不难，因为把每级阶梯的两半连接在一起的氢键难称牢靠。然后你就可以读取连接在阶梯两侧的碱基了。每三个碱基能组成一种氨基酸。比如，如果你先不管另一边，在这一边的DNA阶梯从上往下读，你或许会找到一个读作GAT的碱基序列。GAT分别指的是鸟嘌呤、腺嘌呤和胸腺嘧啶，这就是组成天冬氨酸的密码。接下来的三个碱基很可能就会编码成另一种氨基酸，如此类推，不过有的碱基编码会得出“此处勿读”之类的提示。碱基顺序的准确性很关键，因为大多数密码都在告诉你蛋白质是如何构成的。蛋白质分子承担了细胞大部分的未来管理工作。组成蛋白质的便是氨基酸精确排列而成的长链条。

成百上千个碱基连成一串。构成遗传密码的数十亿个碱基都是如此组合的。正因为有这些碱基（以三联体形式）排列出的氨基酸序列，每个生物所需的特定分子才得以搭建起来。这样的碱基串便是细胞的**基因**。所有基因的集合被称为细胞的**基因组**。大肠杆菌细胞大约有3000个基因（我们人类并没有比它复杂太多。人体大约有2.1万至2.5万个基因）。大多数基因编码蛋白质分子，但有的为RNA（核糖核酸）分子编码。RNA和DNA类似，但是只有单链。

RNA 特别重要，因为它们既能携带像 DNA 这样的信息，又能和蛋白质一样承担正儿八经的分子工作。不同物种间基因的排列方式千差万别，每个物种为了生存都会通过其独特的方式把参与工作的分子组合起来。

对于所有的未来思维而言，第一步都是搞清楚目标。事实上，目标都保存在细胞的 DNA 当中。当然，这一事实并不是字面意义上的，不会有张告示写着："要活下去、繁衍后代！吃东西对你有好处！"但是，基因组中会包含一系列指令。无论生产的是蛋白质还是其他细胞赖以为生的分子，都需要它们的指导。实际上，基因组保存着有关短期目标的信息，只有完成了这些短期目标，细胞才能完成生存与繁殖的长期目标。比如说，在某些时候，一个大肠杆菌细胞不得不去分解乳糖分子——**瞧**！——它包含制造蛋白质指令的基因组刚好可以发挥作用。

到目前为止，我们的旅途揭示了一点：DNA 决定着细胞其他部分的运作。这有点像是"进取号"星舰*的控制室。但在过去的几十年间，人们逐渐明白事情并非这么简单。DNA 包含着信息，就像是菜谱一样，但它实际上**做不了**任何事。在某一时刻决定细胞行为的是此刻真正派上用场的基因组合。而被称为**转录因子**（transcription factor）的工作分子的活动则起决定作用。这些转录因子能感知到细胞内外的情况，它们会运用这些信息来"决定"还需要生产哪些分子或者需要把哪些新的分子丢弃。转录因子会潜入 DNA 当中，破解其制造相关分子的指令。然后，它就会开启分

* 科幻作品《星际迷航》中的著名飞船。

子的生产过程（或者让不再需要的蛋白质停止生产）。无论什么时候，生物的基因组中只会有某些基因得到“表达”。基因组的其他部分都被关闭或者等待被读取使用的那一刻（有时，它们得永远等下去）。在某一特定时刻决定哪些基因派上用场的过程被今天的生物学家称为**表观遗传**（epigenetic）过程。它们不会让基因组发生改变，但它们确实影响着特定的基因何时得以表达以及如何表达。这些非遗传性因素决定基因会在何时以何种方法派上用场，而它们也是表观遗传学的研究范围。对于细胞的未来思维来说，表观遗传过程非常重要，因为这些过程会告诉细胞此刻正在发生什么，又该为哪些情况做好准备。

在 DNA 双链外徘徊，你会看到许许多多的表观遗传活动：蛋白质和 RNA 分子会乘虚而入，它们掌握的新信息关乎迫在眉睫的威胁或是潜在的机会。它们还会用分子级的扳手和杠杆来拆解特定的 DNA 阶梯——要么读取该部分的遗传密码，要么让其难以发挥作用。如果需要某种新的蛋白质，某种特别的分子级转录因子就会沿着 DNA 双链游弋，它要寻找某个特定的基因。当转录因子找到这个基因时，它便会拆开几级碱基对阶梯，把螺旋阶梯的那一部分撬走。转录因子还会找来信使 RNA（mRNA）。在这段已经暴露在外的基因中，RNA 会读取其碱基对的字母序列并加以储存。然后，这几级被打开的阶梯又会被锁回去，而信使 RNA 现在带着的便是一份碱基对清单——制造蛋白质新品的配方。它会就此向着那摊泥泞不堪的细胞质进发，并停靠在某个核糖体的面前。核糖体是一大块各种蛋白质的集合体，而 RNA 的作用有点像 3D 打印机。核糖体抓住信使 RNA，读取它从 DNA 那儿拷贝来的氨基酸订单。然后，核糖体就会在周围的烂泥堆里抓“鱼”。当所需的氨基酸游过时，核糖体就会将其一把抓住，把它锁定在长链的某个位置上并确保顺序正确，这样某种特定的蛋白质就能制造出来了。核糖体工作得很快，由300个氨基酸组成的蛋白质，核糖体只需一分钟就能制造出来。一个细胞中每时每刻都有几百万个核糖体在工作，所以细胞可以同时生产许多种不同的蛋白质。[18] 无论何时、无论在何种生物体的哪类细胞当中，这一复杂的生产过程都在上演。它创造出不断变化的分子组合方式，而这也是细胞应对潜在的危机并为可能的未来做好准备所需要的。

细胞是怎么知道要生产什么样的蛋白质，又该让什么样的蛋白质停产的呢？这就把我们带到了未来管理的第二步：察觉过去的趋势，评估其中包含的关于未来可能性的迹象。细胞也会趋势捕捉。

为了察觉到外部世界的趋势，细胞会用特别的传感器分子穿透细胞膜。它有点像鸡尾酒的装饰签，一部分在细胞里，一部分露在外面。在每个大肠杆菌细胞遇到新情况时，都可能有多达一万个传感器分子穿透其细胞膜，大多数集中在它的前端。有了这些传感器分子，大肠杆菌可以察觉到多达50种不同的化学物质。汇总不同传感器分子所获得的信息，它们就能非常精确地测算出某种化学物质浓度的变化趋势。而且，我们在前面也看到，关于趋势的信息获取得越多，它们趋势捕捉的能力会越强。

所以，让我们想象一下这样的场景：我们的向导现在带着我们穿过了泥泞的细胞质，向外走到了细胞膜。在这里我们能看到传感器分子的工作情形。为了能够到达露在外面的那部分传感器分子那儿，我们得爬过分子隧道。分子隧道可以带我们来到细胞外的世界，幽闭恐惧症也可以得到缓解。现在，我们便集细胞的侦察员、间谍、嗅探犬和边防守卫等各种角色于一身。和其他大多数工作分子一样，传感器分子也是蛋白质。所以，观察它们的工作方式也会让我们对蛋白质的工作方式有点概念。

蛋白质能占到细胞体积的一半（前提是不考虑水分子，因为细胞里七成都是水分子）。[19] 不管什么时候，随便一个大肠杆菌都可能包含几百万个蛋白质分子。每个蛋白质分子都由几千个原子组成。有的蛋白质分子正在组建当中，还有的正准备卖力工作。与此同时，有的蛋白质分子已经干完了活，行将瓦解，回收之后新的工作分子又可以生产出来了。

蛋白质是如何工作的呢？每一种蛋白质都由成百上千个氨基酸组成。核糖体让这些氨基酸彼此联结且精密排列。同一蛋白质里成百上千个氨基酸的化学与电学性质又都有些许的不同。所以，当新的氨基酸链被推搡着进入细胞时，它很快就折叠了起来。那形状看上去就像是乱成一团的钢丝球，但实际上它内部的结构井井有条。它包含一个特别的生化口袋，长得很像棒球手套。这个口袋可以帮助蛋白质捕捉特定的分子。比如，人类血红蛋白分子（也是结构最早被解密的蛋白质之一）就有这样的可以捕捉并传输氧分子的口袋。对于这些被抓来的分子，无论是撕扯、拍打、扭曲，还是把它们融合到一块儿，蛋白质总有办法重新安排。这也是为什么蛋白质会以酶的形式工作。酶让缺了它们几乎不可能高效发生的化学反应成为可能。最后，当抓到了某个分子时，蛋白质的形状也会变化，就像你伸脚套袜子时袜子的形状也会变一样。这样的变形（被称为**别构**）会创造出某种关于事件与趋势的短时记忆。因为其他分子会注意到传感器分子姿态的变化，所以这样的记忆会传递下去。

现在，我们回过头来看看大肠杆菌细胞表面的一个传感器分子。我们就想象它有一个被设计用来捕捉天冬氨酸分子的口袋。对大肠杆菌来说，天冬氨酸是很好的零食。如果我们的传感器蛋白发现了天冬氨酸分子，它就会一把抓住。蛋白质的形状也会为之改变，它的姿态会传递出某种信息，就像是有人要来报喜。在细胞内部传感器蛋白的另一头，这一信息也被感知到了。只要传感器蛋白可以把俘获的天冬氨酸分子牢牢抓住并保持新的姿态，被俘分子的信息就会被一直记住。因此，蛋白质形状的变化会创造某种记忆。在细胞内部，其他分子也会通过改变**它们的**形态来做出反应。它们还会在细胞质里四处游弋并传播抓到了天冬氨酸的好消息。它们同样会有记忆。和原核生物细胞中的大多数分子一样，这些充当信使的蛋白质在黏稠的细胞质中处于一种随意游走的状态。它们被热能四处推搡，就像是特别拥挤的公交车里被推来推去的人。关于细胞外界潮流趋势的信息就这样通过数百万个信使蛋白得到传播。它们可能会大喊“天冬氨酸水平高。很可能要大吃一顿啦！”或者“天冬氨酸水平下降，有可能要挨饿了”。如生物学家丹尼斯·布雷（Dennis Bray）所写：“就好像是每种生物都搭建了一幅世界的图景——它并非通过文字或者图像来描绘，而是由化学语言来表达。”[20]

对于所有的未来管理而言，第三步都是行动：为了达成目标去插手这个世界。传感单元采集的信息如何得到评估，再化作行动呢？

20世纪60年代，法国研究者弗朗索瓦·雅各布（François Jacob）、雅克·莫诺（Jacques Monod）和他们的研究生让-皮埃尔·尚热（Jean-Pierre Changeux）率先揭示了细胞用信息调节自身行为的方式。他们首先表明蛋白质的变形何以让它们同时以酶和信息载体的身份工作。（酶让细胞内部的反应加速或者得以产生。如果没有它们，这些都不可能实现。）但他们还表明：在团队协作或者互联共通的过程中，蛋白质的威力会被放大很多倍。雅各布和莫诺称这样的团队和网络为“操纵子”（operon）。

在他们最早的一批研究对象中，有一种操纵子调节的是细胞对乳糖的消化。[21] 在这当中充当关键角色的是专注于抑制基因表达的蛋白质转录因子。它们拥有两个口袋，或者我们称之为结合位点。其中一个口袋在细胞质里晃荡，四处寻觅乳糖分子。如果它一无所获，另一个口袋就会连上为乳糖消化蛋白编码的那部分 DNA 并抑制其表达。检测乳糖的阻遏蛋白的数量多少可以使细胞了解其周围乳糖的多少。如果很多阻遏蛋白都没有找到乳糖，细胞大概会关停乳糖消化蛋白的生产。但如果阻遏蛋白开始捕捉到更多的乳糖分子，它们的形状就会改变，对细胞 DNA 的把控也会放松，乳糖消化基因也因此得到表达。如果乳糖水平再度下降，整个过程就会倒过来。这样的负反馈机制很有条理。这样的好办法确保乳糖很多时能够被消化，而没有乳糖时能量和资源也不会被浪费。此番复杂的未来思维基于概率决策法则，它关心的正是细胞在不远的将来会需要什么。

无论何时，在一个细胞内部都会有上千万个操纵子通力合作，其工作和协作方式错综复杂，令人难以置信，有的比我们刚才看到的还要复杂许多。比如说，在细胞开始生产一种新的蛋白质之前，可能有几种蛋白质开关就必须先打开。所以，只有 A、B、C 条件全满足，新的蛋白质才会开始生产，这里我们就会有类似“如果 A 且 B 且 C，那么 D”的开关，而在另一些例子中就可能会有“如果 A 或 B 或 C，那么 D”的开关。这样一来，蛋白质链和相互作用的蛋白质网络都会以类似逻辑电路的方式来运作。如果有足够多的开关彼此相连，你便可以做不少运算了，就像计算机一样。正如美国复杂系统理论学家梅拉妮·米歇尔（Melanie Mitchell）所指出的那样，如果一台机器可以把很多“且”“或”“否”的开关以恰当的方式连接起来，那么它便几乎能对所有可算的东西进行计算。[22] 这也是大肠杆菌细胞中简单的生物分子开关可以进行精密计算的原因，它们甚至可以对未来的可能性进行概率计算。因为很多操纵子同时工作，细胞计算是并联的。也就是说，哪怕是最简单的细胞也可以同时计算多重可能性——关于食物多少、温度高低、细胞内部盐度高低、是否需要移动，诸如此类。

说到计算结果会引发行为，我们不妨就用移动来做个例子。大肠杆菌细胞最多有六个推进器。它们光鲜亮丽、马力强劲，可以让细胞前进或是随机“翻滚”。和传感器分子一样，推进器会穿透细胞膜。它们会把鞭子一样的尾巴（或者叫“鞭毛”）挂在细胞外面，每秒能转上好几百圈。[23] 让我们想象一下：在推进器末梢的内部，分子会遇到很多的信使蛋白。这些信使蛋白大喊着前方有一堆天冬氨酸，于是推进器整齐划一开始行动，细胞也会向前进发。但如果天冬氨酸水平正在下降，有些推进器就可能会转向，暂时让细胞转为“翻滚”模式。接着为了搜寻更好的猎物，它就会朝着一个新方向出发，这种做选择的方式有点“随机摸奖”的意思。

刚刚发生了什么？我们见识了小到肉眼不可见的生物如何设定目标、评估当下情况，又如何在应对未来方面做出不错的抉择。它的长远目标以密码的形式根植于其基因组当中。正因为这些密码，实现诸如觅食这样的短期目标所需的分子元件得以组建。针对天冬氨酸和其他食物的捕猎行动正在进行中，作为传感器的蛋白质会一直把有关信息向细胞汇报。蛋白质网络会进行评估。网络中的蛋白质形态不同，组合形式也一直在变。它们决定了细胞应该怎样做：滚还是不滚？整个过程经过了上千万年的演化。有的细胞一往无前，但如果它足够聪明的话应该转向。比起那些选择了转向的细胞，这些不为所动的细胞的存活概率就会更小一些。与此同时，那些更为成功的算法便植入了该物种的基因组中。这就是为什么在大多数时间里细胞的未来思维机制都运作得非常好，大肠杆菌的世系可以存续几亿年。

这简直太聪明了！多细胞生物如何进行未来管理呢？在下一章我们会一探究竟。多细胞生物会用新的机制把几十亿个细胞的活动都联系起来。在这几十亿个细胞当中，每个单体都至少和大肠杆菌细胞一样聪明。

第 4 章

植物和动物如何管理未来?

在干旱刚开始时，为了寻找新的水源，植物的根系常常会往更深的土层生长。同时，因为浅表层的土壤往往是最干燥的，所以处在这一层的根系会停止生长。这样，植物就可以集中精力朝最有可能找到水源的地方生长，它们也可以以此规避风险。

——丹尼尔·查莫维茨（Daniel Chamovitz）

《植物知道生命的答案》[1]

多细胞性，以及它如何改变未来思维

宏观生物（macrobe）由数以万亿计的细胞组成，你我皆如此。这些细胞通力合作，确保体形巨大的单一生物体得以生存下去。宏观生物的繁盛始于差不多 6 亿年前。在地球的历史长河中，这不过是最晚近的六分之一。多细胞性为生命的存在赋予了新的形式与维度。

对于宏观生物的每个细胞而言，它所用到的未来管理机制和细菌大同小异。但除了需要管理好自身的未来，宏观生物的细胞还要面临一个新的挑战：它们的行为需要与上百亿甚至数万亿个其他细胞相互协调。它们共同依赖超有机体（superorganism）* 为生，并以此管理它的未来。上百亿个细胞需要对共同的美好未来都点头同意。它们还要收集信息并评估这些信息所透露出的趋势。然后，作为一个大型生物体的成员，它们还得为了生物体的福祉集体行动。这一切如何实现呢？上百亿个细胞都得同意现在是时候使出浑身解数在狮子面前溜之大吉，或者，它们都得同意现在是时候把根系再往土里扎深一点。这又是怎么做到的呢？

这些协同挑战与单细胞生物所面对的不可同日而语。为了让集体拥有管理未来的能力，协同挑战需要新的生物学机制。建构这样的生物学机制花了几亿年，这可能有助于解释为何宏观生物在地球上出现得如此晚近。比起细菌的基因组以及很多新的蛋白质密码，为什么宏观生物的基因组更大？这些问题由此得到了很明确的解释。秀丽隐杆线虫（*Caenorhabditis elegans*）是种很简单的线虫（我们后面还会看到）。它只有 1 毫米长，拥有大概 1000 个细胞。但在它的 19 000 个基因当中，差不多有九成都是专门用来保持细胞间良好关系的。[2] 为了作为集体存活下来，宏观生物的细胞们需要在沟通、协商和合作方面付出大量的努力。

宏观生物所打造的未来管理机制结构复杂、讲求协作。在某些物种当中，有些个体成员已经开始意识到它们自身的未来现在正有赖于整个物种的成功与否，我们人类便是如此。那么，宏观生物的

---

* 超有机体原指严格分工协作的社会性生物群体，如蚂蚁、蜜蜂等。

未来管理机制能给我们什么新的启示吗？

宏观生物的细胞何以如此精诚合作？

为了理解宏观生物的未来思维，我们首先需要来理解为什么数万亿个细胞能如此高效地合作。

除了少数例外，宏观生物都是由真核细胞而非原核细胞组成的，所以它们属于生物界的第三大王国——真核生物。首个真核细胞大约于20亿年前演化而来，很可能是由业已存在的原核物种组合而成。这一颠覆性的观点最初由美国生物学家林恩·马古利斯（Lynn Margulis）提出，现在被大多数生物学家采纳。和原核生物的农家小屋相比，真核细胞简直像是宫殿。它们比原核细胞大上好几百倍，内部也有很多分区，或者可以称之为房间，这些房间有各自的功用。细胞核是其中最重要的。这是一间固若金汤的内廷密室，护佑着细胞的DNA。

宏观生物的真核细胞能精诚合作有两大原因。第一大原因是宏观生物体内的每个细胞都拥有完全一样的DNA。这让它们对体形更大的生物体早就忠心耿耿。没错，它们就像是执行自杀或攻击任务的战斗机驾驶员，有时候它们接到的命令就是为更大的生物体赴汤蹈火，而在大多数情况下，它们都会万死不辞。对于这样的自我牺牲，生物学家有个术语与之对应，即**细胞凋亡**（apoptosis）。当你的双手在子宫内发育时，指间的细胞得到了赴死的命令。它们遵命了。正因为如此，你的手掌上会生出手指。[3]癌细胞不会听从这样的命令，这也表明，一旦合作崩溃，对于宏观生物来说该有多危险。

宏观生物的细胞得以精诚合作的第二大原因在于它们分工明确。它们可以变身细胞级的外科医生、水管工、音乐家或者时装设计师。每个细胞都与其他细胞唇齿相依，每个细胞都依托于更大型的生物体的生死，而这都是由分工带来的。这有点像是现代社会中的人类。农民种地，护士照顾病患。为了生存，他们必须合作。农民供养护士，而农民的孩子生病时则会有护士来照顾。而在更大范围内，农民和护士都是社会的一员，他们都有赖于社会的有序运转。与之类似，宏观生物的细胞也会分摊任务，比如抵抗入侵细菌、绷紧肌肉，或者……思考未来。而且，细胞层面的劳动分工的复杂程度一点都不逊于人类社会。在动物体内，红细胞专门负责输送氧气，骨细胞维持生物体的硬度，肌细胞负责重活，皮肤细胞保卫防线，神经元传输信息并评估其重要性。总而言之，人体由大约 30 万亿个细胞组成，它们分成了大概 200 个不同的种类。

对于某个特定的宏观生物体而言，纵使它所有的细胞都共享同样的 DNA，它的 DNA 中也会包含生产多种不同细胞的指令。这也是为什么真核细胞会分工。在宏观生物生命的最初阶段，其所有的细胞都由一模一样的干细胞组成。干细胞具备变化成为各种不同细胞的潜力。但在一两周以后，不断生长的干细胞球已经变得足够大了。大到足以让不同的细胞拥有各自略有差异的环境。不同的细胞或处于细胞球内部，或处于它的边缘地带，因此细胞所感到的压力会有细微的差别，而它们也能察觉到不同的化学物质浓度与温度。在每个细胞的内部，这些微小的差别会引发对转录因子的不同反应。这些转录因子会潜入 DNA 内部，开始抑制某些基因，又让另一些基因得以表达。表观遗传又一次发挥了作用，结果就是每个细胞所表达的基因会有些许不同。随着差异的累积，每个细胞沿着各自不同的职业路径越走越远。DNA 中整块的区域被关闭，有时是永久关闭，而另一些区域被激活。你一旦变成了肌细胞，就会恪尽职守，你的未来也由此注定。接下来会有新的信号告诉你该成为哪种肌细胞，但已经没有什么信号能把你变成神经元或血细胞了。专业分工解释了为什么大多数宏观生物的细胞只会用到 DNA 中不到一半的基因——只有维持基本运作所需的基因才会被所有细胞使用。[4] 表观遗传过程确保了母细胞所承担的分工会为其子孙所继承。DNA 会自我复制。在复制的过程中，与 DNA 绑定的转录因子的形态也会被转移到新复制出的 DNA 当中。所以，下一代的细胞所表达出的基因一定是在上一代基因中表达过的。这就是骨细胞产生骨细胞、神经元产生神经元、肌细胞产生肌细胞的原因。

分工带来了高度依赖性，而它解释了为何细胞会专心倾听来自细胞膜外的信号。每个细胞都紧盯着自己的邻居。每当有化学物质、营养成分、能量以及信息流过其传感器分子时，细胞都会进行采样并以此获得来自远方的消息。这些消息就像是公告。它们可能会以电脉冲的形式抵达，或者呈现出诸如激素这样的特殊分子形态。仅仅是邻居的推推搡搡也能传递消息。

简而言之，宏观生物的细胞对于和其他同类一起工作这件事情可谓翘首以盼。它们也很想与其他细胞乃至整个生物体分享自己的信息。对于所有的宏观生物而言，这种协作都是未来思维的基础。它也解释了为何宏观生物的细胞拥有共同的目标，可以一起合作对未来的可能性进行评估，而且一旦决定了最佳的行动步骤就会携手共进。在接下来的这一节里，我们来看看植物管理未来的一些方法。接着，我们会去了解更加接近人类自身的动物是如何为将来做计划的。之后我们将第一次讨论真正意义上的未来**思维**。

植物如何管理未来

“植物的未来管理”，这个概念本身可能就有点古怪，因为我们很容易把植物想成被动的生物。但这是种错觉，而且错觉的背后藏着植物很多带有目的性的未来管理办法。

植物与动物的一大不同在于它们的大多数能量都直接获取自太阳。为此，它们会用上一种被称作光合作用的复杂生化反应。植物舔起阳光来就像小猫舔奶，但在我们周围，阳光无处不在，所以植物想要获取阳光的话并不用挪来挪去。

生命所依赖的绝大多数生化能量都由光合作用提供。光合作用由富含能量的太阳光子提供动力，而植物细胞内部的叶绿素则会负责其具体的运作。光合作用还需要水和二氧化碳，但它们和阳光一样都会出现在植物的家门口。植物的根系也都能在土壤中找到氮、磷、镁等重要元素。因为能量和营养物质都是现成的，所以大多数植物很“宅”。年轻的时候，植物还会以孢子或者种子的形式游荡，但它们一旦定居通常会在一个地方待一辈子。

这并不意味着植物可以就此高枕无忧。和所有的生物体一样，为了生存繁衍，植物也必须搜寻信息下注。[5] 但植物下注用的是能量和营养物质，而不是真金白银，因此，它们所下的注大多是关于如何经营自己的身体。如果我是一棵垂柳，那我为了比邻居长得高需要拿多少能量来打赌呢？现在是长叶子的好时机吗？或者，我应该开花吗？我是不是应该准备好抵御甲虫的进攻了？不管你是一棵垂柳、一株雪花莲还是一颗马铃薯，你为可能发生的未来下注的方式跟任何一个人类赌徒没什么差别，你的未来也有赖于你赢得了多少筹码。

和所有的生物体一样，植物的未来管理方式也分三步。不管目标大小，它们得有目标；它们寻找所处环境里的趋势，分析趋势，并就此搞清楚接下来可能会发生什么；然后，它们会行动，它们会下注。

不管是雪花莲还是马铃薯，它们都有各自的乌托邦。但如果具体谈到何为成功，不同的物种也会有五花八门的答案。它们通往成功的路径各不相同。每种植物都有自己的小目标。大多数小目标都以基因的形式根植于基因组之中。有了这些基因，每个物种便得以生成自己所需的蛋白质与细胞。它们可以按照特定的方式生存壮大、繁衍生息。这些小目标就像是一连串生化领域的把戏与伎俩。无论是垂柳还是仙人掌，只要是过去有用的把戏，它们都会将其代代相传。

第二步意味着要进行趋势捕捉。为了了解外界正在发生什么，位于植物表皮的细胞会通过传感器蛋白"嗅"到周围的分子、能量、气味，乃至声音的变化。植物堪称鉴赏阳光的行家，对于区分光频尤其在行。拟南芥与用于制作芥末的植株算是亲戚，前者也被广泛用于植物实验。拟南芥有至少 11 种不同的感光器，"有的告诉植物什么时候该发芽了，有的告诉植物该朝着光线弯腰了，有的告诉植物该开花了，还有的会让植物知道现在是晚上了"[6]。

一旦关于演变趋势的信息被监测到，它就会被送往其他细胞那里。有的细胞离得很远，而邻近细胞的交流很简单。有的细胞直接通过细胞膜就可以给邻居们传输包括转录因子在内的蛋白质。为了把水分、养料以及携带信息的分子从根部传输到叶子，维管植物会用上一种叫作**木质部**（xylem）的木质通道。蒸发会让植物上部的压力变低，这是液体会被吸引向上的原因之一。维管植物还会携带其他汁液。承载信息的激素与富含能量的光合作用副产物正是通过这些汁液被分配到植物全身各处。从叶子开始，汁液通过一种叫作**韧皮部**（phloem）的特殊组织自上而下运输。对于树木来说，它们的韧皮部就在树皮下面。

植物还能用带电的方式传输信息。20 世纪 90 年代，迪安娜·鲍尔斯（Dianna Bowles）领导的研究团队证实：番茄植株受伤的叶子可以通过发送电信号的方式向其他叶子有效传递消息。作为回应，其他叶子会产生保护性的蛋白质，以防它们自己也遭受攻击。在那之后，瑞士的研究者用拟南芥植株证明这种植物“通话”所用的电脉冲是由**化学渗透**（chemiosmosis）引发的。化学渗透存在于大多数细胞中。特殊的泵体让细胞得以控制钾离子和钙离子（带电原子）在细胞膜两侧聚集。它使得微弱的电势能广泛分布于细胞膜之上。这样的电势能和其他因素共同作用，引发电脉冲。[8] 在本章后面的内容中，我们会在谈到神经元时再来详细看看这些分子电池。

通过诸如激素这样的信号分子以及带电的消息，植物细胞可以分享很多的信息。有些信息是关于当下的状况，有些则是在说应该做些什么。植物的叶子与根系可以感知到空气中和土壤中的化学物质，然后会当面向别的细胞发出警告。被触碰时植物也是能感知到的。（看看维纳斯捕蝇草是怎么用带刺的嘴巴一口吞下小青蛙的就知道了。）最近的一项研究显示，植物甚至可能听得到声音，比如附近溪流的流水声。不同的植物之间也会分享信息。比如，它们会感知到附近植物所排放的由蛋白质和化学物质构成的薄雾。这些排到体外的蛋白质和化学物质被称为**外激素**（pheromones），而植物可以感知其密度和成分的变化。在受到甲虫攻击时，植物会散发驱虫的蛋白质和化学物质。附近的植物会嗅到这些化学物质的气息并评估其代表的威胁的大小。然后，它们就会做出反应，可能还会产生保护性毒素。人类的交流方式更加有效，外激素只能跑跑龙套。但对植物而言，外激素在某种程度上算是提供了一套化学语言。它们或许不能让你就生命的意义或是关于时间的哲学问题展开一番辩论，但它们能帮你分享关于可能的未来的信息。近年来，苏珊·西玛尔（Suzanne Simard）证明，树木同样会用自己的根系通过巨大的真菌网络来分享信息和养分。这一网络在今天已被人们称作“树联网”（Wood Wide Web）。[9]

在嗅到了苦恼的邻居所排出的外激素之后，植物开始生产毒素。它们也获得了可能的未来的信息：曾经只是作为可能性存在的威胁现在已经大概率会发生。它们也已经把宝都押在了这样的可能性上。它们所下的筹码就是生产新的化学物质所需的能量。

对可能的未来进行评估意味着要去寻找趋势，而认清趋势则需要某种形式的记忆力。所谓记忆力是一种可以把刚刚发生的事情与之前发生的事情进行比较的能力。植物又是怎么记住事情的呢？[10]

虽然没有高超的技术手段，但达尔文作为一名研究者是出类拔萃的。他向我们证明，像维纳斯捕蝇草这样的食肉植物是拥有某种形式的记忆的。它们会借助这样的记忆来决定何时合上“嘴巴”。达尔文会在自己的温室里种植食肉植物。1875年，他出版了一部该主题的开创性著作。据达尔文了解，食肉植物会吃小型的动物，比如甲虫、苍蝇或者小青蛙。这是由于它们所生长的土壤营养贫乏，因而需要补充额外的氮与磷。但是，作为捕猎者而言，这些食肉植物显得挑三拣四。它们设下的陷阱如同下颌一般。猛然发力捕猎，再重新布置陷阱需要耗费能量，因此，这些食肉植物需要决定某物是否有捕捉的必要。无论是水滴还是体形小到足以逃走的生物，达尔文都没法用它们骗到食肉植物。我们现在知道其中的原因了：它们的“嘴”里有少量的传感器。只有当物体碰到至少两个传感器且触碰在很短的时间内连续发生时，它们的捕捉器才会猛地发力。第一次触碰是在说“可能”有个大家伙到访，做好准备。食肉植物记住了这样的信息。第二次触碰是在说“大概率没错了”，赶紧合上你的“嘴”！

现代研究表明在这个过程中是化学渗透在起作用。第一次触碰使得流动的钙离子穿过遍布传感单元的细胞膜，其产生的电势能还不足以释放捕捉器。维纳斯捕蝇草还在下注柜台前犹豫不决。只要第一次触碰所产生的电势能得以持续，维纳斯捕蝇草便会记住这次触碰。但是，对于植物来说，它们下注的热乎劲儿会随着电势能的消散而式微，除非很快就有新信息以又一波电脉冲的形式让它们热情重燃。而这恰恰是对捕捉器的第二次触碰所要做的事情。两次触碰产生的电荷相加得以产生足够启动捕捉器的电脉冲。这段记忆由短时间内两次电量的累积构成。所以，它有点像是有个人想去赌马，而他在往下注柜台走的时候收到了两次把握十足的提示。用计算机领域的话来说，这在某种程度上就像是“如果同时满足条件 A 和 B，那么执行 C”。如果两次触碰在短时间内接踵而至，那就释放捕捉器吧！在“咔嚓”一声合上“嘴”之后，植物会分泌消化液，整个捕捉器就变成了达尔文所称的“临时胃”。[11]

植物有各种各样的机制来产生短时的和长期的记忆并加以储存。我们刚刚看到了维纳斯捕蝇草是如何调动它的短时记忆的。植物也会有长期记忆，它们能记住几小时、几个月乃至几年前的事情。大多数植物都能通过昼夜长短的变化来观测四季的流转。[12] 但当昼夜几乎等分的时候，植物们便无从知晓究竟身处何季了。它们还需要知道气温是呈上升还是下降的趋势。为了监测趋势，你需要至少两个取值点，其中一个原先就得存于记忆中。一些植物能知晓最近天气的冷暖，这也有助于它们区分春秋（春天该长叶子，而秋天则很可能应该落叶）。

说起植物的长期记忆，曾有一项关于它的重要课题。课题基于针对拟南芥的研究，因为某些植物在开花之前需要经历一段寒冷期。表观遗传的机制又一次发挥了作用。在真核细胞中，DNA 分子被固定于细胞核内。它们紧紧地围着蛋白质压成一团，一点空间也不浪费。DNA 分子所围绕的蛋白质被称作组蛋白。整个场面就像是裹在线轴上的一束束羊毛。每捆“羊毛”又被打包进更大的一捆当中，并形成了紧实的球状**染色质**（chromatin）。当某个基因需要被表达时，转录因子需要穿过层层染色质去搜寻正确的 DNA 条带并将其解开。这样，基因才可以被读取并得以表达。所以，DNA 的捆绑方式决定了查找与表达特定基因的难易。对于诸如拟南芥这样的植物来说，天气寒冷的日子似乎可以确保染色质的打包方式足够简单。想要找到发芽所需的基因也不用费很大的劲。[13] 然而，一旦发芽，组蛋白就会被重新打包。这样一来，直到这一年的晚些时候，掌管发芽的基因会被一直抑制。细胞的 DNA 存储于染色质当中，而染色质组织形态的变化便会产生这种形式的长期记忆。

所有的生物都自带生物钟，植物也不例外。生物钟可以帮助它们预测外部世界可能的变化。[14]昼夜的规律变化尤其重要，这是因为我们地球上很多其他的规律都是由它左右的，从温度的变化到捕食者的行为莫不如是。对于一些岩礁鱼来说，光是让它们的眼睛适应阳光就需要 20 分钟。所以在破晓前的 20 分钟，它们的生物钟就会差不多说些这样的话：“我知道现在看上去还像是在夜里，但是有极大的概率阳光会在 20 分钟内出现。同样大概率会发生的是，鱼中坏蛋一等天亮就会开始来抓你，所以你最好醒醒，**就是现在！**”[15]

植物存在生物钟的证据最早于 18 世纪初由法国天文学家让·雅克·多尔图·德梅朗（Jean Jacques d’Ortous de Mairan）报告。他注意到含羞草叶子的开合是由太阳的位置决定的。即便被置于壁橱当中，它们依旧如此，尽管随着时间的推移，它们开合的规律会逐渐与太阳的位置脱钩。显然，含羞草叶子规律性的行为有赖于某种意义上的生物钟。某些蓝藻仅仅依靠三种蛋白质就可以呈现出周期性的变化规律。在更为复杂的生物体中，生物钟的形式也会多种多样。这些生物钟自行更新协调，而这一过程被称为**揽引作用**（entrainment）。在哺乳动物的大脑中，有一个组成部分堪称大师级的生物钟，它有个了不起的名字——**视交叉上核**（suprachiasmatic nucleus），简称 SCN。它会对很多不同的生物钟进行协调，有点像是格林尼治标准时间。但是，没有哪个生物钟是完美的。如果有哪个残忍的实验科学家人为地改变昼夜交替，植物的生物钟就会被重置，而它们也会深受时差的困扰。人造阳光会在半夜骗它们张开叶子。但是，除非与之打交道的科学家恶意满满地不停地改变它们的生物钟，否则它们很快就能适应新的节奏。生菜、豌豆、百日菊、向日葵在今天的国际空间站里都有种植。在这样特殊的环境中，人们为它们创造出了白天与黑夜，而它们也会有针对性地调整好自己的生物钟。

植物对信息的收集和分析能力着实让人刮目相看。为此，达尔文少有地异想天开。他曾经好奇植物是否存在某种形式的大脑，或许它就存在于“胚根”之中，或者说存在于植物嫩芽的尖儿上。他曾写道：“胚根的尖儿……有能力引导与之紧邻的部分的运动，这表现得有点像是某种低等动物的大脑。我这么说并不是在夸张。”[17]时至今日，这看上去像是达尔文少有的言过其实。植物对可能的未来进行预测和计划的能力似乎并不需要某个中枢协调系统。取而代之的是，这样的能力遍布植物体全身。和细菌一样，植物的运算能力似乎就是从那数十亿个生化反应的互相作用中涌现出来的。然而，我们不该因此就对植物的感知和运算能力少上几分敬意。植物用这些能力应对未来的不确定性，而我们自身所做的诸多事关未来管理的决定也是用差不多的方法得来的。

最后一点，植物会行动。向日葵、含羞草以及许多其他植物都会面朝太阳。植物的根系会嗅到土壤中的水分和养料的味道，然后为找到它们而掘地三尺。植物不同的部位会生长、收缩、变色、发芽，或散发出奇怪的味道。这些行为多是改变植物自身，但也有相当数量的行为包含了运动。植物的运动让达尔文为之着迷。为此，他写了一本叫《植物的运动力》（*The Power of Movement in Plants*）的书。他在书中表示，植物的运动精妙而舒展，它们会以此管理自己的未来。很多运动都采取一种被达尔文称为“回旋转头运动”（circumnutation）的形式。这种运动带有探索的性质。就像“攀缘植物的茎会在各个方向上都连续弯曲，因此它的顶端都环绕在了一起”，达尔文发现，“植物每一个生长的部分都在持续地进行回旋转头运动，虽然通常幅度不大。只要是周围土壤的压力条件允许，哪怕是破土之前，幼苗的茎和它们埋在地下的胚根也会进行回旋转头运动”。[18]

回旋转头运动也表明未来管理的各个步骤是如何相互连接的。无论是根系还是枝叶，植物的各个部分都因此得以了解周围的环境，在事件流中随机撞运气、寻找契机或趋势，再厘清将要发生什么。回旋转头运动是引领行动的。菟丝子是一种和牵牛花相近的藤蔓植物。这种植物就像吸血鬼一样会从邻居身上吸食它们赖以维生的汁液。在向上生长的过程中，菟丝子幼苗回旋转头运动的方式是随机的。它们在空气中嗅着潜在猎物的味道。一旦它们的传感器蛋白在空气中确定发现了某些特定的化学物质，就明确了可以下手的对象。这就有点像是当好酒的香气溢出瓶子时，我们的鼻子也会捕捉到空气中的分子。如果菟丝子的幼苗闻见了“番茄”，它就会朝番茄的方向弯曲，缠绕在其周围并打几个小孔钻到番茄内部。番茄的汁液都装在它的韧皮部内。当菟丝子的钻孔打到那里时，它们就会开始吸取受害者的养料。菟丝子会茁壮成长，而番茄则会萎缩下去。[19]

不管菟丝子的行为在我们看来有多么邪恶，优美盘绕的回旋转头运动终究是个不错的比喻。我们可以从中看到植物乃至所有的生物体是如何在一片漆黑的未来中小心翼翼地曲折前行的。它们运用基因组的法则去抓住偶然的机会；它们记得过去的蛛丝马迹，从根系到叶梢不断更新信息；它们以此为筹码为可能的未来下注。

动物如何用神经系统和大脑管理未来

比起植物，动物所要面对的生活挑战更为复杂，这是因为它们总是动来动去。它们之所以要动是因为动物靠吃别的生物获得营养。植物可以等着阳光雨露和营养物质送上门。真菌也活得比较轻松，可以吃其他生物。但是和动物不同的是，大多数真菌倾向于等到猎物死了之后才开吃（不过也有的真菌会往受害者体内注射精神毒素，好让它们失去神志，然后再生吃了它们）。[20] 靠死物填饱肚子会让生活容易一些，因为死了就不会逃跑、反击或是用计谋骗你。在地球的表面上，死去生物的遗体慷慨地遍布各地。于是，和植物一样，真菌通常不用跑多远或是费劲多想就可以找到补给。因此，大多数真菌也不用挪窝。想要活下去的话，它们也无需动物那样专门用于运算的系统。

对于动物来说存在一个问题：包括其他动物在内的大多数大型生物都讨厌自己被吃掉。（草和一些植物的果实是少有的例外。这可能也解释了为什么食草动物所需的大脑比食肉动物的要小。）在英国科幻小说家道格拉斯·亚当斯（Douglas Adams）的《宇宙尽头的餐馆》（*Restaurant at the End of the Universe*）一书中，有一种接受了基因编辑的牛会向食客推荐自己鲜美的肉质，然后起身开枪把自己崩掉。大多数动物可不会这样。如果你要吃它们，它们会躲得远远的。与此同时，还有很多的植物想要刺死你、蜇死你、毒死你。所以，大多数动物只有在比猎物更聪明、更迅速、更强壮的时候才能饱餐一顿。为了吃上饭，它们不得不在这世界上滑动、匍匐前行、攀爬，或者上天入水。它们的漫漫征程通常不会一帆风顺。而当动物们终于发现了潜在的大餐之时，它们可能还得为之搏斗一番，或者需要为了打破猎物的防卫而苦思冥想。

简而言之，身为动物实在太难。比起一朵雏菊或者蘑菇，动物的未来通常更为多样，也更加难以预测。和植物以及真菌一样，动物需要明确的目标、大量的信息，对于快速变化的情况还需要储备多种可能的应对方法。但对于未来思维的三个步骤而言，这只是位居中间的一步——对周围环境中的趋势进行评估与分析。单是这一步就给动物带来了莫大的挑战。所以本章余下的部分会集中来讲讲精妙的神经反应机制。神经系统让动物们得以对可能发生的未来进行模拟，其复杂程度不同寻常。在一头年幼的羚羊最终确定可以安全无虞地在水塘边喝水之前，它的脑子里都闪过哪些想象中的未来画面？这些画面又是怎么来的呢？

神经系统的演化

动物的神经系统是基于神经元组成的网络建立的。神经元指的是那些专门进行长距离有效通信的细胞。神经元有三种主要类型，即侦测信息的**感觉**神经元，指导肌肉何去何从的**运动**神经元，位于前两种神经元之间的**中间**神经元。中间神经元的网络可以分析从感觉神经元处获得的信息并对未来的可能形态进行计算，计算过后决定采取某种措施，然后再把决定传送给运动神经元。当情形简单时，或者无须思考时，感觉神经元会越过中间神经元直接向运动神经元发号施令。如果你碰了烧红的铁，看看你身体的反应，你就会知道这是什么意思——这可容不得你多加思索。但是在遇到更为复杂的情形时，做决定得等到中间神经元网络做过分析之后。

在体形更大、更复杂的动物体内，中间神经元的重要程度与认真的未来思维对该动物的重要性成正比。有一种生物叫秀丽隐杆线虫。它只有302个神经元，感觉神经元、运动神经元和中间神经元差不多各占三分之一。[21] 然而，更为复杂的神经系统随着演化而生，而中间神经元所占的比重也由此增加。越来越多的中间神经元聚集到可以运算的特殊器官中，我们称之为大脑。大脑的主要任务是想到可能发生的未来并模拟它会是怎样的，在这过程中大脑需要在精确和笼统之间做到平衡。正如哲学家帕特里夏·丘奇兰德（Patricia Churchland）所言："预测……是大脑终极的功用，也是其最为普遍的功能。"[22]

有证据表明，简单的神经系统最早出现于大约6亿年前。当时正处于埃迪卡拉纪（震旦纪），动物首次大规模出现。从那时起到现在，虽说神经元并没有太多的变化，但随着越来越多的神经元整合成为更加复杂的网络，神经系统的运算能力已经涨了许多个数量级。

最简单的动物没有神经元或者神经系统，比如海绵。它们和植物一样，终其一生几乎都不需要挪地方，因此不需要神经系统。像水母这样的腔肠动物确实有神经元，但把它们组织在一起的网络通常并没有一个中枢。[23] 但有些腔肠动物的神经元会以环状聚集在诸如口部、触须这些身体部位的周围。水螅便是如此，而那些聚集神经元的部位也是活动频繁的区域。

在两侧对称动物身上则会演化出更为复杂的神经系统。这类动物有前后、上下、左右之分，也会有大脑。时至今日，该类动物占据了动物种类中的绝大多数。从蠕虫到鱼类，从龙虾到昆虫，从鳄鱼到人类，都属于两侧对称动物。[24] 哪怕在扁形动物身上，我们发现神经元也会在它们身体靠前的地方以球茎状聚集，那又被称作**神经节**。这些身体部位通常最先触及新的趋势变化。很多无脊椎动物都有不止一个神经节，它们可以操控身体的不同部位。章鱼大概拥有无脊椎动物界的最强大脑。它们把大部分的神经元都留在了触手（腕）中。节肢动物是动物界的一大门类，其中包括昆虫和甲壳纲的成员。它们的大脑就是由位于身体前部的两三个神经节等部分构成。[25] 这些神经节的主要工作是操控眼睛、触须以及口器的运动。

脊椎动物指那些拥有脊髓的动物。到了它们的世代，神经系统和大脑的繁盛可谓令人眼花缭乱。比较数据就足以让我们对这样的变化献上敬仰之情——数数今天存活的物种身上有多少神经元就可以了。如我们在前面已经看到的，秀丽隐杆线虫的神经系统中只有 302 个神经元。这个数字实在是太小了，所以研究人员可以把它们之间的联系研究得一清二楚。海蛞蝓（又称海兔）拥有差不多 2 万个神经元。会飞的果蝇的大脑里有差不多 20 万个神经元，而最聪明的昆虫之一蜜蜂有 100 万个神经元。章鱼神经元的数量则多达 5.5 亿个。[26] 哺乳动物的脑部尤其大，而人类的大脑可能包含 1000 亿个神经元。这些神经元之间的连接可能多达上千万亿。每个神经元每秒钟可以释放多至 50 种信号，这也意味着人的大脑每秒可以执行大概 10^{15} 个逻辑操作。[27]

大脑非常善于为当下与可能的未来建构模型。一只年幼的羚羊正口干舌燥。在它走向水塘时，它两耳之间黏糊糊的球状神经元便能将产生出来的数以百万计的信号转化为动态的三维虚拟图像。很多东西都会填充到这幅画面中：草儿摇曳生姿、香气扑鼻，昆虫嗡嗡不停，还有很多同伴出没。再闻那气味、看那样子，没错，水塘边还有巡逻的狮群。真是糟糕！当然，并非所有这些运算过程都在大脑中完成。神经元网络向下延伸到脊柱中乃至全身各处，而这些运算过程很多就是在这样的网络中进行的。这也是为什么羚羊的四肢已经做好了逃跑的准备。

脊椎动物的大脑分为三个主要部分：前脑、中脑和后脑。其中后脑直接连接脊髓。中脑和后脑所操纵的过程都不是我们有意识去控制的，比如走路、正常的呼吸，这也意味着大部分的未来思维都是它们掌管的。前脑可以处理更为复杂的信息，也特别擅长构建可能未来的模型。所以，前脑可以承担执行官的角色，它可以在神经系统的其他部分所推荐的选项中做出决断。[28] 灵长类哺乳动物的前脑发育得尤其快。就我们人类自身的演化过程而言，被称为新皮质的前脑部分也就是过去仅仅 200 万年间集中发育出来的。200 万年间，它增大了两倍，而其中额叶皮质是发育最快的部分。对于“工作记忆、行动计划和聪明才智而言”，额叶皮质也被认为是最为重要的区域。据神经学家格哈德·罗斯（Gerhard Roth）估计，人类大脑皮质中的神经元有差不多 150 亿个，而鲸和大象在这方面是最接近我们的竞争对手，它们有差不多 110 亿个。人类最近的亲戚黑猩猩有大约 60 亿个。[29]

神经系统如何运作?

神经系统把神经元连接在一个巨大的网络中，好比计算机把电子晶体管连接起来一样。而且，和计算机类似的是，神经系统的交流（主要）有赖于电脉冲。神经元可以接收多个电信号并对其加以评估，然后决定是否将其传递下去，这点也与晶体管如出一辙。当神经元被连接成一个巨大而又设计精妙的网络时，它们便能进行极为复杂的运算并搭建起关于世界的丰富模型。神经元网络还可以存储记忆，这些神经元彼此联结的时间可以是几个小时、几天或者是几年。

为了了解神经元是如何着手从事自己的工作的，我们不得不再次缩回蛋白质大小，然后又一次进入黏糊糊的细胞质内部。再一次地，各种力场对我们推推搡搡、拉拉扯扯。我们会不停地撞见各种蛋白质与分子市民，它们都火急火燎地赶去完成不同的任务。不过

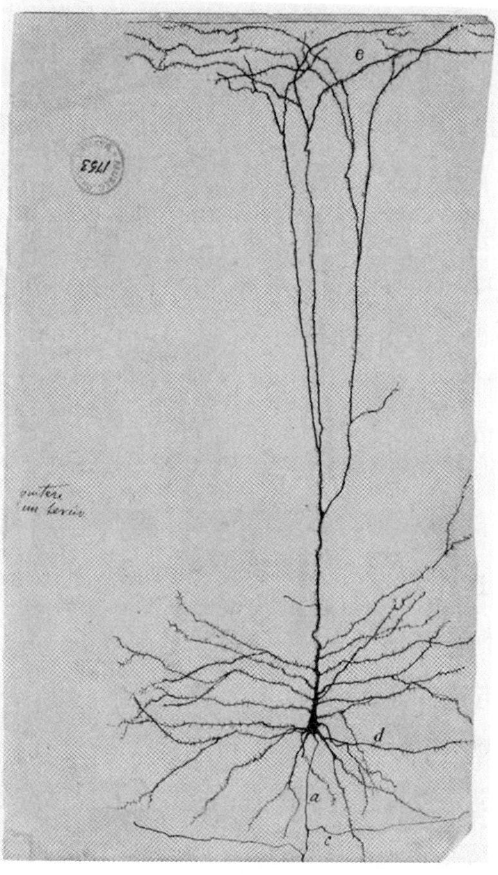

图 4.1　人类大脑皮质中大金字塔形的神经元草图，1899（纸本铅墨）

中间的一团暗色物质是胞体。上部长长的树突可以延伸达 1 毫米，直至大脑的表层（e）。其他的树突（d）则围绕在胞体四周。凑近细看树突，你能看见很多的突触。它们看上去和毛发无异。该神经元的轴突（a）则形成了许多分支（c）。

这一次一切都要比在大肠杆菌细胞里大一些。我们身处一座真核细胞之城，不再身处原核细胞里了。这里的人口更加密集，人口的流动也会跨越更远的距离。

直到20世纪，神经元的基本构造才由西班牙神经生物学家圣地亚哥·卡哈尔（Santiago Cajal，1852—1934）绘制出来。他用显微镜研究神经元，并对其进行了精美的科学制图。[30]

卡哈尔表明所有的神经元都有三个共同的基本构件。首先，每个神经元都有一个包含细胞核和其大部分基本运作系统的主体部分，还包含了细胞器，比如提供能量的线粒体。但是第二和第三个基本构件则让神经元与众不同，它们就是**树突与轴突**。这两种线状的构造从神经元的主体部分延伸出去并与其他细胞相连接。神经元许许多多的树突上都有**突触**，信息就是通过它进入神经元内，穿行于细胞的主体部分，再由单个轴突离开神经元的。有时候轴突会形成少量的分支。以细胞的标准来看，这些分支可以非常长。人类坐骨神经的轴突从脊柱的底部一直延伸至大脚趾。

20世纪20年代，英国生物学家埃德加·阿德里安（Edgar Adrian）表明，神经元的信息交换所采用的是一种叫作**动作电位**（action potentials）的电脉冲。这些电脉冲只会持续千分之几秒，它们通过轴突前往特定地点，有时候这些地点还非常远。所有动作电位的能量大小和持续时间都差不多，而它们之间的区别仅仅在于数量的多少和脉冲重复速度的快慢。如阿德里安所言："不管这些信息是要唤起光感、触感还是痛感，所有脉冲都非常相似。如果这些脉冲都挤在一起，那么感觉就会非常强烈；如果它们被打断，中间有间隔，那么感觉就会相应地比较弱。"[31]

激发动作电位需要大量的能量，而这些能量都是由化学渗透这一古老的生化把戏来提供的。生化学家彼得·米切尔（Peter Mitchell）于20世纪60年代首先发现化学渗透。我们在前面已经谈到了化学渗透。自生命在地球上首次出现起，这一过程就一直存在。今天，它仍然作用于我们体内的每个细胞中。所有的细胞都可以使细胞膜两侧的电压保持略有差异的状态。通过释放阳离子（如钙离子、钾离子等），细胞内部会产生负电荷。这一过程使得细胞都变成了小小的电池。如果突然让阳离子流回细胞内部，那么就会产生动作电位的峰值。但是，想要一直保持细胞膜内外的电压差，就需要泵体不间断地输出，这是一件很难的工作：人脑中80%的能量都是由此消耗的。脑中一闪而过的每个念头、每个绝妙的点子或是痛苦的记忆、你想象的下一次约会或是下一次工作面试的样子，它们都是由化学渗透提供能量的。带电分子被泵入数以百万计的神经元的细胞膜，才使这一切变成可能。[33]

当你爬到轴突的顶端，你就会抵达突触。这是轴突与其他神经元的树突相会的地方，信息也是从这里传递的。信息经由突触传输可以通过两种方式。一种经由电脉冲迅速传输。对于这种形式的传输来说，速度比深思熟虑更为重要。你碰到滚烫的火钳时做出的反应就是通过这种方式实现的。但是，通过一种叫作“神经递质”（neurotransmitters）的分子的运动，信息的交换也可以更慢一些、考虑得更周全一些。这种分子通过突触上的小缝隙进行传递，其情形就像是间谍片里的人质交换。每当穿过突触缝隙的时候，神经递质就会产生小的脉冲。[34]如果脉冲是带负电荷的，它就会增加接收脉冲的神经元内的负电荷，也会减少该神经元“点火”（发放）的机会——“点火”指的是向另一个神经元传递信号。而如果电荷是正的，那么神经元点火的机会就会增加。对于一个神经元来说，只有当来自其他几十个或者几百个神经元的**抑制性**（inhibitory）或**兴奋性**（excitatory）的脉冲不断累积并达到一定的门槛时，点火才会发生。[35] 这有点像是维纳斯捕蝇草决定是不是要合上嘴巴。和维纳斯捕蝇草一样，神经元要权衡来源不同的信息。

动作电位运载信息的速度大约是 90 英尺 / 秒（约合 27.4 米 / 秒），这比现代计算机慢多了。但是，信号在整个过程中是无损的，这是因为信号传输是接力完成的，其强度可以穿越很长的距离而不变，就像通过地下电缆传输的电话信号。这就是为什么当我们的脚趾踢到了什么东西时，疼痛感并不会在从脚趾传往大脑的过程中减弱。[36] 各处神经系统的运作也是并行的。不管什么时候都有为数众多的动作电位在点火。它们共同协作，同一时刻有数以百万计的运算正在进行。这样的并行运算也解释了为何大脑在某些方面仍然比最顶尖的计算机更为强大。

神经系统如何帮助动物思考未来?

关于可能的未来，所有这些动作电位的点火如何帮助动物们去富有创造性地进行思考并颇有建树呢？如同计算机中的晶体管，神经元也被排列成一个巨大的网络。它们可以从我们的各个感官收集信息并加以分析，然后再把这些信息存储到记忆中并与其他记忆进行对比。接着，神经元还会填充上缺失的信息并以此建构起世界正在如何演变的模型。想想你是怎么接球的吧。你记住了球掷出的时间与速度。你的脑子会填补上球的重量、动量、风速影响等信息，然后会模拟它的运行轨迹并计算出你必须把手置于何处才能接到球。

对于所有未来可能性的模型，关于过去趋势的记忆都是关键的搭建模块。相互关联的神经元所组成的网络多少还算稳定，而神经系统便是依靠它来存储记忆的。通过研究海蛞蝓的神经元如何固定在一起，生物学家埃里克·坎德尔（Eric Kandel）搞清楚了记忆是如何形成的。在他的研究问世之后，新的成像技术让研究者们得以实时观察神经元的产生、消亡，以及它们之间的关系。当人在思考不同的事情时，大脑的哪些部分会被点亮？通过诸如正电子发射断层显像术以及磁共振成像等技术，研究人员可以看得一清二楚。

随着突触之间联系的加强，神经元彼此相连形成网络，而学习能力与记忆都存储其中。短时记忆来得快，去得也快，并不值钱，这就像是一夜风流。但是，多次相遇的神经元会形成永久的关系。长期记忆就像婚姻，它需要更多的投入，但通常也更为长久。

我们已经在植物身上看到了这两者之间的区别。如果某个记忆只需要维持几秒钟就好，那么你也不会想要在上面浪费精力。所以，短时记忆所依靠的过程并不会大费周章，而且原状可以恢复。这就好比我们在大肠杆菌身上看到的蛋白质形态的变化，又或者类似维纳斯捕蝇草在决定是不是要合上“嘴巴”时我们所见的那样。让长期记忆沉淀下来则需要神经元更为长久的变化，比如新生突触的增加与巩固，而忘记则可能意味着让突触萎缩。[37]要想通过这种方式来改变细胞的结构，你需要可以工作的新蛋白。那也意味着让转录因子在DNA里翻个遍，然后激活产生新蛋白质的基因。而这种蛋白质所搭建起的新突触连接会更加结实，长期记忆也会更加牢固。[38]

学习意味着要建构新的长期记忆或者对现有记忆进行调整，这是为了对包含未来可能性的新信息做出反应，而动物尤其擅长学习。埃里克·坎德尔证明：学习的三种基本形态可以由神经元网络之间联系的塑造与断开方式来解释。其中的每一种形式都可以被当作一种归纳预测。这是因为在对未来可能性下注时，它们基于的都是某些特定的过往趋势，而这些趋势一直存储于记忆之中。**习惯化学习**（habituation）是一种消极的学习方式，它有助于我们丢掉某些既有认识。它告诉我们信号 A 在未来并非总是与信号 B 相关联。如果你搬家至机场附近，你可能心里一盘算就会局促不安："突然的巨响！哎哟，这可太危险了！"但你很快就会明白喷气式发动机的轰鸣并不意味着有人要攻击你了。**敏感化学习**（sensitization）则正好相反。它告诉你的是信号 A（碰到滚烫的火钳）与事件 B（疼痛不已）之间的相关性真实存在。真的存在这样一种趋势，而且这一趋势很可能将延续到未来。最后一种形式基于经典条件反射，又称巴甫洛夫条件反射。在多次重复发生之后，生物就能学会在随机的信号和未来可能会发生的结果之间建立联系。这种重复也教会了生物一种新的相关性和趋势。俄国生理学家伊万·巴甫洛夫（1849—1936）在给狗喂食之前先摇铃。最后，只要铃响，狗就会带着对大餐一顿的期待开始流口水。（我做学生时曾在列宁格勒 / 圣彼得堡住过一年。在步行途经列宁格勒大学生物系时，我经常听到狗叫。有人告诉我这些狗所在的实验室便是巴甫洛夫用过的那间，他正是在那儿重复进行实验的。）学会知晓可能将要发生什么有这三种方法。我们在所有的生物身上似乎都能找到它们的影子，哪怕是单细胞细菌也不例外。[39]

习惯化会侵蚀突触连接，而敏感化与巴甫洛夫学习法会让突触连接的数目成倍增加并对其进行巩固。这也解释了为什么对于小提琴演奏家而言，他们脑中专注于负责左手（主要用于控制手指按弦）的额叶皮质区比不会拉小提琴的人大五倍。如果去观察伦敦出租车司机的大脑，也能在与空间构图相关的区域中发现类似的变化。[40]对于小提琴演奏家和出租车司机来说，一旦他们的神经系统认定有些规律将有助于应对未来的状况，那么他们大脑的某些特定区域内就会产生新的突触。他们的大脑就会用必要的生化结构变化来作为投入，大脑也会学习新的信息并将其作为长期记忆固定下来。

随着记忆的不断更新，它们也被用来建构关于这个世界的诸多模型。这些模型细节详尽、合情合理但又瞬息万变。但很多时候模型会有缺环，就像不完整的拼图一样。而这时填补空缺的能力就有了用武之地。思维可以非常敏捷地用有限的信息搭建模型。关于这点，我们在前面内克尔立方体的例子中就已经见识过了。将我们的视觉系统作为例子，我们便能说明大脑是如何将新信息组建为这个世界的详细模型的。在这过程中，记忆能帮上不少的忙，另外还需要一点点填补空缺的能力和猜测的成分。每只眼睛都有大约一亿个感光细胞。这些细胞采集的信息都会传输给大脑，再经过处理按知觉分类：色彩、形状、线条、角度等等。然后，思维再把这些信息累加起来并借由记忆的帮助进行校正。待思维将这些信息整理妥帖，它还会用记忆中的类似场景来补足缺失的信息。比如，它会填补上我们两眼中间的盲点。结果，我们对于很可能一直在发生的事情就有了一个丰富而又生动的模型。这一模型所展现的趋势可以被用来预测可能的未来。

这些模型有的被储存在我们的长期记忆里，它们可以被一次次地召唤出来。但是记忆与照片和文献不同，它并非简单的复印件。当记忆每次被唤醒时，它都要经历一次再创作的过程。所以，它们是会变的，也会被后续事件涂抹成另一番色彩。这也是为何我们在回顾过往时会轻而易举地把记忆中的事情重新诠释成预测。约 2000 年前，许多人声称预测到了恺撒的遇刺，而普鲁塔克就曾将这些说法记录了下来。一位先知曾警告恺撒会在 3 月的月中日遇到“巨大的危险”。到了 3 月的月中日这天，恺撒在去元老院的路上“跟这位先知打了招呼，然后打趣说：‘3 月的月中日可是已经到了哦。’……先知对恺撒轻声说道：‘啊，对，是到了。但这一天还没过去呢。’”斯特拉波还报告了其他一些奇怪的征兆。比如，恺撒自己曾经拿一只动物去献祭，结果发现它没有心脏；恺撒的妻子卡尔普尼亚曾梦见自己把恺撒的尸体抱在怀中。[41] 我们时不时就会想要预测一下未来。因为我们一直都在模拟可能的未来的样子，所以当未来真的来临时，很可能它看上去就和某个模型差不多。这一点也不奇怪。在被预测者们称为“事后诸葛偏差”（hindsight bias）的现象中，这些未来看上去就跟预测到的一样。[42] 特别是在我们的记忆再添加一点回顾性的信息之后就更是如此！这也难怪在很多当代事件中，人们都“记住”了关于它们的回顾性预测，包括美国“9·11”事件和 2008 年的全球金融危机。

我们的思维把记忆和模拟模型拼在了一起。对于我们来说，它们的合体**就是**世界。它们具有现实的色彩、戏剧性以及活力。的确，它们已经让我们与现实足够接近。正如社会心理学家丹尼尔·吉尔伯特（Daniel Gilbert）* 所言：

> （我们的大脑）会搜集信息并会做出精明的判断。在

* 哈佛大学心理学教授，畅销书《哈佛幸福课》（*Stumbling on Happiness*）的作者。下文亦出自本书。

> 做猜测时，它甚至会变得更加精明。大脑由此为我们提供了事物原本样貌的最佳演绎。这些演绎都非常出色，而且它们与世界实际的组成方式又往往有着惊人的相似性。正因为如此，**我们没有意识到自己看到的其实只是一种演绎而已**。相反，我们感觉自己好像正舒服地坐在自己的脑袋里，透过像透明挡风玻璃一样的双眼向外望去，而看到的世界就是它真实的样子。我们往往会忘记自己的大脑是个伪造天才。它会用记忆与主观感知编织挂毯。那挂毯的一经一纬都让人如此刮目相看，而不真实的部分却很少有人留意。[43]

如同认知学者阿尼尔·赛斯（Anil Seth）所说的那样，我们用思维建构出的模型实际上只是“被控制的幻觉”。[44]它们是思维在接收信号的基础上针对外界可能的形态所做出的最佳预测。外界究竟正在发生什么？这些思维建构的模型已经是我们能力范围内最为接近的答案，因为它们所建构的基础都是我们从外界搜集的大量信息。这些信息有直接获得的，也有间接获得的。这些模型便是我们通往世界与未来的窗户，而我们未来思维的方方面面也都被其左右。

当然，我们用来预测未来的系统所包含的可不仅仅只有这人肉神经元计算机。对于哺乳动物等聪明的生物而言，情绪会让那些过去屡试不爽的算法与经验法则进一步得到强化。就拿我们年幼的羚羊朋友来说，它的大脑与身体不仅告诉它逃离狮群是个明智之举，而且会分泌激素。这种激素就像火警铃一样。在它的刺激作用下，惊惧的情绪会产生，这种情绪会让羚羊跑起来。羚羊也就被带入了三号未来锥的“红区”当中，而人类也是如此。在熟悉的情形面前，我们有一大堆半自动的应对本领。我们的情绪系统便是这套看家本领中的一部分。为了应付这些熟悉的情形，深思熟虑很可能没有必要，但快速反应不可或缺——想想自己不能呼吸时该有多恐慌。神经系统和情绪的关系也部分解释了为何未来好坏的区别不只是想想而已。这种区别是可以感受到的，而且感受会很强烈。对于我们自己以及他人做的很多事情，我们都会有强烈的好恶，而这在很大程度上为我们的道德伦理观念奠定了基础。至少对于人类而言这点成立。

情绪与速算紧密相连。它为我们提供关于未来的建议，其依据都是那些熟悉的趋势，而非对当下情形的认真思考。这种图省事的算法便属于心理学家丹尼尔·卡尼曼（Daniel Kahneman）所说的“快思考”[45]。快思考是出于本能的，它的发生几乎都是下意识的，也不太需要刻意努力。但我们大多数关于未来的决定都是由它一手操办的。在情形简单时，快思考不费力气、操作简单，它通常能把我们指向正确的方向。但也不尽然。就像卡尼曼和他的搭档阿摩司·特沃斯基（Amos Tversky）所表明的那样，快思考有时太快了。比如，快思考所依靠的信息都是现成的，这常常意味着它下结论会有些草率。对于这点，卡尼曼和特沃斯基有个玩笑般的说法：“小数定律”（law of small numbers）[46]。我们年幼的羚羊可能会跟妈妈说：“我去了水塘四回，那边是有狮子，但它们没想吃我。您为什么不让我去那儿？”我们做归纳的时候都是从近期的经验出发。所谓近期的经验往往意味着样本数目少到荒唐，就像那些刚两个赛季表现不佳就把教练炒了鱿鱼的体育俱乐部。我们的思维明明是由复杂的神经系统来驱动的，为什么还是会有那么多危险的临时起意？

快思考给出了解释。

从另一方面来说，如果快思考真的会让我们陷入麻烦，而我们的时间精力又足够的话，脑容量比较大的物种就可以启动第二套系统了。这套系统被卡尼曼称为“慢思考”。羚羊妈妈在回答孩子的问题时就会用到它。羚羊妈妈会说：“你的样本太少了，不足以归纳出规律。我在这附近待的年头可要长多了。我可记得你爸的最后一天是什么样子。**你给我离水塘远远的！**”慢思考是某种程度上的有意识行为，所以它也是我们开始谈论**未来思维**时所表达的字面意思。与快思考比起来，慢思考需要更多的投入与专注。它在处理问题时会更加谨慎，会用上更多的信息，也会在检查结论时更为仔细。所以，对于我们这样的大型智慧生物而言，很多事关未来的重大决策都是那些有意识的慢思考做出的。大多数时候，快思考与慢思考的劳动分工都运转良好。就像卡尼曼所形容的那样：“它使得投入最小化，而效果最优化。”[47]

最后还是要说，关于生物界的未来思维仍有许多未解之谜。正如计算机科学家斯图尔特·罗素（Stuart Russell）所说（夸张的成分并不多），神经元如何“学习、感知、记忆、推理、计划、决策以及诸如此类的方方面面，对于所有人而言大多只能猜测”[48]。当我们为将来做准备时，我们脑子里的上千亿个神经元如何携手共创关于现实的生动**感觉**？我们其实并不知道。对于感知与意识（艾莉森·高普尼克将之定义为“使用麻醉剂可以摆脱的东西”[49]）的来源，我们也不是真的了解。我们也无从知晓在演化进程中何时出现了意识的微光。这只口干舌燥的幼年羚羊会有意识地思考自己未来的命运吗？很多哲学家把意识的难题描述成“终极难题”（the hard problem）。这一标签由哲学家大卫·查默斯（David Chalmers）

于 1995 年首次使用。对于很多哲学家和心理学家来说，意识所带来的难题就像宇宙学家所面临的暗物质和暗能量。但不管意识是什么，它让我们意识到：对于大多数像我们这般醒着的生命而言，未来思维皆存在。

第三部分

为未来做好准备

人类是怎么做的

第 5 章

人类的未来思维有何不同？

可是，小鼠呀！并非只有你，才能证明，
深谋远虑有时也会枉费心机。
不管是人是鼠，即使最如意的安排设计，
结局也往往会出其不意。
于是剩给我们的，只有悲哀和痛苦，
而不是指望的欣喜。

你还算幸运的呢，要是与我相比！
我只是现在才伤害了你。
可是我呢？唉，往后看，
惨惨凄凄，一片黑漆！
往前看，虽然我还无法看见，

可只要一猜，就会不寒而栗！

——罗伯特·彭斯（Robert Burns）*

《致田鼠，犁田时将她从窝里翻出》[1]

对于人类而言，很多决策层面的未来思维都是有意识的。很可能许多其他聪明的物种也是如此，包括彭斯诗中“微小、狡猾、胆怯、怕羞的小兽”。但是和其他聪明的物种相比，人类未来思维所发挥的能力与其重要性都是前所未有的，而这都拜两个相互关联的变化所赐。在人类数百万年的演化中，神经系统和生物构造上所产生的变化让每个人在思考、想象、计划、模拟可能的未来时都可以做到炉火纯青。然而，这些技能所带来的冲击可以被放大很多倍则有赖于第二个变化——人类语言的发展。语言的发展让人类得以分享见解并作为一个集体积累信息。在不同个体间分享信息意味着人类对未来的思考和管理能力以前所未有的速度突飞猛进。人类技术与文化的演进也大体如此。在几十万年的时间里，人类的这些能力一代比一代强。在这些变化的共同作用下，我们人类与未来以及地球家园的关系焕然一新。为此，迪迪埃·索内特（Didier Sornette）用过一个很好的比喻。用他的话说，我们都变成了“龙王”（dragon-kings）**。众所周知，如今龙王是指突然有惊人的新表

* 罗伯特·彭斯（1759—1796）为苏格兰著名浪漫主义诗人，常以农村与劳动为题材，对苏格兰文学有深远影响。苏格兰著名民歌《友谊地久天长》也由他根据当地老人口传记录而为世人所传唱。这里的译文出自海外华人作家、语言学家徐家祯的版本，个别文字根据原文略作修订。

** 索内特将稳定分布、不能描述，却又非常重要的极端事件称为“龙王”。——编者注

现的已知生物。[2]

生物结构上的不同

我们属于用双足行走的高智慧灵长动物，这个族群也被称作人族（hominins）。在过去的几百万年间，人族一直在演化，而最近200万年人族大脑的体积急速扩大。现代黑猩猩大脑的体积为300立方厘米到近480立方厘米。直立人 / 匠人生活在200万年前，它们大脑的体积为900到1000立方厘米。[3]现代人类大脑的体积大约是1300到1400立方厘米，而我们的亲戚尼安德特人的大脑更大，体积可达1500立方厘米。

当然，大脑的体积不能说明全部问题。在已知的生物界当中，抹香鲸拥有最大的大脑，它的体积大约是8000立方厘米。大脑尺寸与身体大小的比例才是关键。这是因为大型生物体的神经系统里会有更多不动产需要管理。这也是在演化过程中为何大脑的体积会随着生物体形的增加而变大。然而，人族大脑的增长速度比这一规律所能预料的还要快。与人体大小相比，人类的大脑尤其大。[4]正如我们在上一章所见的，在人脑专门负责计算与规划的额叶皮质区中，神经元数量也是不一般地多。

是什么驱使这些变化发生的呢？这是研究生物演化的学者们必须回答的一个问题。因为在数十亿个神经元不断通过动作电位进行点火的过程中，它们会消耗非常多的能量，而这些能量本可以用在其他地方。这让拥有较大脑部成了一件成本很高的事情。这也解释了为何在生物演化中这样的大脑并不多见。（从生物演化时间尺度上来看，）变化的速度表明有正反馈环在起作用。其中一个可能的反馈环表明了大脑尺寸和社交之间的关系。哺乳动物是恒温动物。为了维持体温恒定，它们平均每克体重所需的食物量会比爬行动物多 10 倍。想要得到如此之多的食物，一种办法是变得更狡猾，而另一种办法则是合作。[5] 因此，哺乳动物都倾向于拥有大大的脑。为了将本领和体能都集中到一起，它们喜欢成群结队地生活也就不奇怪了。但是群居对智力有更高的要求，因为你不能只考虑自己的未来。[6] 你还需要为其他个体的未来着想。无论出于情义还是职责，你都得关注他人的动向。你得揣测女性首领在想什么，还得盘算你的敌人又在打什么主意。[7] 所以，社交很可能会让脑部变大，而更大的大脑则又助社交一臂之力，这是一个强有力的反馈环。

无论我们对人族大脑的快速增长做出怎样的解释，它终究让人类的未来思维产生了根本性的变化。额叶皮质通常被认为是工作记忆的大本营，而其中增长最快的区域主要负责控制我们的时间观念、情绪以及行为的目的性与计划性。这个区域还会帮着整合视觉以及其他的感官信息，以此建构我们所处环境的模型，并把想象中的事件按照设想中的时间顺序来排列，这正是你在模拟未来的各种可能性时所需的技能。如同帕特里夏・丘奇兰德曾经写到的那样，更大的额叶皮质意味着“无论在社会层面还是在身体层面上都拥有更为强大的预测能力”[8]。

要说模拟未来可能会发生的事件的序列，人类的确技高一筹。比如制作复杂的石质工具或者成功生火。人类格外擅长在宏大的时间范围内想象未来的样子——在本书的最后一章中我们就将以恢宏的结构来探索某一个未来的形态。更多思考的空间也意味着**认真**思考变得更加游刃有余。所谓“认真思考”是指考虑某事时集中注意力再三斟酌，从而由“快思考”转向“慢思考”。[9]信息如潮水般涌过大脑，不着急的时候，大脑可以选择把注意力集中于信息洪流的某些部分上。人类似乎很善于集中注意力，哪怕有让人分心的东西在也没关系。这是一项冥想者会去练习的技能。注意力集中的有意识思考让我们更好地厘清事物的来龙去脉，也让我们更有能力去比较不同的未来可能性。

简而言之，人类的大脑似乎已经扫清了不少障碍。它让我们得以更好地对许多不同的未来形态进行想象、揣摩与比较。

社会与文化差异：语言与集体学习

带着这些加强技能，我们的祖祖辈辈在演化过程中还得到了意想不到的收获。更大的大脑让另一个更具变革意义的转变成为可能——集体学习（或者称之为文化演进）。很多物种都存在某种形式的文化，因为它们有语言，也能分享信息与想法。但唯有人类在分享信息时可以如此高度精确。集体的知识储备随之增长并代代演进，直到它们重塑了人类在世界上的地位。这就是我所说的“集体学习”的意思。[10]集体学习也解释了为何我们这个物种会有历史一说。这正是因为随着集体知识的不断累积，我们的技术、生活习惯、思维方式都发生了巨变。这种变化起初很慢，但接着就加快了。越来越多的知识储备让我们驾驭周围环境与生物的能力越来越强。

集体学习让变化越来越快。板块运动、太阳与月球的运行，还有自然选择的演化过程，它们是地球历史的几大推动力。而它们都差不多得在成千上万年乃至数百万年的时间尺度中才能看到作用的效果。但随着人们将观念口耳相传，集体学习的成效几乎立竿见影。诚然，自然选择仍然在人类历史中拥有一席之地，它解释了游牧族群的后代为什么成年以后喝奶也通常可以消化。但正是集体学习才让人类与地球上所有其他物种如此迥异，而它的时间进度比自然选择要快得多。亚历克斯·梅苏迪（Alex Mesoudi）是研究文化演进的专家。他将跨越多代人的知识积累描述为“定义了人类文化的特征”[11]。

集体学习和文化演进之所以成为可能，有赖于人类语言的演进。语言学家斯蒂芬·平克（Steven Pinker）把语言的演进称为“拥有令人生畏的集体力量的信息分享网络”[12]。虽然我们还没有把这一演进的过程完全搞清楚，但不少假说都很合理。将大脑发育与社交联系在一起的协同作用可能同样驱使着人类语言的演进。社交属性的增加促进了个体间更好的沟通，而这些个体都很想知道别人在思考些什么、计划些什么。[13]难怪所有的社会性物种都拥有某种形式的语言，包括鸟类、鲸类以及灵长类。狒狒会用简单的信息向彼此发出警告，比如，“小心！老鹰来了！”然而，人类的语言独树一帜。人类的额叶皮质区空间更大，所以神经系统也有地方来储存大量的名字、词语和观念，还可以用语法这样的车床把词语和观念变成故事。有些故事讲的是现实世界，有些则是假想出来的。

无论语言的起源在哪儿，它终究让我们人类跨越了一道重要门槛，不管“人”是作为个体还是一个种群而言皆是如此。苏联心理学家列夫·维果茨基（Lev Vygotsky）认为，正因为词语浓缩了太多的信息，它们让我们每个人都有了为周围事物建构模型的新方法。[15]想象一下，要是有人喊了声“粉色大象”，那能在你的头脑里引发怎样的一番轰鸣。这四个字所传递的信号在神经元网络中弹来弹去，也在你的脑海中把一个生动而复杂的概念点亮了。更重要的是，这个概念是你从来没见过的，至少在现实世界中从未见过。字词打包成了一个个概念，而语法再把概念安进复杂的故事当中。在故事中，我们可以颠来倒去地重新进行布局，并模拟出未来的不同形态。我们脑海中的假想工作室安全无虞，在那里，我们可以把上面说的这些统统实现，大可不必在现实世界中碰运气。对于婴儿来说，学会说话有助于他们在玩耍中建构起可能的未来的模型，而他们的未来思维能力也会因此大大加强。[16]

但是，语言对我们个人的思考过程的影响还不是最大的。它最显著的影响一直都体现在集体学习与思维的层面。经过所有社群的代代积累，人类拥有了巨大的知识库，而这个知识库还在不断扩充。语言让我们每个人都得以从中略窥一二，也可以为之添砖加瓦。历经检验的知识成为人类共同的故事，也让人类有了驾驭环境与其他动植物的超凡能力。这也是为什么所有的人类社群都很珍视传统知识，也会对之呵护有加。在人类大部分的历史当中，知识都是通过丰富的口述材料、故事歌谣，或是历史遗迹，乃至自然地貌存储下来的。人们精心地将传统知识教授并传承下去，通常还要经过一番仪式，而熟练掌握这些知识可能需要数十年。如同自然选择会对可能产生的新物种进行检验，集体学习也会对观念进行检验。不成功的、无效的观念很可能迟早会被“证伪”。这是科学哲学家卡尔·波普尔（Karl Popper）用的一个术语。[17] 早在 18 世纪，亚当·斯密和大卫·休谟的朋友亚当·弗格森（Adam Ferguson）就意识到这些变化具有多大的革新意义：“对于其他纲的动物来说，个体从婴幼儿长大成年或成熟……但是，对人类而言，除了个体的成长之外，整个物种也在进步：人类的每个时代都建立在前人打下的基础之上。”[18]

集体学习所释放的迅猛势头把人类历史带入了新的方向。在人类历史的大多数时间里，这些趋势作用缓慢，几乎无法察觉。有一个规律很突出——不管是单个家庭的起起落落，还是族群与帝国的兴衰沉浮，都呈现出一种循环往复。但今天的我们所拥有的关于过去的知识要多得多，于此回望便更容易发现集体学习所带来的趋势实则左右了全部的人类史。有三大趋势尤为突出。第一，集体学习让人类愈发强大。新观念与新技术的涓涓细流永不停歇，它们也让人类左右自身所处环境、经营自身未来的能力与日俱增。第二，随着人类的圈子越来越大，在集体学习中观念分享的维度也越来越广。这种分享终于得以跨越大洲，而今天的我们得以在一个全球互联且能力超强的网络中交流思想、交换货物。人类圈子的扩大也让人们得以将自己置于不断扩张的“关注圈”当中。这也意味着他们的社群观念所包含的人会越来越多，比如自己的部族，乃至自己的国家。第三，集体学习使得变化越来越快，这是因为它触发了许许多多的反馈环——各种创新又会带来更多的创新。在人类历史的大多数时间中，变化都是很慢的，也很难注意到。只是在最近的几千年间，特别是过去的几个世纪，变化才如此迅猛以至于人们似乎无可逃脱。哲学家怀特海（Alfred North Whitehead）曾经写道：“在过去，重大变化的时间跨度比个人的一生要长许多。因此，人类的培养目标是要去适应不变的条件。今天，这种变化的时间跨度比人的一生要短许多。相应地，我们在培养人的过程中必须让个体准备好面对新的条件。”[19] 这也是为什么现代的时间观念多了几分“时间的 A 序列”中的喧嚣而非“时间的 B 序列”中的沉静。

增长的技术力量、扩大的交互网络以及不断变快的变化——这三大趋势有助于解释为什么人类在历史进程中对时间与未来的理解会产生如此巨大的变化。

关于时间的考古学和人类学：为何时间的体验会有差异

人类从首次出现至今已经有几十万年，而其中大多数时间里人的想法并没有留下什么痕迹。所以，很难追溯我们人类的未来思维在历史进程中是如何变化的。如果可以派一队人类学家回到过去，让他们带着录音设备、相机以及全能翻译（没准儿要找一条道格拉斯·亚当斯的小说《银河系漫游指南》里可以插进你耳朵里的巴别鱼）去采访我们的祖先，那可就太棒了。但这是不可能的。如果有文字证据也很不错，比如说5000年前的手写日志或者哲理短文。不幸的是，最早的文献也没有超过5000年*。

证据的缺乏迫使我们回到纳斯列丁·霍加寻找光源时所采取的策略。在这里，它意味着要对当代的狩猎–采集者进行研究或者去阅读人类学家的著作。人类学家试图对这些狩猎–采集者的世界加以描述，并期待那些关于时间与未来的古老观念在这些社会中还留有一些踪迹。但是，对于卡拉哈迪沙漠中的现代民族或者澳大利亚原住民，又或者今天生活在北极地区的民族而言，他们仍然秉持的观念又有多大的可能性真的与最为古老的未来思维形态有共同之处

* 两河流域苏美尔人最早的楔形文字大约创制于公元前3200年左右，这里作者似有误。

呢？事实上我们真的不知道，而很多人类学家也对此表示怀疑。[20]尽管如此，当代人类学研究还是揭示出人们对于时间的态度可谓五花八门，这也使得关于古人对未来态度的假设性推测层出不穷。

关于时间的人类学

20 世纪 40 年代，美国语言学家本杰明·沃夫（Benjamin Whorf）曾表示，有的社会没有时间观念。在霍皮族（Hopi）的语言当中，没有发现“词语、语法形式、句子结构，或者表达方式会直接指向我们所称的‘时间’”[21]。大约在同一时期，罗马尼亚宗教哲学家米尔恰·伊利亚德（Mircea Eliade）将考古学和关于传统社会的现代证据加以结合。他认为，在过去的小规模社会中，人们对于时间的想法会有很大的差异。[22]他们不会把时间看作动态的、线性的，这与当今世界用钟表体现的时间不同。相反，伊利亚德声称他们对时间的体验有两种相关联的方式：“凡俗时间”（profane time）与“神圣时间”（sacred time）。凡俗时间是对变化的浅层体验。处于这个区域的时间有点像是“时间的 A 序列”，除了一点：在凡俗时间中，大多数的变化都被视作循环往复，比如太阳落山、冬天来临或者从生到死的生命循环。神圣时间有点像是“时间的 B 序列”：时间是永恒的、稳定的。通过仪典、梦境、通灵和恍惚状态便可以抵达神圣时间。在伊利亚德看来，只要对神圣时间略窥一二，便会让人确信变化皆为幻象。从更大的维度来看，变化的东西其实很少。

到了 20 世纪，人类学家意识到我们当今的时间观念——钟表上的那种单线的、动态的、持续向前的时间其实是很晚近才产生的。这也可能解释了为何包括沃夫在内的部分学者不再认为时间观是一大人类基本思想。然而，时至今日，大多数人类学家都接受这样的观点：虽然对待时间的态度五花八门，但在其表象之下**存在**某些重要的共性。沃夫所声称的霍皮族语言没有时间一说不再被人们认可，因为后续的研究表明：即便是语法中没有时态的语言也有处理过去与未来的办法。[23]英国人类学家埃文思–普里查德（E. E. Evans-Pritchard）曾写过，在尼日利亚北部的提夫族人（Tiv）的语言中似乎并不存在明显可以与现代时间概念相对应的一类词，但“时间却内化为提夫人思想和谈吐的一部分”[24]。

与之相仿，很多当今的人类学家会认为米尔恰·伊利亚德夸大了凡俗时间与神圣时间作为古老时间体验的独特性。我们在第1章中也看到了，即便在今天的时间观念中，动态与恒定的感觉也都包括其中。循环往复的变化形态对于当代人的生活方式来说也并不陌生。在变化的表象下潜藏着深深的永恒感。在当代物理学和研究时间的哲学理论中，这种永恒感不仅依然存在，而且生机勃勃。

1992年，阿尔弗雷德·盖尔（Alfred Gell）曾对关于时间的人类学著作做过一番终结。他如是写道：

> 设想一个这样的仙境，那里的人们对时间的体验与（今天）我们自己的体验有着显著的不同。那里没有过去，没有当下，也没有未来。那里的时间是静止的，或者首尾相接，又或者像钟摆那样左右摇晃……但这样的仙境并不存在，有的只是另一种形态的时钟或者能让人了解最新情况的日程表。令人沮丧的延误、令人欣喜的期待、事件的意外转折以及一眼望不到头的乏味单调，它们都会以另一种形式存在。[25]

人类学家杰克·古迪（Jack Goody）认为所有人都会体验到时间的先后（有的事情跟在另一些事情后面）和时间的长短（有的事情花费很长的时间，而有的事情发生得很快）。[26]

那么，就不同社群对时间以及过去和未来的体验与描述方式而言，它们为何在人类学家的眼中会如此多样呢？

自然时间、心理时间与社会时间

看看人类在体验时间时是如何把三种不同的节奏混为一谈的，你便可以对这种多样化有所解释。这三种节奏分别是**自然时间**、**心理时间**和**社会时间**。为了生存，我们必须让自己的活动跟上它们的节拍。然而，随着人类社会和技术的变迁，这几种节奏之间的相对重要性也发生了变化。不同社会对时间和未来的体验与理解方式也由此发生了转变。

昼夜的流转、旱季雨季的交替、太阳以及各大行星的运行都有节奏，自然时间与这些节奏步调一致。这些节奏，特别是昼夜交替的节奏左右着所有生物的起居。在日常生活中，自然时间中重复的一面显得尤为突出。从日到夜、从夏到冬、潮起潮落皆为周而复始。只是到了最近的几百年间我们才学会在更长的跨度中追踪线性的自然时间。这一时间跨度可以是几千年，乃至几百万年。比如，我们可以追踪长期的气候变化以及海陆板块的移动。在大部分人类历史中，自然时间似乎就是由无尽的周而复始组成的，这正如同伊利亚德所说的凡俗时间。

心理时间就比较多变了。它所跟随的是我们身体的节奏：激素的消长、呼吸、心跳、饥或饱、清醒或酣睡、激动或者沉闷、惊慌失措或是心满意足。这些节奏都会被即时体验左右。它们可以有节律地跳动，比如心跳。但我们惊恐时它们一眨眼就变了。它们或快或慢。我们感到无聊时，时间慢得像是在爬。（你可以检验一下这种说法，盯着手表的秒针看5分钟就可以了。）当我们岁数越来越大时，时间变快了，所以每年的生日和缴税日似乎都来得越来越快。这可能是因为在对内心体验的总体时间进行测算时，我们是以自己的一生来作为标尺的。对于一岁大的婴儿来说，一年就是一辈子；而对于百岁老人来说，那不过是百分之一的时间。我们对心理时间有几分掌控力。醉酒、悠长的舞会、半梦半醒、兴奋与沉静都会改变心理时间的作用。冥想者有时会表示，在过于沉静的状态下，时间流动之感会消失。这种心理时间中易变的节奏在当代文学作品中也可见一斑，比如詹姆斯·乔伊斯、弗吉尼亚·伍尔夫和马塞尔·普鲁斯特笔下的内心独白。[27]

社会时间基于他人的节奏而存在，而这些人是我们必须与之保持步调一致的。对于所有的社会性动物而言，社会时间都存在。然而，对于人类而言，曾经相互独立的社群发现自身已经被裹挟进了齿轮当中。这套齿轮驱动着愈发扩张的交流网络，而人类也在其历史进程中因此变得越来越强。今天，社会时间通常比我们所感知到的自然时间与心理时间更为重要。从悉尼飞到伦敦，早上8点落地（我就这么飞过几次），你的身体会告诉你现在是睡觉的时候了，但如果你日程很赶的话，社会时间会告诉你这一天才刚刚开始，而你很可能只能强迫自己跟着社会时间行动。在当今世界，社会的方方面面都被裹挟在了一起。我们不得不让自己的行动步调跟其他几百万人保持一致。教堂祷告的钟声、缴税日、上课铃、日历都培养了我们有关社会时间的认知。从会谈到时刻表、从仪式到日程安排、从许许多多的社会职责到法律义务，它们都让我们深陷于这种认知当中。

社会学家诺贝特·埃利亚斯曾有一部关于时间体验变化的先锋著作。他认为，正因为规模不断扩大的人类交流网络让社会时间愈发强势，所以它成了塑造当代时间观念的首要因素。巨大的网络把你锁定在拥有共同节奏的网格之中，而这些网格是由数百万人组成的。随着这些网格的增大，它们也左右了我们对过去与未来的认知。

> 在前国家社会的案例当中，相互依存的人际链条相对较短。所以，在其社会成员的经验当中，过去与未来较当下而言并没有太多不同。人们对于此时此地，也就是此刻、当下的体验并没有什么特别之处，不管是与过去还是与未来相比都是如此……但另一方面，在更为晚近的社会中，这种过去、当下与未来的区隔会更为突出。拿此刻要在此地进行的所有活动来说，对预知的需求、实现预知的能力以及对较为遥远的未来的考量都会成为越来越重要的影响因素。[28]

我们对于时间的体验很大程度上是由社会塑造的。[29]社会学家埃米尔·涂尔干（Émile Durkheim）首先说服众多学者相信了这一点。和康德一样，涂尔干没有把我们对于时间的认知视作宇宙中的固有存在，而是将其看成一种世界的投影（projection）。但是，涂尔干所说的这种投影是集体的而非个体的，它是社会层面而非心理层面的。我们在社群中成长，而社群所特有的节奏会赋予我们这样的投影。时至今日，不管是自然还是我们自身心理的节奏，其重要性都无法与这样的社会节奏同日而语。[30]

关于奠基时代未来思维的推想模型

对于究竟是什么左右着我们对于时间的认知，我们有了些简单的概念。在它们的帮助下，我们可以试着建构这样一个推想模型——最早的人类社会中的未来思维是什么样的。

从数十万年以前智人的演化到大约一万年前的末次冰期为止，这是人类历史最初的阶段，属于“石器时代”或“旧石器时代”。但在这里我要把这段时期描述为**奠基时代**，因为人类余下历史中的社会、文化、技术和道德标准正是在这段时期打下了基础。考古学和人类学研究表明，奠基时代的大多数社会是由比家族规模稍大的小型团体组成的。人们在最为了解的自家领地中四处流浪。为了维持生活，他们狩猎、采集，所用的技术代代相传，但也会很好地与环境相适应。技术创新和气候变化所带来的压力驱使这些小团体进入新的环境中。他们进入了热带丛林，也踏上了北极苔原。结果，在几十万年之后，人类慢慢地扩张到除了南极洲以外的地球各个大陆上。

一万年前，奠基时代终结了。那时候地球上的人类很可能还不到 600 万。然而，从非洲南部到西伯利亚，从美洲大陆的这一端到另一端，已经到处都有人类的身影。[31] 今天的世界已经城市化，80 亿人分散在 200 多个国家和地区中。奠基时代则与之不同。那时的世界由几万个小的社群组成，每个社群都有自己的领地，都有各自的传统与技术，也都只和少数几个邻近的社群有接触。和当代的狩猎-采集者一样，这些上古的社群很可能在一年之中会跟邻居们见上一两回。他们会互赠礼品、交流思想、切磋仪典的操办、分享故事与知识，这也是人口和基因的交流。这就像是古代的奥运会。这样的会面也意味着一个人在一生中会遇到几百个人，会碰到多种多样的文化、礼仪、技术和语言传统。但是，只有在物资富足的时候，大型聚会才有可能实现，因为只有这个时候，小小的区域才能喂饱许多人，比如北美洲西北部原住民的鲑鱼洄游季或者末次冰期法国南部的鹿群大迁徙。

尽管邻近的群体间会互通信息，但最关键的还是本地的知识。这也是为什么奠基时代的社会会极度多元化。本地知识是许多代人累积下来的，历经检验。故事、歌谣与仪典的不断重复让这些知识得以延续，偶尔还会向邻近的社群输出。本地知识立足经验，注重实用，详细而精确，而且不管怎么说也很“科学”。澳大利亚人类学家黛博拉·伯德·罗斯（Deborah Bird Rose）曾经写道，在欧洲殖民者到来之前的澳大利亚，“赖以为生的基本要素既非技术又非劳动，而是知识”。这样的知识包括“资源的位置、水源地、生态进程、地形地貌、季节变化、动物的行为、动植物生长周期以及哪些动植物适合被驯化、食物来源、药品以及‘烟草’。不少知识都被编成了歌谣与故事”[32]。

在奠基时代，知识很可能是社会权力的主要来源。在小型社会中，各成员的财富权力与强制权力大同小异，但某些晦涩难懂的知识仅由特定的个人掌握，而这一点放大了各成员之间威信与权力的差距。[33]关于未来的特殊知识也同样仅限于某些人掌握。

奠基时代关于时间与未来的观念

我们基于推测对奠基时代人们关于时间与未来的思维方式进行重建。我们的推测主要关注四个主要的特征。（1）社群规模很小。社群之间的联系也是个人之间的，所以，未来也是个人层面的。（2）我们的祖先认为他们属于自己所居住世界的一部分，而居住地的法则必须得到尊重。有一种现代观点认为人类为了满足自身需要理应驾驭未来。然而，这样的狂妄在当代的狩猎–采集者社会中难寻其踪。（3）大多数人很可能认为世界在变化的表象之下其实基本上是静止的。（4）在大多数人的经验当中，整个世界都被精神、实体存在以及可以左右当下与未来的力量充满。对于所有带有目的性的生物体而言，它们都可以与这世间万物进行沟通，也可以与之斗上一番。未来思维与计划的很多方面都由其间的种种关系决定。

首先，在小型社群当中，与你相关的未来关乎你的家人、你家园里的动植物。本地的天气很重要，它决定了海豹狩猎或是薯类采集的成败。你与邻居关系的好坏、你健康与否、打猎能否满载而归、可食用的植物是否丰收以及你周围的生命轮转也都为天气所左右。这样的未来是个人层面的，它与我们将在第 8 章中讨论的全球性的未来不同。

其次，奠基时代技术的局限让人们肯定地认为自己生活**在世界中**并**与世界共存**。人们不会想着去主宰世界、改造世界。所有当代的狩猎–采集者社会都有一个有力的共同认识：生态和道德法则的存在要求人类去保护与关心土地。人类有能力影响本地动植物的多样性，实际上也确实是这么干的。人类烧掉了土地，而过度捕猎则让一些物种到了灭绝的境地。的确如此，大多数奠基时代的景观已经被人类活动极大地改变了。但是，我们也清楚地知道人类活动的边界在哪儿。因忽视“法则”和对“法则”不敬而遭受惩罚的故事已经屡见不鲜。事物运转皆有法度，对之视而不见实在愚蠢。因为对某种猎物有偏好就将其幼崽也杀个干净，或者在土地上放火的时候心无半点波澜，这些也是愚蠢的行为。20 世纪 50 年代初，美国人类学家伊丽莎白·马歇尔（Elizabeth Marshall）拜访了昆人（Ju/wasi）部落，并同他们一起居住。这群人生活在卡拉哈迪沙漠中，以狩猎和采集为生。和大多数农耕民族不同，昆人对于操控世界兴趣不大：“人们不会试图强迫自然世界去完成什么。比方说，他们不会求雨，不会给动物催产，不会种植。他们会时不时烧掉枯草，这样才能让青草更好地生长。但除了这个例外，他们不会试图促使任何事发生。”[34] 今天的人们广泛认为人类与自然世界有别，人类驾驭着自然世界。但在这些狩猎者与采集者的神话中找不到与之对应的想法。[35] 与之相反，这些人把自己当作自然的**一分子**，所以他们会让自己的行为与自然以及心理时间的节奏相协调，而不会把自己的节奏强加于周围的环境。

社会时间当然很重要。有时候它会凌驾于自然时间以及心理时间之上。对于所有的社群而言，他们很可能都会运用天文学或者周围环境的变化来为社会活动与仪典建立历法。美国考古学家亚历山大·马沙克（Alexander Marshack）* 也确实认为一些 3 万年前的文物可能是早期形式的历法。[36] 但是，社会节奏从未如今天这般主宰着我们对于时间的感知。20 世纪 60 年代，加拿大人类学家理查

---

* 马沙克（1918—2004），美国史前考古学家，曾长期供职于哈佛大学。但需要指出的是，他也常常因为对文物的过度解读而为学界所批评。比如，他认为一些旧石器时代晚期的符号为历法体系的见证，该观点尚有争议。

德·李（Richard Lee）曾对卡拉哈迪沙漠社会中日常生活的节奏有所研究。他对此有过这样一段描述：

> 一个女人一天采集的食物可以喂饱全家三天。在剩下的时间里，她就在营地休息、绣绣花、去别家串串门或者招呼访客。每天，诸如做饭、开坚果、拾柴火、打水这样的厨房工作会占用1到3个小时……狩猎者的工作会比采集者的更频繁，但他们的日程分配很不平均。集中力量打猎一星期，再彻底歇上两三周，这对男人来说也不是什么稀奇事。因为打猎是个难以预料的活计，而且还得听从巫术的摆布，所以猎人们有时候会接二连三遇上不顺。他们一歇就是一个月甚至更长时间。在这段时间里，男人的主要活动就是走亲访友、招呼客人，更常见的是跳舞。[37]

在古老的狩猎–采集者社会中，人们周围的世界中有着许多不同的节奏：梦境与身体的节奏、狩猎与采集的节奏、日月潮汐的节奏、动物迁徙的节奏、部族仪典的节奏等等。但人们似乎都能与这么多不同的节奏和谐相处。这与今天的世界非常不同。对于今天我们周围大多数事物的节奏来说，统一的钟表时间为其规定了单一的坐标网。

第三，很多线索都暗示了一点：尽管我们都生活在“时间的A序列”当中，但人们**曾经认为**时间基本上是静止不动的——更像是“时间的B序列”。在日常生活与个人经历变化的表征之下，人们想象出一个静止的、大体上一成不变的世界，也就是古希腊哲学家巴门尼德眼中的世界。这可能解释了为什么很多小型社会对于精准的历史时间轴没有什么兴趣。澳大利亚学者琳恩·凯利（Lynne Kelly）主要从事口头文化的研究。关于生活在澳大利亚北部阿纳姆地的雍古人（Yolngu）的时间观念，她曾经写道："时间是不分先后顺序的。神话传说里的事件被认为发生在很久以前，但它也是持续不断的当下的一部分。"[38]

人类学的证据表明，过去往往没有被想象成向前移动并由当下继续前行的单条时间轴。相反，过去很快就会变得模糊并融入一片混沌的创世期。澳大利亚原住民对于生活着祖先的过去存在一种信仰，现在多被称为"梦创"（dreaming）。我们这里谈论创世期也不妨借用这个比喻。**梦创**其实翻译自一个阿兰达人使用的词汇。阿兰达人生活在艾丽斯斯普林斯附近。但这样的解释有些误导人。正如人类学家罗斯琳·海恩斯（Roslyn Haynes）所说，这个词本来指的是"一种永远存在于当下的现实。它所存在的维度会比物质世界来得更为真切，也更为根本，因为物质世界仅仅存于一时一刻且为外界所左右"。澳大利亚人类学家施坦纳（W. E. H. Stanner）将这个区间描述为"每时每刻"。被译作"梦创"的阿兰达词汇也有"法则"的意思，它指的是事物现在的形态，也是其必须且永远不变的形态。这与很多印度传统中所说的一个基本概念很接近，也就是**法**（dhrama）*。历史学家安·麦格拉斯（Ann McGrath）曾写道："在很多澳大利亚原住民的语言中，关于'很久很久以前'这个概念都有其特别的表达方式。表达创世的'梦创'也在其中，但它实际上说的不是某个具体的时间，而是一个正在进行的过程。"[40] 过去在很

* 中文里有时也音译为"达摩"。

大程度上并没有被看作一个连续体，它被当作关于当下知识与真相的集合。

在巴门尼德式的宇宙中，过去与未来不再有区分，也无足轻重。当下才是关键。在澳大利亚原住民的传统思想中，你真正该弄明白的是自己身处**何地**而非现在是**何时**。[41] 你的国是哪个国？你的忠诚、你的故事、你的知识、你的一切一切都源自地点而非时间。在这样的世界中，地图比时间轴更为重要。杰克·古迪写道：

> 在没有文字的文化中，关于过去的观点与态度倾向于反映当下的关切。从某种程度上来说，所有的社会皆会如此，而在依赖记忆的情形中尤甚。然而，在文化的传播完全依靠口头交流的社会中……过去难以避免地会被当下吞噬……在书写工具大规模传开之前（在这之后也部分如此），过去成为当下的反向投射。回溯到神话时代，我们便能从中一窥人性以及当下人类生活方式的发轫。[42]

这种对于时间的敏感是巴门尼德式的，而其中有些部分在有文字记载的文化中也得以存续。就像《圣经·传道书》中的优美章节所描绘的那样：

> 一代过去，一代又来，地却永远长存。
>
> ……
>
> 已有的事，后必再有；已行的事，后必再行。日光之下，并无新事。
>
> 岂有一件事人能指着说这是新的？哪知，在我们以前

的世代，早已有了。

已过的世代，无人记念；将来的世代，后来的人也不记念。[43]

在巴门尼德式的宇宙中，人们不必觉得未来有什么神秘莫测，也不会感到未来的咄咄逼人，这是因为在其表面的涟漪之下几乎毫无变化。困扰20世纪末人类学家的一个问题也可能因此有了解释：为何当代的狩猎-采集者似乎不会把时间浪费在担心未来上？某些观察家视这种习惯为懒惰或者不负责任。但整整一代人类学家的研究成果表明这其实来源于一种经验。在这些狩猎-采集者的经验中，世间万物皆在已知和熟悉的范围内，未来所给予的都是过去已有的。[44] 卡拉哈迪沙漠中的科伊桑人（Khoisan）对人类学家理查德·李提问道："世界上有那么多的蒙贡果呢，为什么我们还要种粮食？"[45]

话虽这么说，几周后、几个月后或者几年后的短期未来从来都很重要。为了基本的生存，人们需要具体预测婴儿的降生、鹿群和袋鼠的迁徙，或者什么时候去采摘蒙贡果的能力。从这个层面来说，预测是实用主义的，是以实验为依据的，是大势所趋的，在所有社会中皆是如此。不管在什么地方，参照天文学都能可靠地知晓一年年的周而复始。对于航行的人来说，天文学也能提供重要的帮助。这也是为什么在我们已知的所有社会中天文学都有很重的分量。19世纪时，有一个欧洲人抵达了澳大利亚。据其记载，当地人掌握的关于天空的知识"远远胜过大多数白人。关于星辰的知识对于原住民的夜行来说很重要。想要清楚地识别出自己身处一年中的哪个节令也少不了这些知识。因此，天文学被当作最重要的教育门类之一”[46]。对于奠基时代的所有社会来说，天文学无疑是非常重要的。但天文学也教给人们：在表象之下并不会有什么变化。

第四，在奠基时代人们的假想中，世间充满了游走于感知边缘的灵魂与玄力，而他们很多的未来思维也都为其所左右。我们已知的大多数宗教传统会假定灵魂与众神的存在。2000 年前，西塞罗曾写道：“多数思想家确信众神的存在。而此种看法拥有最大的可能性：我们皆由自然指引。”[47]这些信仰诠释了一种独特的未来思维。这种未来思维在多数人类社会中都存在，它所赖以存在的基础在于人们确信自己可以向存在于灵界中的主体问询自己的未来并进行讨价还价，就如同你也可以对其他人这么干一样。

这样的信仰之所以会无处不在，可能还有一些神经学上的原因。所有的人类以及很多其他的智慧生物都可以区分活物与非活物，也能区分某个客体是不是有能动性。它们之所以要做这样的区分，是因为两者的区别会影响很多事情。黄昏时分，我们往芦苇荡里瞥了一眼，看见的物体究竟是根原木还是条鳄鱼，这差别可就大了。有的东西虽然移动得快，但人类的婴儿也能区分它的死活。之所以如此，是因为他们可以从物体的运动方式以及发出的声音中找到线索（狗和汽车的运动方式不同，发出的声音也不一样），而且物体与之互动的方式也能给出答案。[48]然而，负责做出区分的神经系统远远谈不上完美无瑕，所以区分我们今天所称的自然现象和超自然现象并非一直都很简单。[49]一有动静，我们的大脑就会四下打探是哪里发出的，而当夜里听到背后有人窃窃私语的时候，我们很容易就会搞错。为什么铁屑会慢慢向磁铁靠近？为什么发洪水时的河流似乎那样愤怒？梦境与幻觉鼓励我们相信世上有多种多样有目的性的生物。语言也是如此，语法规则告诉我们凡是动作都要有施动者。英语语法强迫你去说风吹、太阳闪耀着、世界在旋转、传染病扩散了。我们的思维有了偏差。在寻找具有主观能动性的事物时，它会过度解读，因为比起熟视无睹，过度解读就算搞错了也不至于那么危险。[50]把木头当成鳄鱼可能只是让人一笑了之，但把鳄鱼当成木头可能就会没命了。

简而言之，这种观点相信具有目的性的主体与力量几乎无处不在。它可能源自我们思维的运作原理。19 世纪的人类学家称之为**万物有灵论**（animism）。这或许也解释了为什么大多数人类社会都把灵魂的存在当作显而易见的事情。即便在西塞罗那充满狐疑的头脑中，灵界也是有经验支撑的。所以，为西塞罗撰写传记的伊丽莎白·罗森（Elizabeth Rawson）就曾认为，占卜可以被视作"'物理学'的一个分支，也就是作为对自然世界研究的一个分支"[51]。

在奠基时代，人类未来思维和未来管理的诸多方面都可能为精神信仰所左右，而伊丽莎白·马歇尔 20 世纪 50 年代对于昆人精神世界的描述让我们得以略窥一二。昆人认识很多神，甚至还包括了创世大神。但昆人把这些神也视作狩猎–采集者。尽管昆人的神威力十足，但它们少了几分在更为晚近的王朝时代诸神身上所见的伟岸与至尊。它们看上去"就像是正常体型的人类。它们跟人一样要打猎，会娶妻生子。和人一样，它们的营地也会生起篝火，它们也要住草搭的棚子"[52]。神既不会为人类指点迷津，也不会对人类指手画脚。尽管它们危险起来可能会难以预料，但它们也可能会呆头呆脑。

对昆人以及很多其他小型社会而言，在应对未来的不确定时，通过仪式与灵界取得联系便成了一种很重要的方法，而且在事关健康时尤其如此。太阳西沉、满月东升之际，伊丽莎白·马歇尔也曾目睹迷幻状态下于黄昏时分开始的舞蹈。[53]女人们会在主营地附近生起火堆。然后，她们就一个接一个地跪坐在火堆边。当星辰显现时，有的女人开始一边歌唱，一边拍手，其他人也纷纷加入。相同的韵律与唱腔以一种复杂的方式不断重复，呈现出一种“摄人心魄的美丽”。有些男人的大腿上套着拨浪鼓，他们这时候在女人们的外侧围成一圈，然后开始起舞。最后，有些男人会陷入迷幻的状态。他们开始在火焰中“洗涤自己”。接着，他们会靠近一个女人，把手放在女人的胸前和背上。然后他们突然尖叫着站起来，好像把女人体内的什么东西给拽了出来。是疾病，他们把疾病扔给了逝者的亡灵。

舞蹈一般会持续到拂晓，在太阳升起时达到高潮，之后就戛然而止。“筋疲力尽的女人们全身僵硬地站起来。她们已经跪坐了差不多 12 个小时……她们说笑着伸伸懒腰，然后四下看看有没有剩下的柴火。”卡拉哈迪沙漠中有着古老的岩画，有的岩画已经有好几千年的历史。这些岩画也表明类似的传统与世界观可能深深根植于奠基时代之中，并一直延续至今。[54]

第 6 章

农业时代的未来思维

我还安排了许多占卜的方法，最先为他们圆梦，告诉他们哪一些梦会应验；还有，那些偶尔听见的难以理解的话和路上碰见的预兆，我也向他们解释了；爪子弯曲的鸟的飞行，哪一种天然表示吉兆，哪一种表示凶兆……我也给他们分别得清清楚楚；它们心肝的大小，肝脏的斑点均匀不均匀，胆囊要是什么颜色才能讨神们喜欢，这些我都告诉了他们；罩上网油的大腿骨和细长的脊椎我都焚烧了。*

——普罗米修斯语，出自埃斯库罗斯

《被缚的普罗米修斯》[1]

* 本段译文出自著名古希腊文学翻译家罗念生的译本（《埃斯库罗斯悲剧二种》，人民文学出版社，2021 年）。

人类历史的农业时代

人类历史的农业时代大约开始于1万年前。大约200年前，随着化石燃料时代的来临，新的技术手段与思维方式随之开启，并为今天的世界打下了基础，农业时代也由此终结。

人类社会经历了数十万年极为缓慢的变化，农业时代的变迁速度相比之下显得尤为惊人。[2]从人类最初开始演化至今，这一时代所占的时间不到二十分之一。但是，在这一时期内，人类集体学习的速度与广度都大大提升，这也驱使农业与其他技术让人类社会和思维方式产生了革命性的变化。末次冰期结束以来的整个时间段内（地质学家称这段时期为全新世，它始于约1.15万年前），气候条件异常稳定，使农业得以在全世界范围内传播，由此打下的技术与人口基础使得人类社会在当代发生更为深刻的变革。[3]

在地域面积不变的前提下，农业所能产出的食物要远远多于狩猎与采集。农产品的富余使得地球上的人口从末次冰期结束时的约600万增长到公元1800年的9亿。这期间的年均人口增长率达到了约0.05%。到1800年，大多数人已经不住在四处迁徙的营地内，他们居住在被我们称为村庄的固定社群中，而大约7%的人口住在城市里。人类最大的定居点由奠基时代的不到百人规模增长到超过百万人口。在同一段时间内，人类的年能源消耗总量从1500万千兆焦耳增长至超过200亿千兆焦耳，而人均年能源消耗量也从3千兆焦耳增至23千兆焦耳，涨了约7倍。

与此同时，集体学习所赋能的三大趋势也大大提速。新的技术增强了人类对环境的控制力；更为广阔的交流网络与集体学习相辅相成，让社会时间变得相对更为重要；越来越快的变化让时间似乎更富动感，未来变得更加难料。

农业技术的突破强化了人类对环境的操控，也让人类可以更好地驾驭世界与未来。农民们发现，通过改造地势以及用驯化手段改进周围的动植物的品种就可以使未来的农产品产量增长。有的传统甚至教导人们：至高无上的诸神赋予了人类凌驾于所有物种之上的力量。在波及世界的大洪水毁灭了地球上大多数的生命之后，犹太人的上帝对幸存的挪亚一家发出指示：从今往后，“凡地上的走兽，和空中的飞鸟，都必惊恐、惧怕你们；连地上一切的昆虫并海里一切的鱼，都交付你们的手”[4]。农业成为一种必需——如果你的社群不事农业，那么你便可以肯定：有朝一日务农的邻居就会因其更为兴旺的人丁和更加富足的资源而把你赶走。农业社群之间的竞争也激发了其他新技术的产生，从制陶术、冶金术到新的建筑方式再到新的交通与通信手段。

诸如航海、骑马、运用牛与骆驼等新的交通技术使得人类的交流网络随之拓宽，而以文字书写为代表的新通信手段则让社群之间以及代与代之间的联系大为增强。不断扩张的交流网收集了更多的信息，也促使创新产生。人们发现自己必须融入其他数以百万计的人的社会节奏当中。这一社会节奏包含了贸易、仪典、战争和治理模式的不断演变。时间本身的形态也随之发生了变化。即便对于最为遥远的农村来说，农产品的营销与缴税也迫使家家户户的生活跟远方城镇与统治者的步调相协调。

随着变化越来越快，对宇宙稳定不变的信仰也变得风雨飘摇。大约5000年前，最初的城市与国家形态诞生，这也带来了社会关系的革命性变化。规模宏大且阶级分化的社会出现了。这些社会由掌握权力与财富的少数精英统治。国家的出现是非常重要的政治创新，这是因为国家的性质决定了它得设法在非常广阔的范围内进行未来管理。人们开始建造可以长存的公共纪念物，比如金字塔与各式宫殿。它们与文字一道保留着发生于久远过去的事件的证据，并由此强化了人们关于“变化”的意识。文字的不断演化有助于精英阶层掌握自己财产的动向——它们拥有的羊群、奴隶与黄金宝藏的多少。然而，对于广义的未来计划来说，文字很快就变得不可或缺，其原因在于文献可以以比记忆更为稳定的形式来保存越来越多的知识。这也让人们更为容易地去追寻很久以前的趋势。在文字记录的所有故事当中，《吉尔伽美什史诗》的历史之悠久数一数二。它告诉我们史诗中的英雄“在大洪水（发生）之前就带来了它的消息”[5]。

精英与大众的未来思维

和人类历史的所有时代一样，农业时代的许多未来思维都是基于常识、趋势、直觉判断以及经验总结而生的。可能应该说农业时代的大多数未来思维都是如此，而实践能力在农业时代备受推崇。多疑的西塞罗在约 2000 年前曾经发问：“你真的认为先知在‘推测’是否有风暴来袭方面会比领航员更为出色？或者，他通过‘推测’可以比医师做出更为精准的诊断？又或者，他在指挥战争方面可以比将军更有能耐？”当时，人人都在占卜——人们都想与灵界进行接触与沟通。尽管如此，西塞罗坚持认为“只要关于某件事的知识通过人的知觉所得，那占卜便不可取”[6]。

即便到了农业时代，大多数乃至绝大多数的未来思维可能还是“通过人的知觉所得”。不过在本章当中，我们对农业时代的未来思维所要关注的方面在今天看来或许没有那么熟悉。这些方面大多基于一个假设。阿周那王子以及生活在现代之前的大多数人都觉得这个假设是理所当然的：灵界中的存在与力量对我们的未来一清二楚并能对之摆布。在“听见好像号角的声音”时，一个声音对在拔摩岛上的圣约翰*说：“你上到这里来，我要将以后必成的事指示你。”[7] 占卜有很多种形式。（托马斯·霍布斯对大多数占卜的形式都很是鄙夷，但基于《圣经·新约全书》的那些预言除外。在《利维坦》一书中，霍布斯曾对占卜的形式做了一番非常好的整理。）[8] 几乎人人都对占卜推崇备至，所以即便西塞罗在基于经验的知识和占卜得来的知识之间认真做了区分，也没有多少人会真的把它当回事。对于大多数人来说，他们对先知与占卜者的尊敬可一点不亚于对医生、领航员或是将军的尊敬。

人人都在占卜。但是，阶级、权力、文化与财富的分化愈发左右着某些社会的形态。在这些社会中，受教育程度较高的精英阶层便与大多数人在未来思维的一些重要方面分道扬镳。在遥远的村落以及以劳工阶级为主的城市贫民区中，人们所担心的未来还是个人层面的。他们估摸着本地事态的走向，咨询的对象也都是本地的神仙与女巫。他们所遵循的占卜传统也都是本地的。但掌握权力的那些人则不得不去思考几十万人乃至几百万人的未来。那就意味着他们所要聆听的灵界声音得更有威望才行，而这已超越了本地传统可以驾驭的范围。他们所要追寻的趋势范围更广，也来得更有深度。他们要问的可不是“邻村给我们施了妖法，蝗虫会来吃掉我们的麦田吗？”，而是“蝗灾会带来蔓延至帝国上下的大饥荒吗？我怎么

---

* 《圣经》中的典故，耶稣门徒圣约翰被罗马皇帝流放至爱琴海中的拔摩岛，并在此写下了《圣经·启示录》。

才能避免饥荒的发生？”它不能是“我的表亲诅咒了我，我会因此得病吗？”，而应该是“瘟疫会让我大多数的臣民都没命吗？为此我该怎么办呢？”大范围的未来思维需要新的知识门类，而只有掌握关乎数百万人命的大势才能在思考未来时有所不同。我们在西塞罗的著作中看到了他对占卜的怀疑。同样，上述的变化也带来了对传统未来思维的质疑。在农业时代，皇帝或是国王会出兵征服远方的土地，建造新的城市，让河流改道或是铲平整片森林。他们可以借此来左右数百万人的未来，所以，精英阶层的未来思维也变得更加野心勃勃。最后还有一点，繁复的仪典和信仰体系也伴随在精英阶层的左右，这使得他们的未来思维有了大多数民众所不具备的威严与声望。

有的历史著作也捕捉到了这些精英阶层思维的特点。公元前1千纪对于政治和文化的变革来说非常重要，卡尔·雅斯贝尔斯（Karl Jaspers）便在书中将之称为“轴心时代”（Axial Age）[9]。随着交流互通的扩大，彼时第一次出现了覆盖亚欧大陆的贸易网，也出现了第一批足以触及已知世界边缘地带的庞大帝国，以至于这些帝国的领袖可以把自己以及自己信奉的神当作万物的主宰。这些帝国之中就有建于公元前6世纪中叶的波斯阿契美尼德王朝。中国也首次于公元前3世纪末建立起了统一的帝国——秦朝。这些帝国地域辽阔，也十分多元。在它们的治下，各地的人们都有各自的信仰与传统。而帝国的统治者则试图让自己的眼光超越已有的这些——他们所寻求的大势与法则范围更广，也更为深刻。它们或由普遍存在的造物主早早制定，或根植于现实的经纬之中。雅斯贝尔斯认为，正是在这样的背景下涌现出了第一批追求普遍真理的宗教与哲学传统。它们已不再满足于只符合一时一地的真理，这点与现在的哲学与科学相似。正如历史学家阿纳尔多·莫米利亚诺（Arnaldo Momigliano）所言，轴心时代最关键的一大特点便是追寻对“事物更为普遍的解释”。[10] 这一时期内，我们也看到“关注圈”在不断拓宽：权力与交流网络广及亚欧大陆；世界性的宗教诞生其中；“想象的共同体”扩展到数以百万计的人口，而人们也由此开始了其在宗教和政治上的身份认同与效忠。[11]

在轴心时代，大多数的先知和缔造了普适主义世界观的学者都饱读诗书、游历四方，也都有很广的人脉并得到了精英阶层的资助。波斯先知琐罗亚斯德所想象的神拥有适用于世界万物的法则。他也是最早持此观点的人之一。波斯阿契美尼德王朝立琐罗亚斯德教为国教。不管是秉持一神教传统的犹太教还是古印度的《奥义书》，又或者是佛教，它们都声称存在普遍秩序。在中国，类似的观点也存在于伟大的儒家学说、老子的学说以及其他诸子百家的学说之中，在古希腊的宗教和哲学体系中也是如此。

在轴心时代，只有受过教育且掌握权力的人群才会产生普适主义的想法。这些精英非常清楚自己的思维方式与普罗大众的区别。对于各地的乡土信仰，僧侣与贵族阶级以及哲学家们都因将其视为千奇百怪的大众迷信而嗤之以鼻。不过，他们当中却很少有人愿意对灵界与诸神完全置之不理。哪怕像西塞罗这样最喜欢怀疑的人，他对某些形式的占卜也还是满怀敬意。毕竟，西塞罗还是认为：如果我们承认众神的存在，我们又如何否认他们可以与我们通过占卜进行交流的可能性？尽管如此，像西塞罗这样的思想家还是清楚自己的想法与大多数人并不一样。他写道，“我们罗马的占兆官（augur）可不是随便观察一下鸟群飞行或是其他征兆就去预言未来的人”*，“出于对大众观点的尊重以及为国家服务的重要职责，我们会保留占卜的习惯，但我们也同样保有与占卜相关的纪律、宗教仪典和法度，乃至占兆官群体的威严”[12]。

精英和大众未来思维间的冲突

当大众与精英各自所处的世界发生冲突时，两者未来思维之间的迥异也表现得最为明显。对于统治者而言，当大众未来思维的形态与自己相悖或者威胁到自身作为未来管理者的权威时，他们就会对其进行镇压，冲突也往往会随之发生。

在欧亚大草原上的游牧社会中，一个又一个帝国很快崛起又迅速落幕，以至于这种冲突所呈现的形态足以让人叹为观止。13 世纪初，追随成吉思汗的蒙古部众只花了一代人的时间就从宗教仪式和信仰尚且传统的一众小型游牧部落过渡成为横跨大半个亚欧大陆的帝国，并且深受轴心时代世界性宗教的影响。在那时蒙古人的传统中，萨满主宰着大众的未来思维。萨满有很大的权力，很多萨满同时是部落首领。[13] 他们医治病患，可以进入迷幻的状态；他们上观天象，可以预测日食的发生；他们用羊骨燃烧后呈现的裂缝来预知未来、识别巫女，也能为发动战事与开始迁徙挑个良辰吉日。有的萨满还能用特别的石头来操纵天气、掀起暴风雪。成吉思汗宣称他本人就拥有萨满的力量。据波斯历史学家术兹贾尼（Juzjani）记载，成吉思汗“是个运用法术与伎俩的高手。他的身边还有一群鬼神。他时不时就会陷入迷幻的状态。在那种失去知觉的状态下，他

---

* 在古罗马，人们常通过鸟群飞行的轨迹来判断吉凶。augur 一词中，au- 是词根 av-（鸟）的变体，所以占兆官也往往被称为“鸟占师”。

会对各种事情念念有词”[14]。

随着成吉思汗（本名铁木真）崛起并获得最高统治地位，帖卜腾格里*（本名阔阔出）成为其随从中最为重要的萨满。据说，帖卜腾格里曾驭灰马登天，也曾在最冷的冬天裸身行走，还曾将水化作蒸汽，因此赢得了巨大的声望。铁木真和他自年幼时起就是朋友。帖卜腾格里宣称上天选择了铁木真来当未来世界的圣主，也可能是他最早给铁木真冠以“成吉思汗”的头衔，也就是“四海的君主”[15]。然而，随着成吉思汗实力见长，他发现自己招募和统治的人宗教和文化传统各异。他们有佛教徒、道教徒，还有穆斯林。成吉思汗自己在哲学与宗教上的视野也开始拓宽。最终，他得到了几分轴心时代普适主义的精髓。在成吉思汗继任者麾下任职的穆斯林历史学家志费尼（Juvaini）曾写道，成吉思汗“不会陷于固执，亦不会偏袒某一信仰或是将某些信仰置于他者之上。相反，他对各大教派中博闻强识的虔敬之士皆尊崇有加。他认识到此举可助他通达天庭”[16]。

成吉思汗观点的转变可能有助于解释两个萨满间潜在的冲突。到了 1210 年时，帖卜腾格里及其家族开始对成吉思汗的权威发起挑战。他们威胁成吉思汗的弟弟斡赤斤**和成吉思汗家族的其他成员。成吉思汗的一些部众也被帖卜腾格里家族诱走。帖卜腾格里预

---

* 汉语文献也常称其为“通天巫”。“帖卜腾格里”为尊称，意为“天神的使者”。

** 即铁木哥斡赤斤。“斡赤斤”本义即为幼弟。这里遵照本书原文 Otçigin 和《蒙古秘史》简称其为斡赤斤。

言成吉思汗可能已经不再有天授的根基。根据《蒙古秘史》*记载，当成吉思汗听说帖卜腾格里和兄弟计划来拜访自己时，他对弟弟斡赤斤说："帖卜腾格里今天要来，我就听凭你去处置他吧！"斡赤斤已有足够理由对这位萨满非常不信任，他和三位"力士"蓄势以待。帖卜腾格里到了之后，斡赤斤向其发出摔跤的挑战。"斡赤斤就揪住他的衣领说：'你昨天让我悔过，我如今与你比试。'"斡赤斤拖着帖卜腾格里走到成吉思汗的帐外，而三个力士在那儿候着。他们折断了帖卜腾格里的腰背并把他的尸体丢弃——这种处决方法常用在位高权重的人身上，可以不用见血。帖卜腾格里的尸体被置于一顶帐篷中，到了死后的第三夜**，他的尸体却消失了。用成吉思汗的话说，这表明即便是上天也已经将他拒之门外。就像历史学家克里斯托弗·阿特伍德（Christopher Atwood）所写的那样："在帝国之中，成吉思汗由此取代了帖卜腾格里，成为上天旨意的代言人。"[18]

这场争斗背后涌动着很多政治和宗教上的对立思潮。但在某种程度上，它就是一场对权力的角逐：一方是传统的萨满，他的观念囿于本土、关乎个人；另一方是正在崛起的君主，他的眼界更宽、广至四海。成吉思汗死后，他的这种眼界也得以存续。1254年，来自基督教世界的使臣鲁不鲁乞（William of Rubruck）成为成吉思

* 蒙古族现存最早的一部历史文学典籍，成书于13—14世纪，记载了大量成吉思汗生平的一手资料。但蒙文原作已经散佚，目前流传下来的唯一完整版本是明代的汉字标音本（用汉字标蒙语词汇的发音）。本段中涉及《蒙古秘史》的直接引文参考了内蒙古大学出版社2014年版（余大钧译注），故与克里斯蒂安所引用的英语转译版本在词句上略有出入。个别人名参照现今较为通行的译名做了修订。

** 余大钧译本中为"第三天破晓"。

汗之孙蒙哥汗的座上宾。他目睹了蒙哥汗悉心听取各大宗教倡导者的发言。而后，蒙哥汗宣布："我们蒙古人相信只有一个天神……然而，正如天神让一只手有了不同的手指，它也给人指了不同的道路。"[19]

在不同的世界观与未来观之间，冲突未必总是诉诸暴力，但在农业时代这样的冲突无处不在。[20]

农业时代精英阶层的未来思维

对于那些博闻强识而又大权在握的人，我们可以通过许多文献来了解他们的未来思维。在古希腊、古罗马、两河流域和中国，这样的文献尤其丰富。接下来的几节便主要基于来自这几个地区的文献证据撰写。

古希腊与古罗马时期的未来思维

从偏远的乡村到殖民城邦，再到庞大的帝国，2000年前的地中海世界由许多不同形态的社群与政体构成。所以，地中海世界所能提供的关于未来思维的文献证据种类多样、互有交集，而且富有层次。

占卜非常普遍。人们对其习以为常、司空见惯，占卜就如常识一般。在最近一项针对希腊占卜的研究中，专注于古典时代的学者莎拉·约翰斯顿（Sarah Johnston）写道：

> 在古希腊时代，很可能大多数人每隔几天就要参与一

> 次占卜或者至少目睹一次占卜。在向众神献祭的仪式中，占卜是不可或缺的一部分。而在决定是否要调兵遣将时占卜也往往拥有一席之地。人们常常通过占卜来解释让人迷惑的梦。在诊疗病患和择偶时，占卜有时会参与其中。甚至在身体抽搐了一下或者孩子打了一个喷嚏时，有的人也会诉诸占卜来弄清缘由。穿行于古时的市场中，你可能会瞥见“肚皮在说话的人”——她的身体里装着会预言的精灵。一位神秘兮兮的祭司可能会来告诉你黄鼠狼从你面前穿过意味着什么。又或者，你会碰见国家委派的使团。为了公众的福祉，使团前去咨询德尔菲神谕。[21]

在《长征记》(*Anabasis*) 里，色诺芬描述了穿越波斯的漫漫征途。在书中，色诺芬对占卜在制定战术、鼓舞士气方面的巨大作用也有着墨：“占卜师会在河中举行一种叫作‘斯法基亚’(sphagia) 的（动物献祭）仪式。敌人的弓箭与投石机正在攻击，但他们仍在射程之外。然而，一旦仪式的结果利好，所有的士兵便都会开始吟唱赞歌，喊杀声也随之渐起。”[22] 既然古希腊和古罗马思想最为深刻的智者们都相信占卜，你又如何不把它当回事？更何况这些思想者所相信的还不仅仅是官方神学体系里的众神与魂灵。奥古斯丁相信“代蒙”(daimones)* 会在人类和灵界之间传递信息，而且我们也看到多疑的西塞罗替某些形式的占卜说话。确实，历史学家玛丽·比尔德 (Mary Beard) 认为西塞罗对占卜非常当真，但在他眼

* 希腊神话中的一种介于神与人之间的精灵。

中，占卜是为了寻求神灵的首肯，而非对未来的窥探。[23]

很多希腊的占卜方法都来自巴比伦和亚述的传统。[24] 和他们位于两河流域的同行一样，希腊的占卜师们会观察向着众神、往上飞升的鸟群，他们还会研究献祭动物的器官，聆听人们讲述的梦境，记录奇怪的事件。他们会抽签，也会对征兆做一番解读。

有种预言来得尤其肃穆，那便是在圣地或神庙中由神谕所表达的预言，比如德尔菲神谕。这些神谕所都由本地的祭司或者贵族管理。问询德尔菲神谕是件非常严肃的事情。仪式的场面充满戏剧性，足以让人生出敬畏，也会耗费大量的金钱与时间。当你爬到德尔菲神庙前时，你知道自己已经离众神的居所不远了。神的力量聚在你的四周嗡嗡作响。德尔菲神庙坐落于帕纳塞斯山上，在此可以看到壮美的科林斯湾。而神庙本身也十分迷人。它的地理位置偏远，所以到那儿需要花费些时日。等你到达时，你会发现这里有一大群人为你以及神庙服务。那儿有旅馆、酒店，也有沿街叫卖的小贩和商店。你能买到用来献祭的动物。[25] 这里的女先知被称作“皮提亚”，向她们咨询要付费。皮提亚只在一年几次的特殊仪典上才会传达来自阿波罗的消息。

德尔菲的占卜仪式包含了萨满的因素。皮提亚说话的时候都是处于迷幻状态中的。人们认为这种迷幻的状态是由山洞里存在的“蒸汽”引起的。现代地质学研究表明，德尔菲神庙附近的山洞里的确会渗出乙烯、乙烷和甲烷，乙烯甜甜的气味甚至和当时包括普鲁塔克的描述在内的诸多记载相吻合。[26] 皮提亚口齿不清的话再由祭司翻译。所以，即便你花了那么多时间和精力，你和伟大的神祇阿波罗中间至少还隔着两层。霍布斯对大多数的占卜形式都嗤之以鼻，他坚持认为古代神谕所给出的答案“故意弄得模棱两可，这样同一事件的两面都在掌握中。或者它们又因该地让人神志不清的蒸汽而显得荒谬。这种蒸汽在硫黄洞穴中很常见”。爱尔兰未来学家乌娜·斯特拉瑟恩（Oona Strathern）则认为真正的占卜工作是由祭司来完成的。祭司们“运用他们获取的情报、广泛的人脉、各处的流言蜚语以及广布的眼线把相关信息糅合在一起，并以此提供圆滑但又‘能派上用场’的答案。因此他们也让客户一直都很满意”[27]。

很多占卜场所都对问答的内容有详细的记录，所以我们也有很多证据可以用来了解人们在神谕所都会问哪些问题。大多数问题都落入三号未来锥的“红区”里，也就是图上的焦虑区域内，这一点也不奇怪。大多数问题都关于个人家庭以及微观层面上的未来。我们会健康吗？我们会快乐吗？我为什么病了？谁让我生的病？我们会有孩子吗？孩子会茁壮成长吗？我该接受这份差事吗？是不是有人在背叛我？在希腊的多多纳神谕所，公元前 6 世纪到公元前 3 世纪的问答都被记录在了铅板上。它们包括以下这些内容：

· 盖里斯问宙斯关于妻子的问题，是不是对他来说还是找个妻子更好。

· 赫拉克雷德斯问宙斯和狄俄涅……他的妻子艾格儿会不会为自己诞下子嗣。

· 吕撒聂问泉边的宙斯与狄俄涅，安妮拉腹中的孩子是否并非己出。

· 克利奥塔斯问宙斯和狄俄涅，养羊是不是有利可图的更优之举。[28]

有些提交至神谕所的问题更加官方，所涉范围也更广。它们来自各个城邦或者这些城邦派出的特使。公元前426年，一个来自斯巴达的使团便在德尔菲神庙询问究竟该不该在特拉齐斯的赫拉克里亚（Heraclea Trachinia）建立殖民地。他们得到了肯定的建议。在公元前432年或者公元前431年，有一个斯巴达使团曾询问是否应该进攻雅典。根据修昔底德的记载，神谕给了这样的答复："如果你们全力以赴投入战事，你们就将获胜。我，阿波罗，亦将助你们一臂之力。无论是在你们呼唤我时，还是在你们没有呼唤我时，我皆会助力。"[29] 这最后的回复提醒了我们一点，哪怕像德尔菲这种名扬天下的神谕所，它所给的回答可能也非常滑头，可能也是开放性的，帮不上什么忙。这就跟今天中餐馆里的幸运饼干差不多。但是，它也提醒我们：就算是最模糊的预测也会影响未来。因为斯巴达人真的进攻了，他们挑起了持续差不多30年的伯罗奔尼撒战争。要是神谕给了一个不同的回答，他们还会进攻吗？

两河流域与中华文明：基于官僚体系的王朝所拥有的未来思维

在公元前2千纪和公元前1千纪，地域辽阔而又基于官僚体系的王朝在两河流域和中国接连出现。我们发现，在这些王朝的上层阶级中，未来思维也开始变得更为广泛且不再为个体情感所左右。这是因为他们所要关注的已不仅仅是个人与家族的运势，而是全社会的气数。历史学家丽莎·拉法尔斯（Lisa Raphals）曾对古希腊与古代中国的占卜术进行过比较研究，她认为，古希腊时期，社会规模相对更小，多数问题都是交给特定的神来回答。然而，在中国的王朝时代，人们在进行占卜时会设定"一幅不同的图景。它更依赖万物的运行，也可以说，更加富有自然主义色彩”[30]。大权在握的君主及其近臣把应用未来思维的能力牢牢攥在自己的手中。这都是因为未来思维具有政治意义，它也常常变成政治宣传的一种手段。

两河流域的传统

关于官方占卜最早的直接证据或许来自一批信件。它们写于公元前 18 世纪两河流域的马里（Mari）城*。这批信件描述了一些事件，含有关于预言的间接记载。传递这些预言可能是为了支持对这些事件做某种特定的解读。大多数信件描述诸神给统治者们传达的消息。比如，有一封信说到了太阳神沙玛什的先知给马里城的王兹姆里·利姆（约公元前 1774 年—公元前 1760 年在位）传递的消息。有一段是这么写的：

> 于是，沙玛什说："汉谟拉比，也就是库尔达**的王在与你（交谈时）满怀狡（诈），而他正在策划阴谋诡计。你将会亲手（擒住他），并在（他的）土地上颁（布）重建的敕令。现在，这片土地（完完整整）地交予你。当你控（制）了这座城市并颁布重建敕令的时候，（那就表）明你的王权将会永存不（朽）。"[31]

这看上去就像是官方占卜最简单的形式：一位实力强大的凡间

* 位于今天叙利亚境内。

** Kurda，两河流域北部的一个城邦，大致位于今天伊拉克的北部。需要指出的是，这里提到的汉谟拉比与著名的巴比伦国王并无关系。

人士向诸神寻求建议。但这也可能是一种政治宣传。用这种方法可以提醒臣民以及敌人：兹姆里·利姆有来自神界的强大盟友。

约1000年以后，在亚述帝国的首都尼尼微，亚述巴尼拔图书馆于公元前7世纪兴建。御用占卜师们也在图书馆里留下了详尽的记录——300多块泥板，相当于今天几千页的印刷文本。[32] 在这些记录中，众神所言更加含糊其词，也显得老生常谈。在尼尼微的占卜文献中，与众神的直接沟通较少，更多的是对征兆的解读，也显示出一种更依赖经验、更加就事论事的未来思维。比如，如何对献祭动物的内脏进行释读？这些文献就从技术上和自然运行的原理上给出了参考。文献中提到，要细细查看牺羊的肝脏，“如果‘存在之基’很长，一直落到**右侧的**‘通路之座’* 上，敌方会赢得王的土地；战事之中，敌人会将我方击溃并立于我方营中”。而另一方面，“如果‘存在之基’很长，一直落到**左侧的**‘通路之座’上，王方可赢得敌人的土地；战事之中，我将击溃敌人并立于敌方营中”。和那些在近东地区发现的大量陶制或青铜制动物肝脏模型一样，这些泥板可能也是用来训练御用占卜师的。[33]

对于公元前7世纪亚述的占卜师们而言，这些从动物内脏中读出的征兆究竟是直接来自众神的讯息，还是难以撼动的宇宙大势与长久规律，对此我们并不清楚。与此同时，人们在研究天象所显现的规律性时也会格外用心，因此天文学和占星学在公元前1千纪的两河流域颇为盛行。对天象的研究一开始被视作一种决定行动吉凶

---

* 存在之基（base of the Presence）、通路之座（Seat of the Path）均依其字面意思翻译。这里肝卜中的Presence（阿卡德语：šumma manzāzu）与两条Path（阿卡德语：šumma padānu）实际上指的是左肝叶表面垂直分布呈H形的三条沟纹，在中文文献中尚未有统一的翻译表述。

的办法，比如判断适不适合开战。但它最终融入了轴心时代的直觉之中——宇宙法则皆指向普遍规律或巍然大势，它们所反映的是王朝时代众神的愿望，又可能只是宇宙一以贯之的理性。[34]

中华文明的传统

在中国，最早关于占卜的证据来自商王武丁时期（约公元前1200—公元前1181年）[*]。和两河流域相仿，早期中国的占卜实例也包括与神灵的直接沟通，特别是祖先神。不过，在中国，即便是在最早的关于占卜的记载中也未见其有德尔菲神谕般的癫狂迷离之态。它们基调稳重、用事实说话，也不会有太多的个人感情色彩。商代的卜官[**]称呼祖灵时就像对待朝臣一样。每一位祖灵都有各自的座次官衔，还有各自专门的分工。小问题或许只能提给排位较低的祖先。但如果遇上是战是和、丰收与否这样的重大问题，就得交给最为德高望重的祖先了，或者交给至高天神“帝”来解决。帝就相当于灵界的王，也是唯一可以掌管风雨的神。[35]

19世纪末以来，中国的考古学家发现了大量用于占卜的甲骨。这些甲骨大多是牛的肩胛骨和龟甲。1898年，它们首先在河南省北部安阳附近的村子里出现。当时，这些甲骨被当作“龙骨”售卖。学者们很快意识到：它们上面的符号是汉字书写系统已知最早的见证。打那时起，中国出土了超过20万片甲骨，有5万余片已经公开发表。[36]

用甲骨上烧灼、龟裂的痕迹来进行占卜的方法被称作“壳骨

---

* 中国夏商周断代工程将其在位时间定为公元前1250—公元前1192年。

** 商代的卜官称“贞人”。

占卜术”（scapulimancy）。这种占卜的方法在很多地方都有，但它在公元前2千纪末中国的官方占卜体系中变得尤为重要并得以规范化。商王或他们的卜官会把问题刻在龟的腹甲上或者牛的肩胛骨上。甲骨被灼烧时会产生不同形状的裂纹，而问题的答案也会随之出现。大多数问题都会触及上层的政策，所以占卜是非常严肃的事情。这也解释了为什么商王会花费大量的人力、财力和精力在占卜上。[37] 随着时间的推移，专事占卜的官方机构变得越来越繁复。到了公元前3世纪，周王身边配有三个负责占卜的官员，掌管占卜的太卜、掌管祷词诵读的太祝、掌管天象观测的太史，每个官员都有各自的人马。太卜行占卜之事（释读龟甲、解梦、揲蓍等）；太祝召唤神灵；太史负责记录结果。掌管天象观测的太史（汉代著名的史学家司马迁就曾担任太史 *）还要推算历法，在做决定、行事之前为其择一良辰吉日。

商王往往以贡品的形式来收集大量的牛骨和龟甲。它们被清理干净、预先处理之后，再进行一番献祭的仪式。然后，贞人就会把要询卜的内容以及自己的名字刻在甲骨上。用完之后，这些甲骨还会被归档并稳妥存放。[39] 下面的这段文字来自研究中国占卜文化的专家吉德炜（David Keightley），从中我们可以略知王朝时代的占卜仪式是如何精心编排的。

> 卜官会用凿子或者錾子在牛的肩胛骨和龟腹甲的背面小心翼翼地打孔。打孔需要花一番气力。当卜官灼烧这

* 秦汉之后，太史之职已逐渐与巫祝分离，且在司马迁的时代，其“太史令”的官阶已不可与周代的太史同日而语。

些钻孔时，甲骨的正面就会按预定的图案渐次形成“卜”字形的裂纹。在其他文化中，火占的形式会更加随意——骨头会被丢进火里，或者在未经处理的骨面上随意找个地方就开始加热。与它们不同，在晚商时期的火占中，这些裂纹没有半点随意可言……卜官不想出现裂纹的地方就不可能出现裂纹。权力阶级不会暴露自己不希望展现的一面——说是神灵的回答，其实是被仔细引导出来的。[40]

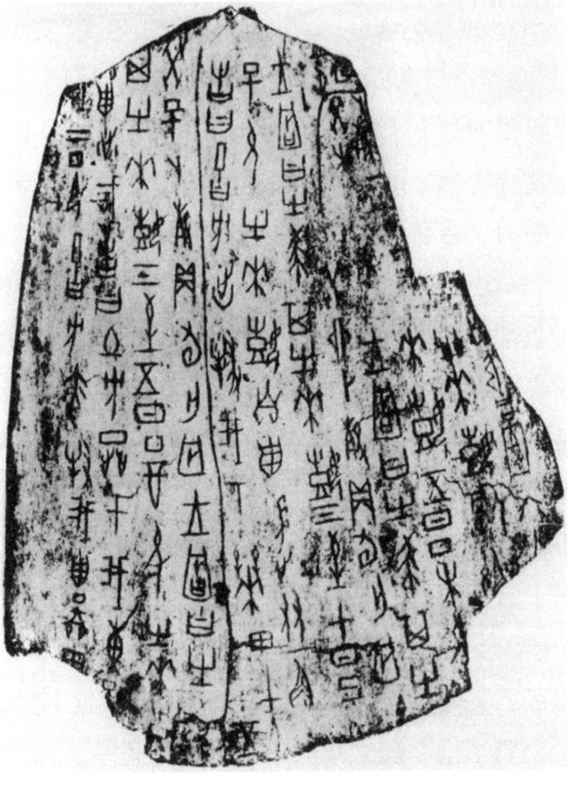

图 6.1　记录了商王武丁时期几次占卜的甲骨（牛肩胛骨）

出自吉德炜《商代史》（*The Shang*）第 243 页。

答案被限制在一定范围内。这样的限制不仅可以通过甲骨的预先处理来实现，也可以在问题上做文章。卜询中的问题简洁明了，都是简单的选择题形式。比如：

“今岁商受年？”（今年会不会有丰收？）

“今日雨？”

“王比（某）方？”（王要不要与某个方国联合？）

“王伐……受又？（王对某地的讨伐是不是得到了上天的佑护？）”

“妇好娩嘉？”（妇好会不会生产顺利？）

贞人可以很大程度上掌控预测的结果，这也表明卜询很多时候并非真的是在寻求未来的**信息**，而是在试图**管理未来**或者**昭示自己对未来的控制力**。吉德炜认为，有的占卜仪式实际上就是“用于未来的咒语”。从这种角度来看，在甲骨上刻下“收成会很好”这样的话是一种近似于法术的未来管理方式。[41]当然，能影响丰收与否可是件要紧事，因为更好的收成意味着更多的岁入，也意味着将来农民的富足和神灵对王的佑护。当吉德炜使用“展示卜辞”这样的说法时，他也很清楚地表明官方占卜充满戏剧性与政治宣传性的一面。这些卜辞表明官方的预测及其后续的证据可以做到精准匹配，它们也彰显了君主们是如何标榜自己有能力驾驭未来的。因此，和先知预言一样，卜辞也会关系到统治的合法性。[42]

中国的帝王所询卜的内容既有天象吉凶、粮食丰歉，也有大业能否功成；要职当前，何人堪其重任；异象诡梦，深意又该何解。其间也有一些事关皇亲国戚、嫁娶生辰、大位继承乃至龙体安康的个人问题。但在帝王的语境之中，这些问题有很重要的政治意义，因此它们也不**仅仅**事关个人。很多问题比较笼统：寡人此举结果可好？此时行动时机可对？公元前 3 世纪末，汉朝江山开启。而此时，历书已经得到普遍使用。针对各种事项，历书列出了其宜行与不宜行的时间。很多历书还会提供出行指南*：

> 归行：凡春三月己丑不可东；夏三月戊辰不可南；秋三月己未不可西；冬三月戊戌不可北。百中大凶，二百里外必死。[44]

到了公元前 1 千纪，也就是雅斯贝尔斯所说的“轴心时代”，中国的官方占卜对于先人提供的建议不再那样上心了。深层次的宇宙大势与规律成为占卜的兴趣所在。正如历史学家丽莎·拉法尔斯所说的那样：“中国的占卜愈发脱离人神之间直接交流的范畴。到了战国（公元前 5 世纪至公元前 3 世纪）后期，一种完全融入问道自然之中的世界观已成系统，它也对大多数的占卜方法产生了影响。”[45] 吉德炜也对这种转变进行了诠释：它标志着人们愈发相信天地万物皆受普遍存在的宇宙法则的支配。中国官方的宗教信仰与占卜事宜变得“入世”（this-worldliness），而这也成为中国哲学的一个总体特点。[46]

儒家与道家的哲学体系大致在公元前 500 年前后成形。它们所关注的都是道德伦理与事物存在的普遍法则，并转而追求宇宙间不以人的意志为转移的大道。这种转变的一大表征便是天文学变得越

* 下文出自湖北出土的云梦秦简中的《日书》。

来越重要。为了争夺对未来的控制权，神的意志和客观存在的法则与力量会有一番较量，而天文学恰恰就居于两大本体的交界处。要是有意想不到的天象出现，比如出现彗星或新星（有可能是超新星爆发），那么究竟是该视之为神的征兆还是宇宙运行的自然法则的证据？纵观古代中国和许多其他农业文明，在它们的天文学中总有一种直觉挥之不去：上天对我们生活的影响与众神其实关系不大。[47] 这样的信仰也让宿命论和算命都有了市场。在莎士比亚的戏剧《李尔王》中，作为恶人的爱德蒙曾说道："人们最爱用这一种糊涂思想来欺骗自己；往往当我们因为自己行为不慎而遭逢不幸的时候，我们就会把我们的灾祸归怨于日月星辰，好像我们做恶人也是命运注定，做傻瓜也是出于上天的旨意。做无赖、做盗贼、做叛徒，都是受到天体运行的影响。"[*48]

在中国，卜官们也观天象。他们所用的星盘由两部分组成：圆形的"天盘"可以被设定为今日此刻，而"地盘"则在校准四个基本方位后就固定不动了。[49]《周礼》成书于公元前 3 世纪[**]。书中解释了王家星象官们如何追踪天体与众星辰的运行，"以观天下之迁，辨其吉凶"[***]。一国封域之内，各个地区也依靠不同的星宿"以观妖祥"。和西方的天文学不同，中国的古代天文学更关注北面的天空，而大熊星座（北斗）则被视为天上时钟的指针。[50]

下面的例子出自司马迁，它也解释了天象观测如何用于官方占卜。宋元王（公）做了个让自己心神不宁的梦，于是把卜官卫平召

---

* 出自朱生豪译本。

** 原文如此，实际上《周礼》的成书时间在学术界尚有许多不同的看法。

*** 语出《周礼·春官·保章氏》。

来解梦*：

> 卫平乃援式而起，仰天而视月之光，观斗所指，定日处乡。规矩为辅，副以权衡。四维已定，八卦相望，视其吉凶。[51]

从《易经》的历史我们也能看到神灵如何慢慢地从精英阶层的占卜中退场。与此同时，未来思维中不以人的意志为转移而又富含哲理的成分变得愈发重要。[52]流传最广的《易经》是《周易》。《周易》很可能来自西周（公元前1050—公元前771年）**早期，书中集合了一系列的堪舆之术，而它们都与六十四卦相关。每一卦（六爻卦）均由两个三爻卦组成，每一爻可能是连着的线，也可能是中间断开的线。随着时间的推移，由这些基本的卦象所衍生出的各种评述与阐释可谓汗牛充栋，由此也创造了一个格外丰富又极其复杂的占卜体系，这一体系也常常晦涩难懂。到了汉代，这些评述被收入《十翼》而正式结集成册。这本书为六十四卦做出了标准的解释。而为了诠释六十四卦而产生的丰富文献也深深根植于中华文化的思想与哲学之中。古代中国关于宇宙的阴（用断线表示）阳（用连线表示）二分法由此成形，并有了丰富的内涵。

不妨这么想：六十四卦与其派生出的阐释性文献可以被当作有关人生境遇与未来可能性的百科全书。这本百科全书语言艰涩，由典型的占卜措辞写成。想要用《易经》来卜卦，必须先随便挑出一

---

* 下文语出《史记·龟策列传》。

** 夏商周断代工程结果为公元前1046—公元前771年。

个六爻卦，这一过程常通过掷蓍草秆来完成。蓍草秆的数量需要足够从下往上搭建起六爻。这是比较容易的部分。但想要搞清楚与每一卦相关的精辟“断语”究竟是什么意思就是个复杂的任务了。对《易经》深深着迷的卡尔·荣格曾经说过：“越少去想《易经》的理论，人可以睡得越踏实。”[53]

第一卦为“乾”，就是“天”的意思。它的六爻都是没有断开的线，代表“自强不息”。而第二卦是“坤”，也就是“地”的意思。它的六爻都是断开的线，代表“厚德载物”。与乾卦相关的断语包括一系列的陈述：“元，亨，利，贞；潜龙，勿用；见龙在田，利见大人；君子终日乾乾，夕惕若厉，无咎；或跃在渊，无咎……”[54]即便对于今天的人们而言这些话术也非常难懂。但在很多的占卜形式中，晦涩难懂本就是其过程的一部分。另一方面，这让否定推演的结果变得更难。然而它也迫使问卜者去思考其中可能

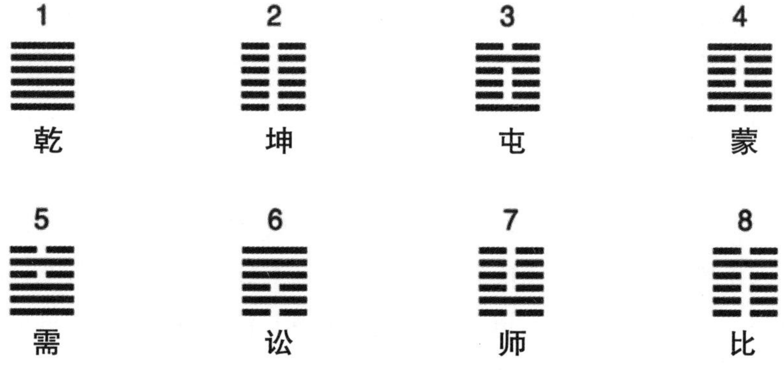

图 6.2 《易经》六十四卦中的前八卦

来自维基百科“易经”条目：Wikipedia, s.v. “I Ching,” last modified October 29, 2021, 20：00 (UTC), https：//en.wikipedia.org/wiki/I_Ching

的深意，并把自己的直觉和寻找相关解释的能力发挥到极致。在实际操作中，占卜不仅仅是对未来的预测，它也让人们为新的可能性打开思路。

我们谈到了中国官方占卜所表现的未来思维完成了由神启模式到客观自然模式的转变。但这种转变皆在细微之处，所带来的冲击也不应被过分夸大。哪怕在精英圈当中，祭祀仪式仍然随处可见，而且堪称国本。这种献祭的行为一直体现的是一种与**超自然存在**而非**自然力**的关系。[55] 但有一点我们可以肯定：在古代中国社会中下阶级当中，人们的问卜不会那样清心寡欲，会夹杂更多的个人情感。只要钱花到位，又有关系能请到，谁都能雇一个像方士这样的占卜者来施展法术——隔空治病或者让死人复生。他们能预测何时会发生日食，甚至是自己的死期。在占卜者中，有一类人的技艺更依赖与神的交流，他们被称为巫。巫和西伯利亚的萨满类似，他们可以施法驱邪、操控天气，还能和神灵对话。但即便是他们有时也会被纳入官方体制当中。“大旱之时，他们起舞求雨。王驾崩时，他们会在王后之前前来吊唁……国有大灾之时，他们会吟唱、恸哭与祈祷。” [56] 在古代中国，既然最高的社会阶级中都有这种由神影响的占卜行为，那么更为传统的问卜形式肯定也会在各地城乡欣欣向荣。

略窥大众的未来思维

农业时代大多数人的未来思维是什么样？我们所掌握的证据就少多了。但它们肯定与我们之前谈到的这些观念、方法以及仪典有很多共通之处。这是因为不同社会阶级之间的文化壁垒并不是很厚，这也让不同的观点与态度足以打破圈层。这点在乡村和庄园当中尤为明显，因为在这些地方，主人每天都要与雇工、仆人、奴隶打交道。即便如此，在受过良好教育的社会精英当中，哪怕是最迷信的人也知道大众的认知水平与自己不可同日而语。

大众的未来思维与询卜方法形形色色，想要对它们略窥一二，我们还得再次回到纳斯列丁·霍加的策略。在这里，这一策略就意味着我们可以从某些关于当代社群的记载中寻找答案。在这些社群中，尽管人们已经为适应当代社会做了调整，但传统因素还是很好地保留在他们的未来思维中。秘鲁人类学家安娜·马里埃拉·巴西加卢波（Ana Mariella Bacigalupo）曾对智利南部的当代萨满和巫术进行过研究。她认为："这些仪式的渊源都很古老，但被称为'马奇'（machi）的萨满灵疗师之所以在今天仍有很强的存在感，是因为他们能与现世的关切相连接。在与神灵交流的仪典中，他们融入了天主教的符号以及与国家医疗体系和政治制度相关的知识。在举行仪式的过程中，他们对这些符号与知识进行了转化与二次表达。"[57] 这类研究也表明：大众未来思维所存在的场域会由超自然的存在以及各种不同的力量所左右。为了应对自己的未来，人们会与这些力量相接触并进行沟通，其间甚至还会有一些抗争。在农业时代，精英阶层的未来思维愈发遵循不以人的意志为转移的普遍法则。但在同时期大众的未来思维中，这样的趋势很难觅其踪影。

我们在大众的未来思维中找到了很多共性。尽管如此，因为各地民众的未来思维都受到当地传统的影响，所以它们在细节上还是千差万别的。在 20 世纪初的俄罗斯农村，苏维埃官员们发现当地人针对未来的思维方式可能几百年都没变过。这让坚持无神论的官员们有点尴尬。正如历史学家摩西·莱文（Moshe Lewin）所写：

> 各种法事、土方子、汤剂、草药可以照顾到农户方方面面的需求。它们能帮助人们捉住贼人并找回失窃的东西、确保孕妇（以及家养动物）生产顺利、保护新婚夫妇（以及所有人）不被“恶魔之眼”盯上、在有逝者等待出殡的人家保佑其不受不祥之兆的影响。无论是自然循环还是人生轮回，各个阶段都需要保护。[58]

对于俄国农民来说，为将来做好准备是一场永无止境而又绞尽脑汁的比赛。他们的对手是那些神出鬼没、危险重重、很多时候还看不见的灵魂与力量。家家户户都会和故去的先人保持联系。他们就住在家的附近，可以照料子子孙孙。名为“多摩威”（Domoviki）的祖灵会住在家中，而其他灵魂会照看院子或者保护好村里的公共浴室。公共浴室里会有各种灵异力量出现，特别是在午夜过后。[59]也有很多鬼魂非常危险，人们唯恐避之不及。最阴森恐怖的鬼魂都住在湖泊与河流之中。它们当中就包括水中女妖鲁萨尔卡（rusalki）。鲁萨尔卡都是些活死人（从它们不动的眼珠子就能判断出来），它们会把不小心的人引向死亡。还有一些鬼怪要么半死不活，要么永生不死，未受洗的婴儿或者自杀的人都属于此列。在黑暗的地方，还会有一堆小鬼聚集在路口。有的小鬼长着尾巴，有的还有自己的家室与跟班。小鬼和它们的魔鬼主人一样危险，会把婴儿抢走或者让你一病不起。然而，如果你足够机智，有时候你也可以给它们一点恩惠或者耍一下它们。你可以把衣服里外反穿或者前后反穿，这样就可以让树林中的鬼魂产生混乱。[60]

俄国的农村家庭里曾存在很多占卜的形式。人们会向占卜师询问自己能活多久、当地庄稼的收成会怎么样、怎么抓到小偷。各种预见终身大事的法子尤其受欢迎，因为在农民的生活当中结婚是件大事。安德烈·葛罗米柯（Andrei Gromyko）曾长期担任苏联的外交部长。在回忆录中，他曾描述过自己老家村里的年轻人是怎么努力预见自己的未来伴侣的。这些年轻人会带上镜子，手持火把走到公共浴室。他们会在那里等到半夜，想要从镜子里看到未来伴侣的样子。在一些村子里，未婚的女性会在地上放一面镜子、一盆水和一些大麦粒，还会在旁边放一只鸡。如果鸡往镜子里看，那么未来的丈夫就会是个花花公子；如果鸡喝了水，那他就会是个酒鬼；如果鸡啄了麦粒，那他就会是个有钱人。[61]

人类学家在世界上很多地方都发现了类似的习俗。20 世纪 20 年代，英国人类学家埃文思–普里查德曾与尼罗河上游地区的阿赞德人（Azande）生活在一起。他描述过当地人广泛采用的一种“毒卜法”。问完问题之后，把控制好剂量的特制毒药喂给一只鸡，鸡的死活也就给了你答案。和很多的占卜方法一样，这种方法也给了占卜师相当大的空间来操纵结果。这个例子来自埃文思–普里查德自己参加过的仪式：“某某的妈妈病重。她是被巴莎弄生病的吗？如果巴莎要担责任，毒卜就会要了这只家禽的命。如果不是巴莎的责任，毒卜就会放它一马。那只家禽**还活着**！所以答案是否定的。”接下来又有人抛出一个问题：“如果威胁到他妻子的妖气来自梅卡纳家，毒卜就会杀了那只家禽；如果这种妖气是妻子爷爷的一堆老婆放出来的，家禽就会没事。家禽**还活着**！所以这明确表明是妻子的爷爷家搞的鬼。”[62] 为了缩小问题根源的范围、为了知道应该怎么对应，还会有更多的问题。为了再三确认，问题经常会问好几遍。

如果土办法不灵光，或者问得不充分，你还可以去找专家。这些专家之所以出名，或是因为医术、驱魔本领大，或是因为会预知未来、能跟灵界沟通。大多数村子里都有灵疗师，也都有人头顶可以预测并操控未来的光环。1925 年，苏联特维尔的报纸提到了一个叫阿尼西娅·伊万诺娃（Anisia Ivanovna）的本地灵疗师——被称作“兹纳哈尔卡”（znakharka），意思是“懂行的人”。伊万诺娃以高超的巫术和驱魔术而闻名：

> 如果夫妻吵架、奶牛不能怀孕，或者人、畜得了病，又或者年轻人跟女朋友分了手，人们都会向“阿尼西乌西卡妈妈”（Mother Anisiushka）求助。还没等人进屋，她就会这样打招呼：“你被鬼附身了！快念祈祷文！”她会掀裙子盖过头，或是爬到炉子上、钻到桌子底下。但只要访客背完了长长的一段祈祷文，她就会露面，也只有到了这个时候她才会问明访客的来意。她会让来客喝下一杯浑浊的啤酒，这是为驱魔准备的。她还可能端给人一杯混了药水的茶，或者把这药水喂给不怀孕的奶牛。村民们坚信阿尼西娅身上有一些“神性”。所以，为了寻求她的帮助，他们会愿意走上 15 到 20 千米。[63]

人们很容易产生这样的想法：在农业时代，各种宗教的盛行留下了许许多多的文献证据，而阿尼西娅·伊万诺娃的宇宙观就潜藏在这些文献背后。对于所有关于古代未来思维的证据而言，和伊万诺娃相类似的人物就游走在它们的边缘地带。

如果问题非常严重，你可以向以与灵界沟通为生的专业人士求助。俄国反对派教士阿瓦库姆曾在 17 世纪 60 年代被押往西伯利亚。他在自传中就描述过一个负责押送的军官强迫当地的通古斯人巫师进行**萨满仪式**，预测一行人的未来：

> 到了晚上，巫师……带来一只活羊，然后开始对它施法。他先把羊滚来滚去。走了好一段距离之后，他把羊的脖子扭断扔到一边。然后他开始跳舞并以此召唤群魔出现。在尖叫一阵之后，他栽到地上口吐白沫。群魔压着他。他问道："这趟远征会顺利吗？"群魔回答道："得胜归来，盆满钵满。"[64]

阿瓦库姆把萨满看作魔鬼的代言人。身在押囚车队中的他祈祷这行人通通毁灭。看到这队人马真的有一大半命赴黄泉，他很欣慰。

自从阿瓦库姆写下"萨满仪式"一词，这个词就进入了学术文献中。它被用来形容那种由处于恍惚状态的大师所主持的与神灵进行交流的占卜仪式，也就是"迷幻中的占卜"。[65] 世界各地都有对这种占卜形式的描述。大多数主持萨满仪式的人都是长年训练出来的，但也有人是子承父业或者在遭遇重大人生变故时被召入了这一行，虽然往往很不情愿。安娜·巴西加卢波就有这样一段关于智利南部当代"马奇"萨满的记录。在这段记录中，萨满回忆起自己是如何被神灵启蒙的：

> 哦哟！我要做个马奇了……他们告诉我马奇可以用土

方治百病。不同的药草都聚到了一起，它们会冒泡，会开花。突然就有人给了我可以相伴一生的家伙。他们说："你会踏遍世界上所有的地方。你会驭马云游四海。"[66]

在农业时代，一些受教育程度较高的评论家相信：对于大多数人而言，有一些技能平时处于休眠状态，但在做梦时就会开启闸门，而在此基础上就能发展出萨满和占卜方面的天赋。在西塞罗对话体的著作《论占卜》中，他的弟弟昆图斯坚持认为众神赋予了每个人占卜的能力。但随着这种能力在一些人的身上有了非常态发展，它也变成了"'狂热'与'神启'。当灵魂退出肉身并被神性的冲动强烈刺激，那么'狂热'与'神启'就会发生"。大多数人缺乏这样的能力，除非灵魂"彻底自由放飞，和肉身毫无关系，就和处于狂热状态下或梦中的情况一样"。即便是苏格拉底也更愿意相信迷幻状态下的占卜师，因为他们很可能是在与众神进行直接的交流。他将其称为"满怀热情的迷狂"。[67]

通过这样迷幻的状态，萨满得以进入灵界。而他们采取的办法包括舞蹈、敲鼓以及服药。萨满会穿上特别的服饰，这样灵界的助手们可以一眼认出他们。一旦进入了灵界，萨满讲求礼尚往来，也会用上各种谈判的办法，这与人类社会面对面的交际很类似。有的萨满还会代表自己在凡间的委托人用法术斗上一番。皮尔斯·维特斯基（Piers Vitebsky）曾经描述过一场通古斯人部落间的复仇之战。事情的起因是一个部落的萨满为了杀掉另一个部落的成员而放出了一只蠕虫。[68] 虫子鬼鬼祟祟地来到旁边的部落，从负责守护灵界的驯鹿面前溜过，一头钻进目标的肚子里。而被攻击部落的萨满则放出灵界的鹅与鹬来把虫子拔出，请猫头鹰之灵将其丢到冥界。萨满还会为了多子多孙、战事告捷、免遭疾病去跟神灵讨价还价。作为回报，他们会给灵界献上礼物、贡品，或者使出威逼恐吓、向神灵求情等手段。

埃文思-普里查德也曾提及阿赞德人会在迷幻状态下进行占卜。在他目睹的一场降神会中，有个农民问今年种的穇子会不会成功收获。农民得到的答复包含一则警告——恶鬼未必降临作恶，但自家人可能会施法毁了他的庄稼。这意味着占卜师对问题进行过调整。

> 巫医……跳起了舞，因为只有在舞蹈中巫医服的药才能起作用，他们才能借此看到隐匿的事情。舞得兴起时，他们体内的药物能被激起效果。因此，当有人问他们问题时，他们总是会跳起舞来而不是在沉思中寻找答案。舞蹈终了、鼓声安静，巫医走到坐着的问询者跟前。“你问我你的穇子今年能不能种成功。你在哪里种的？”农民回答道：“先生，我已经把它种在了那条叫巴戈莫罗的小溪的对岸。”巫医自言自语道：“你已经把它种在了巴戈莫罗溪的对岸，嗯！嗯！你有几个老婆？”“三个。”“我看到前方有妖术，前方有妖术，前方有妖术：你可要小心啊，因为你的老婆会给你种的穇子施法。正妻，不是她，嗯！不，不是正妻干的……不是正妻，不是正妻。你听到了吗？不是正妻。”此时巫医进入了恍恍惚惚的状态，说话都有些困难了，只会一个字一个字地蹦，一句话都说不周全。“……怨恨啊。怨恨。怨恨。另外两个老婆嫉妒她……你听见了吗？嫉妒是个坏东西。嫉妒是个坏东西，

要挨饿。你的穇子种不成。你要挨饿了，惹麻烦了。你听见我说的了吗，挨饿？”[69]

这段记录颇具戏剧性，它也提醒人们：通过表演技巧、精心制作的服装和声音效果以及可以伪装的口齿不清，占卜的权威性会提高。阿赞德巫医的行头包括带有鸟毛的草帽、木头做的哨子、兽皮、拨浪鼓，还有脚踝上的铃铛。所以，用埃文思–普里查德的话来说，当他们跳舞时，每个人都是“一支完整的管弦乐队”。[70] 埃文思–普里查德还发现，职业女巫会通过打听当地的八卦来为降神会做准备：谁在和谁吵架？有人看到谁溜进了谁的卧室？一旦女巫们知道谁可能会对降神会的组织者怀恨在心，她们便可以更容易地认出可能的敌人——这些人可能曾经用巫术对付过自己。

有一次，埃文思–普里查德抓到两名巫医在“手术”中假模假样地从身体里取出物体。虽然这两个巫医承认这是个骗局，但他们坚称自己的药物有效，而有效才是最重要的。[71] 大多数职业占卜师可能将这些把戏视为他们手艺中的合理成分，但这之中肯定也有很多不折不扣的欺诈行为。公元前 2 世纪的罗马诗人恩尼乌斯（Ennius）就曾写过，“村里的江湖郎中、出没于马戏场的占星家……或者解梦者”，他坚称，“无论从知识还是技能的层面，他们都算不上占卜师——他们只是装神弄鬼的吟游诗人以及满口预言的庸医”[72]。就像今天一样，坑蒙拐骗的预言家在古代也有一席之地，部分原因恰如圣奥古斯丁所理解的那个原则：如果你做的预测足够多，有时未来就会被你说中。[73]

无论受没受过教育，大多数人都明白并非所有的占卜师都值得信任。但人们对占卜的普遍信仰并未因此从根本上动摇。人们相信这样的预测通常不无道理，因为即使是最不称职的占卜师也总想着如何做出合理的预测。而且，在农业时代，几乎人人都相信法术、神灵和超自然力量无处不在。此外，人们都是因为感到极度焦虑才会求助于占卜师或亲身参与到占卜当中，这也使得人们一旦看到任何貌似权威的答案就会死死攥着不放。

尽管如此，对占卜的信仰并不能打消所有怀疑。很多阿赞德人都知道占卜师可能会不称职，可能会坑蒙拐骗。但即使他们的欺诈行为被揭露，人们仍会继续相信巫术。正如埃文思-普里查德所指出的，对阿赞德女巫的那种有所保留的信任就像现代人对医生一样——并非因为他们从不说谎或从未失手，而是因为他们接受过长时间的训练，而且他们开的方子常常会有效果。“对于一个阿赞德人来说，如果一位巫医没能医好他，他就会去找另一个。这就像是如果对一位医生的治疗不满意，我们就会去找另一位医生。”[74]

在现代人的眼中，流行于农业时代的未来思维从方方面面来看都非常古怪和幼稚。但有一点很重要，你要记住驱使人们占卜的是巨大的焦虑感，是大多数人生活中的极度不稳定和不安全感，是现代社会中的技术、医疗和法律保护手段的缺失，是对世界万物有灵的信仰。最后还有一个原因：在一个现代科学尚未形成的世界中，人们在日常生活中面临的许多威胁和危险都完全无从解释。尽管有时代局限性，但大众的未来思维为弱势群体提供了有力而可靠的安慰以及一丝赢得权利的希望。直到今天，当许多人发现自己身处三号未来锥的“红区”时，他们的应对方式依然会是如此。

占卜的体验：《阿斯特兰普苏克斯神谕集》

在本章结束之前，我们来看看某个特定的占卜流程究竟是怎样的。它出自在今天被称为《阿斯特兰普苏克斯神谕集》（“Oracles of Astrampsychus”）的文献。玛丽·比尔德将其称为“现成的算命指南”。[75] 它最早的版本是用希腊语写成的，很可能成文于公元 2 世纪。今天的我们通过两个几百年后的纸莎草纸版本对它进行了解。它包括详细的步骤说明，即使拿到今天也很容易使用。确实如此，有了它，但凡一个人有点表演技巧再加上一点肆意的浮夸都可以摆摊算命。有了这两种才能之后，你可能还得会言之凿凿地说些车轱辘话：神谕源自毕达哥拉斯之所想，由贤人阿斯特兰普苏克斯（一个可能来自波斯的神秘法师）赠予埃及托勒密王朝的国王，亚历山大大帝还曾用它建功立业、威震四方。这些凭据可真像回事啊！但我们还真的要把它当回事（如果你有点半信半疑的话），因为神谕的长盛不衰表明它的确曾成功满足过人们的实际需求，以至于许多人愿意为它的服务买单。然而，神谕还表明了另一点：对于基于实际经验和直觉产生的各种未来思维而言，占卜术不仅有办法对它们粉饰一番，还能为它们树立威信。

这个算命套装的核心是 92 个通用问题。鉴于神谕被广泛使用，我们可以假设这些问题在时间长河中不断经历筛选。最终包含的都是些最常见的问题，也就是那些可以带来可观收入的问题。这些问题表明神谕的主要客户来自官宦以外的精英阶层。他们是城市男性，很可能识字而且生活小康，但也有些人肯定当过奴隶（像是有钱的奴隶？），因为有的问题问的是摆脱奴役的可能性。[76]

每个问题都有 10 个可能的答案。这些答案也跟问题一样，肯定历经了年复一年的筛选，就像是自然选择。它们实际上是针对人们熟悉的生活场景中最常见结果所做的社会学统计，只是粗糙了些。[77] 想要找到适用于自己的回答，询卜者需要随机从 1 到 10 之间挑一个数，再将数字加上他们的问题编号。用这个总数去参考对应的答案，这样就能得到该问题 10 个可能回答中的 1 个。这种随机选择也让众神的干预成为可能，因为正如神谕所告诉我们的那样，被选中的数字是“在（询卜者）开口的那一刻神给予他的”。这种做法也被称为“抽签”，它在古代的占卜中随处可见。一般来说，你问了个问题，然后扔出几个骰子或掷距骨，那么你得到的答案取决于你获得的总点数。[78] 在占卜中，“随机摸奖”是个很有用的法子，不仅因为它给众神的介入打开了方便之门，还因为它可以把你的想象力轻轻推往新的方向。

神谕究竟是如何工作的呢？这里有个例子。写到这儿，我就选问题 44 吧：“我会长寿吗？”然后，我随机选了数字 5（就是我脑子里蹦出来的数字）。两者相加得到 49。答案十个一组，当我在表中找到 49 时，神谕又让我去找第 45 组答案。我又在这组答案中查找对应我选择的数字 5 的回答。我找到了：“你不会长寿。把你的事情都安排好。”哼！

这 92 个问题很多谈的都是焦虑，焦虑驱使人们去占卜。很多问题处于第 2 章中三号未来锥的“红区”当中。这个区域内的问题都是最让我们担心的（所以我们才会为了解决它们投入时间、精力和金钱）。人们也会认为这个区域的问题也许是可以预测的（所以求个建议是值得的）。既然请神谕需要花钱，那么把钱花在回答那些不让我们担心的问题上就不值当了。若是有的事情预测起来很简单或是根本无从下手，那么也没必要破费。“红区”让神谕有的放矢。

这些问题可分为几大类。有一类和出行相关：我会一路平安吗？我这辈子会离开此地吗？有的问题属于那种久久萦绕心间、挥之不去的：旅人还会归否？旅人尚在人间吗？第二类问题讲的是事业：我会从军吗？我能当将军吗？或者能当个教士乃至主教吗？我能当个地方官，甚至进元老院吗？好些问题都是关于经商的：这单生意能赚钱吗？我的订金能拿回来吗？这批货该卖吗？还有一类问题讲的是司法流程：这次诉讼我能全身而退吗？我能从牢里放出来吗？我能赢过诉讼对手吗？我会被当作通奸者给抓起来吗？有的问题关乎家庭、个人生活和健康。在古代社会，遗产问题非常重要，因为这是新财富的主要来源。我会从父母 / 朋友 / 妻子那里继承财产吗？我会拿到嫁妆吗？在这类问题当中，有个问题显得可怜巴巴的：我会有遗产继承吗？有一类问题关系到婚姻家庭：我会结婚吗？结婚对我来说是好事吗？我的妻子怀孕了吗？她会一直待在我身边吗？我会把这个孩子养大吗？——这个问题很可能是为那些考虑丢掉新生儿的人准备的。当时，为了堵住闲言碎语，也为了不用费劲养大不想要的孩子，弃婴是种很常见的做法。有的问题关系到身体好坏，比如：我被人下毒了吗？

我们在第 2 章中谈到了笼统和精确之间的最佳平衡点，而大多数神谕的答案恰恰击中了这个点。为了有趣且合理，它有足够的细节，也不会太过笼统以至于空洞。关于我将活多久这个问题，神谕里有几个可能的答案，如“你不会长寿。把你的事情都安排好”（在 10 个答案中重复了 4 次，彼此之间只有细微的差别）；“你就是平常人的寿命。不要担心，去祈祷吧”；“你会长寿，你的脚会很疼”；“一段时间以后，你就会越老越成功”；“你会长命百岁，也会腰缠万贯。你还会想要更多”；“你会很长寿——而且会颐养天年”。放在一起看，这些答案涵盖了大多数未来的可能性。但它们也包含了足够有趣的细节，哪怕这些细节也有被人添油加醋的风险。我的脚真的会疼吗？肯定很多人老了脚会疼，但还远远到不了非疼不可的地步。

研究古代社会的英国历史学家杰瑞·透纳（Jerry Toner）认为，神谕的答案很可能已经经过充分的检验。它们可以提供一份简单的社会统计数据。例如“我会把孩子养大吗？”这个问题，大约三分之一的答案暗示婴儿会夭折或者“不会被养大”（可能是遗弃的委婉说法）。现代学术研究的成果表明：在罗马帝国时期，大约三分之一的婴儿在出生后的第一年就夭折了，所以这样的回答看起来没错。如果透纳的观点是对的，那么这也表明了一种耐人寻味的可能性：饱经沧桑的神谕可能提供了关于古代世界的社会统计数据，且这些数据有充分的实证支撑，历经检验。再看一下问题 12——“我出海后会一路顺利吗？”汇总一下它的 10 个回答，其中有一半答案说会发生航程延误，有两个答案说会发生包括海难在内的严重危险。大体上说，这就是当时历史的写照。[79] 这些估计出的概率就存在于古时精准计算的背后。它们也提醒人们：未来思维貌似遵从神的旨意，但它常常由现实经验所左右。这样的实用主义基于对真实世界趋势的认识，也来源于日常生活中关于未来的直觉。

总而言之，《阿斯特兰普苏克斯神谕集》中有很多值得推荐的地方。它的大多数预测机制都貌似合情合理。这些问题问得很认真，回答得也很实事求是，而且很巧妙地兼顾了精确严谨与细枝末节。它们甚至包含了统计学意义上的合理性。最后，正如我们看到的那样，随机选择完全可以成为理性预测的工具。尽管从现代科学的角度来看占卜并不合理，但它可以给人慰藉，也有很强的指导意义。而占卜所给予人的指导甚至还有几分理性的色彩。

第 7 章

当代的未来思维

如果人摸清了规律就几乎能有十足的把握对现象进行预测，如果即便在摸不清规律的情况下，他根据过去的经验也能把未来的事件预测个八九不离十，那么，根据某人的历史有模有样地去描绘他未来的命运是否应该被视为某种奇异的做法?

——孔多塞侯爵《人类精神进步史表纲要》，1794 年[1]

人类的现代史

区区几百年现代史只占人类演化历程的千分之一，但其中发生的变化比农业时代还大。1500 年以来，全球性的交互网络的出现开启了很多变革的进程。但最让人惊叹的变化则是在 1800 年之后出现的。由化石燃料提供的廉价能源推动了一系列新的尝试，技术和科学创新也随之腾飞；全球性的交互网络让越来越多的人接触到了新的技术，对这个世界也会产生新的看法。而且，变化来得越来越快。在这段不长的历史时期内，人类的未来思维发生了巨大的变化，其程度比之前人类历史的任何时期都要大。

这些变化把我们带入了地球历史的一个新阶段。有很多学者称之为“人类世”，在这个地质时代，人类在没有计划的情况下就开始左右整个星球的未来。[2] 这也是为什么现代人的未来思维除了关注自身以外，把越来越多的注意力放在了人类整体乃至与我们共享生物圈的其他所有物种的未来上面。

这些变化之惊人从下面的统计数据中就可以略窥一二。在从1800年到2020年的短短220年间，地球上的人口从大约9亿增长到了快80亿，也就是原来的约9倍。[3] 这意味着平均每年全球人口增长1%，是农业时代人口增速的20倍有余。随着灌溉与耕地面积的增加，大多数人不再饿肚子。这点很了不起。在人口快速增长的情况下，得益于诸如基因工程和人工化肥的技术，粮食产量的增速足够跟上。其他领域产能的增长也（在原则上）会让人们都住得更宽敞、穿得更暖，生活设施达到一个前所未有的高水平。这220年间，城市人口的比例从7%上升到55%，这意味着城市成为我们这个物种的日常栖息地。最大城市的人口从差不多100万增长到接近3000万。人类能源的总消耗增长了20多倍，从每年刚刚超过200亿千兆焦耳增长到大约5000亿千兆焦耳。人均能源使用量涨了两倍，从每年近25千兆焦耳增长到75千兆焦耳。大部分能量由一种新的能源化石燃料提供。这也是为什么二氧化碳的排放量在220年间增长了超过1000倍，从每年仅仅3000万吨增长到360亿吨。还有一项统计很惊人——人类寿命的增加。在人类历史的大部分时间中，人均预期寿命都不到30岁。尽管如此，更大的粮食产量和更好的医疗条件让这一数字在1800年达到了大约35岁。从1800年到2020年，每个降生于地球的婴儿的预期寿命翻了一番，达到了 70 岁。

新的技术、扩张的网络以及加速的变化

现代技术让我们人类可以影响和改造自身的未来。不管是好是坏，这种能力都可以说是前所未有的。现代技术让我们的通信可以瞬间穿越几千千米。我们可以研究小过一粒尘埃或远在数十亿光年之外的物体，也造出了可以在一天之内载人穿过半个地球的机器。现代技术也带来了新的危险。我们正在燃烧如此之多的化石燃料，以至于大气和海洋都变了模样。如果我们真的蠢到发动核战争，那核武器足以在几个小时内毁掉生物圈。许多技术史著作提到我们的未来**管理**能力所产生的变化。[4] 和第 5 章、第 6 章类似，我们在这一章中会关注未来**思维**的变化。

人类的创新层出不穷，但这也滋生了一种普遍的傲慢情绪。现代的“进步”理念告诉我们：人类可以根据自身喜好重塑地球的样子，现代技术所创造的惊人财富也让这种观点很容易让人相信。今天的大多数人不再需要拼尽全力就可以活下去，这在人类历史上还是头一次。从另一方面来说，我们逐渐意识到新的力量也有危险的一面，有难以预料的副作用，而这些副作用足以把人引向毁灭。我们已经如此强大，以至于我们的未来思维越来越多地关乎人类该如何管理好整个星球的命运以及这个星球上许许多多住户的前途。

全球化与世界性交流网络的产生也让未来思维广至四海。[5] 在 16 世纪之前，人类最大的交互网曾经横跨亚非欧三大洲。从 16 世纪开始，生意人和航海家用或温和或残暴的方式把所有的人类社群都织进了一张覆盖全球的大网，其中包含了约 80 亿人口。在我们

已知的其他物种中，没有哪一个曾和人类一样网罗全球。但如果要大胆比喻，这就像是演化进程。在首批出现的多细胞“宏观生物”体内，单个细胞间的联系正是因为演化才愈发紧密。

全球化的破坏力不逊于它的创造力。从西伯利亚到中美洲，从太平洋到非洲，全球化带来了欧洲的士兵，也带来了曾波及亚欧大陆的疾病，战争与疾病夺人性命，让社会经济土崩瓦解，而古老文化的确定性也摇摇欲坠。在欧洲也是如此，旧的知识体系被全球化撼动，但欧洲的精英阶层则大体上为之欢呼雀跃，因为全球化也带来了新的财富、权力与知识形态。一时间，长期落后的地方因全球化成为地球上最具活力也最为繁荣与强盛的地区。首个全球性网络的出现让欧洲各国的政府、商人和学者们获益匪浅，因为在过去的几百年内，无论权力、财富与信息如何流转，其世界性的中心都在欧洲。这也解释了为什么很多与现代社会相关的变化都首先在欧洲出现，包括新的技术、新的经济管理模式以及新的未来思维方式。欧洲被渐渐认知为“西方”。在西方之后，世界上大多数其他地方才开始赶上并接纳新的变化。

全球化改变了人们对时间和未来的理解。世界各地的人们发现他们的生活开始被全球性的进度左右，这也取代了传统的节奏。突然间，西伯利亚的驯鹿饲养者和住在太平洋小岛上的人不得不留意那些遥远的帝国统治中心都是怎么打仗、做生意和征税的。现代工业也给人们的工作与休息、娱乐与学习强加了新的节奏。钟的走时更加精准，有人开始携带私人怀表。到了 18 世纪，很多钟表都有了分针；到了 19 世纪，有的钟表有了秒针。[6]

单一的全球性钟表时间开始出现。到了 19 世纪，政府和商业机构开始统一时间与历法。19 世纪 40 年代，英国铁路部门发布了根据格林尼治标准时间制定的列车时刻表。历法也进行了重新调整，越来越多的国家采用格里高利历。诸如伊斯兰历和中国农历这样的传统历法依然左右着数十亿人的生活节奏，但是，能让如今世界所有主要城市都放起烟花的也只能是格里高利历的新年了。到了2020年，这张全球单一社会时间所形成的大网把几乎所有人都囊括其中。

最后一点，变化的速度越来越快，以至于现如今几乎人人都生活在一个变化永无止境的世界中，这也正如赫拉克利特所描绘的。万物皆无常，人人都要面对“时间的A序列”中的湍流。正如哲学家A. N. 怀特海在20世纪20年代所说的那样，这样的变化是极为重要的：“我们身处这样一个年代——在人类历史上头一回发现（事物基本恒定的）假设是错的。”[7]

变化司空见惯，人们会轻易忘记现代技术的怪诞之处。1829年，有人向时年21岁的英国女演员范妮·肯布尔（Fanny Kemble）介绍革命性的新技术——铁路。向她介绍的人正是铁路的联合发明者乔治·斯蒂芬森（George Stephenson）。[8]肯布尔生活在马车的年代，所以她本能地认为火车头就是机械马车，但是她被速度惊到了。

> 这个喷着汽的小动物，我觉得我很想拍拍它。它……套上了我们的车厢。斯蒂芬森先生把我带到了机车间，我们出发了，时速大约是10英里……（过了一会儿）发动机得到了水力的加持……（它）全速前进，**每小时35英里，比一只鸟飞得还快**（因为他们用沙锥鸟做过实验）。

我成长在一个既没有太空火箭也没有个人计算机的年代。那时候，因特网、智能手机都还没有问世。但是今天的我们已经把这些发明看作理所当然。技术的变化太快了，我们对新生事物的敏感度已经变得迟钝了。

我们还了解到过去也曾发生过深刻的变化，其变化之大是我们大多数祖先所无法想象的。而这样深刻的变化也将持续到未来。在现代以前，大多数学者认为尽管人类社会似乎存在着变化与演进，但宇宙、地球以及许许多多生活在地球上的物种自诞生以来就没怎么变过。然而，到了 17 世纪，生物学家和地质学家们发现了化石以及扭曲交错的奇特地质构造。他们开始意识到地球和居住在地球上的物种（也包括人类）在几亿年间发生了巨大的变化。[9] 直到 20 世纪中叶，人们似乎都还觉得天上的万物是不变的。但天文学家在这时发现宇宙同样有历史。它诞生于大爆炸的一团火球中，并在接下来的 130 亿年间不断膨胀演化。新的精密测年技术发展于 20 世纪中叶，它甚至让我们得以为这段历史建构起上至大爆炸的精确年表，这很让人吃惊。[10] 古代社会所认为的那种恒定不变的宇宙被动荡的、不停演进的宇宙取代。在这样的宇宙中，我们也能确信未来会与过去不同。

对现实的新理解：科学与祛魅

现代科学方兴未艾，而这也深刻影响着现代人的未来思维。

人们常常把 17 世纪形容为“科学革命”的时代。但对于“科学革命”带来的变化，我们也不应该过分夸大。很多形式的占卜在今天依然存在，而且很有市场，尤其在很多报纸和网站上还有讲解星座运势的板块。在我妻子的成长过程中，有个巴尔干半岛的老传统如影随形：如果两个人走到电灯柱或电线杆跟前时分别绕过了它的两侧，那就得有个人立刻说一句“面包和黄油”，不然就会碰上倒霉事。要是两个人都说“面包和黄油”那就再好不过。我也得承认，为了避免糟糕的结果，我经常会去摸摸木头。通常这就是开开玩笑，但私底下还是希望摸摸木头会起作用。然而，根植于现代科学的未来思维方式的确会有所不同。在现代生活的方方面面，未来思维都为之发生了变化。

现代科学有几个显著特点。历史学家史蒂文·谢平（Steven Shapin）认为一大关键的转变在于科学让人在看待世界的运转时会更倾向于采纳一种更为机械的世界观。无法预知的怪力乱神曾经左右着人们的未来思维。但人们有了新的看法之后，这些怪力乱神所能扮演的角色也就微不足道了。

> 很多传统的自然哲学会将万物拟人，觉得万物有灵，而用机械的世界观来解释自然就明确地与这些观点背道而驰……传统观念会给自然以及自然的组成部分赋予目的性、能动性，乃至感觉性。但纵观整个17世纪，所有与力学原理相关的阐述都把自己置于传统的对立面。

以牛顿的运动定律为标杆，现代科学的奠基者们都开始产生这样的想象：世界由普遍存在的、机械的、不会掺杂个人感情的“自然法则”所主宰。而这些“自然法则”都受一个至高无上的大神支配。过去的魑魅魍魉、怪力乱神都太过于变幻莫测，在现代科学奠基者的宇宙中，它们大多已无立足之地。这个宇宙由自然法则支配，也更有秩序。身在其中的人们也希望新知可以为预测与掌控未来提供强有力的新办法。

德国社会学家马克斯·韦伯把这种认知上的巨变称为“世界的祛魅”（disenchantment of the world），这一隐喻出自诗人兼哲学家弗里德里希·席勒。[如果更加直译的话，席勒用的 Entzauberung 可能在英语里就是比较拗口的 demagnification（去放大化）。][12] 在韦伯看来，现代思想的核心是一种“理性”世界的观念，在这样的理性世界中，“起作用的再也不是什么神秘莫测、无法计算的力量。相反，从原则上来说，人们可以通过计算掌握一切，而这就意味着世界被祛魅了。人们再也不必依赖魔法”[13]。而更为机械的世界观并非突然现世，其古老的根源远在我们前面看到的轴心时代的宗教与哲学思想中。彼时的占卜方法越来越少地夹杂主观因素，人们也在寻求更为普遍而客观的变化法则。

祛魅不会直接引向无神论，虽然很多人对此颇为担忧。几乎所有现代科学的先驱都相信造物主的存在。他们相信是造物主设定了宇宙的基本法则。和 17 世纪爱尔兰哲学家兼科学家罗伯特·波义耳（Robert Boyle）一样，很多人甚至接受了有“多到无可计量的神灵存在”这种观念。但这些思想家拒绝认为灵界可以任意干涉宇宙的基本法则。比如，天文学家约翰尼斯·开普勒便放弃了行星拥有思想与目的性的观点。他开始相信“宇宙并不会像神灵一般富有生气，但它会跟时钟差不多”[14]。和许多上古大神不同，时钟不会神出鬼没，也不会喜怒无常。你可以对它的动作加以预测，所以你也能知道它未来会做什么。

基于机械论的“自然哲学”在一开始便大受欢迎，这也让它备受推崇、扬扬自得，而印刷术甫一问世便让新的思维方式在欧洲权贵中快速推广。正如历史学家戴维·伍顿（David Wootton）所写的那样：在莎士比亚生活的年代，哪怕是受过良好教育的欧洲人也会把魔法和巫术当回事。他们相信狼人和独角兽的存在，还相信各种天体都围着地球转、彗星是不祥之兆、《奥德修纪》和《埃涅阿斯纪》都是真实的历史。到了一个半世纪以后伏尔泰生活的年代，念过书的欧洲人都为自然哲学深深着迷。很多人都用过望远镜和显微镜；他们认为牛顿是最伟大的科学家；他们还知道地球围着太阳转。尽管很多人依然迷信，但他们不会太把魔法或者恶灵当真，也知道独角兽和神迹都不是真的。有的人甚至怀疑上帝的存在，很多人都相信科学知识的发展会带来人类的进步和更加美好的未来。[15]

今天，尽管很多人依然相信满世界都有神灵出没，现代科学所带来的祛魅世界观已经随着教育的普及和许许多多科学成功所带来的声望而广泛传播。大多数技术的变迁为其所左右，未来思维也往往由其主宰。

机械宇宙观下的未来思维

与之前的未来思维相比，现代的未来思维主要在四个方面有所区别。

1. 因果关系：对因果关系更好的认识让我们对很多方面的预测都有更大把握，也会更加精准，其中包括物理、化学、医学等。

2. 或然性理论：在一些过程中，我们无法对具体的事件做出预测，但是可以预测许多事件的大致结局，而或然性理论可以让我们对这样的过程有更精准的理解。

3. 数据收集与统计：可以获得的统计信息大大增加，加之新的概率统计方法，我们对概率变化趋势的察觉、分析、理解和计算能力都会随之增强。这些都能提供可能未来的线索。

4. 信息技术和计算机科学：现代计算机科学让我们对统计信息的储存和分析达到以前无法想象的规模，其速度和精确性也是空前的。

从医学到人口统计再到气候变化，未来思维的改变让我们的预测能力在很多领域更上一层楼。但在其他一些领域，我们的未来思维能力就未见得能比古代世界的普通人好多少。比如，由人左右的政局就是如此，而人的行为明显不是机械的。

因果关系

如我们在第 2 章中看到的，理解了事情**为什么**发生，我们在思考未来时就能有更强的能力来察觉趋势并将趋势加以运用。找到趋势能帮上很大的忙，就像巴甫洛夫的狗察觉到铃铛一响就会有吃的送来一样。不过，要是能理解趋势的**原因**所在，那就会再上好几个台阶！如果我们知道**为什么** B 跟在 A 后面发生，我们对 A 可能的后果的预测就能精准得多。现代医学大部分都是基于 19 世纪研究者们的发现，比如约翰·斯诺（John Snow）和开创了“病菌学说”的路易·巴斯德，后者认为很多疾病是由微生物引起的。巴斯德的猜想意味着，通过对医疗环境消毒、注射疫苗以及使用像抗生素这样可以对微生物进行攻击的药物，很多疾病就能治好。历史学家罗伊·波特（Roy Porter）有过这样的评述：“在巴斯德和盘尼西林（青霉素）的那个世纪，一大古老的医学梦想得以成真。对于究竟是什么引起了大病，人们终于有了可靠的知识。在此基础上，疾病的预防和治疗都有了长足进步。”[16]

如果我们能算出 A **在多大程度上**影响了 B，那么对于因果关系的理解就可能拥有更强大的力量。在古代，咀嚼柳叶是一种治疗头痛的办法。柳叶**带来了**头痛的消解，而 19 世纪的化学家们搞清楚了其中缘由：柳叶中的活性成分是水杨酸，这种成分有助于缓解头痛。搞清楚了这一点就能生产含有水杨酸的药片了，它不仅便宜，而且用起来很方便。你还能估摸出每片药都有多大的药劲儿，这样吃两片药跟吃 100 片药有多大的不同你也就清楚了。吃两片药你的头痛很可能就好了，吃 100 片药你可能就没命了。到了 1899 年，这些药片被称为“阿司匹林”，直到今天依然如此。

很多科学的进步都有赖于对因果关系更好的认知。1644 年，意大利数学家埃万杰利斯塔·托里拆利（Evangelista Torricelli）发现如果将一根装满了水银的竖直管子上端封口，再将其开口的下端放置在装着水银的盆中，那么这根管子就不能完全排空。对于这一奇怪的事实，托里拆利所给出的解释是从机械论出发的。一些水银将始终留在管中，因此管的上端会留下真空。这种现象让人好奇，而传统的基于亚里士多德学说的观点将之解释为大自然“讨厌”真空，也会让真空的区域尽可能地小。这种解释认为现象的产生有其主观目标，带有目的论的色彩。托里拆利提出的解释则基于机械论。他认为水银是被“气压”推着在管子里往上运动。换句话说，数千米高的空气柱的重量压在了敞口盆中的水银上。1648 年，法国数学家兼科学家布莱兹·帕斯卡对托里拆利的观点进行了验证。他让自己的小舅子把类似的装置带到法国中部的多姆山上。帕斯卡觉得，按理说，海拔越高，空气的重量应该越轻；如果托里拆利是对的，那到了山顶之后水银柱就不应该同山脚下那样高。他们发现的确如此。托里拆利的装置实际上是个气压计——测量大气压的一种办法。托里拆利用机械论来解释气压，而这个实验让帕斯卡成为他的信徒。[17] 用机械论的观点来解释造成气压的原因，一切尽在可计算的范围内，而这也最终让建造蒸汽发动机成为可能。在化石燃料的革命中，蒸汽发动机是最为基础的技术。

对事物原因的科学解释基于这样的一个假设，即很多事物的过程是规律的、机械的、可以测量的，或许该假设甚至认为大多数事物的过程都是如此。牛顿运动定律让你得以用前所未有的精准度来预测炮弹、行星以及下落苹果的运动轨迹。心里有了这个模型，现代科学便开始梳理出新的因果定律。这些新的定律让人们针对医学、化学和电学所做的预测精确且可测，最终这样的预测也涉及了核物理等领域。从智能手机到涡轮发动机，从喷气式飞机到心肺机，大多数现代技术的背后都伴随着对因果关系愈发精准的理解。正如美国统计学家内特·西尔弗所写："如果能对现象背后的根源有完整的认识，那么在它的加持下，预测的威力有可能会变强很多。"[18] 说到用现代视角去思考因果关系，朱迪亚·珀尔可谓先驱。他写道，一个好的因果模型不仅可以让你知道"昨日的事件如何呈现，而且还可以让你知道在假定的新环境下它又将如何变化"[19]。

对原因的科学认知让人们得以在如此之多的领域中胸有成竹地进行预测。既然如此，为何不能将之推及万物呢？从亚当·斯密到康德，再到马克思，一众社会理论家对人类社会演进过程中类似牛顿运动定律一般的因果定律孜孜以求。然而，最终的结果很明显：现实中的各个领域被因果定律影响的程度无法做到统一。在第 2 章中，我们看到了呈现不同可预测性的未来锥，而在这里我们又发现了它的影子。包括人类社会运转在内的诸多领域在被因果定律影响时不会那么一板一眼。你想问为什么会爆发第一次世界大战，那就跟问为什么行星会沿着椭圆轨道运行大不相同。

或然性理论

相比牛顿在天文学和物理学中的发现，有些领域的因果联系显得若即若离，也不是一板一眼的。人们想要提高在这些领域里的预测能力，现代的或然性理论随之产生。笛卡儿曾写道："这是一条确定无疑的真理：当无力确定何为真理的时候，我们应该追随最可能为真的那个。"[20]

难产致死有多大的概率？航海归来有几分把握？古往今来，人们对于这些可能性普遍会有预感。而现代的或然性理论则在更为精确的基础上将数学模型置于这样的预感当中。玩扑克的人与保险公司还知道一点：对概率更为精确的把握不仅可以加深对可能的未来的理解，还能给你赚很多钱。概率模型对未来可能性的预测常常惊人地出色，它也因此显得很强大。

现代或然性理论的根源来自对投机游戏的研究。投机游戏古已有之。青铜时代的地中海东岸，掷距骨很可能已经作为掷骰子游戏的前身出现了。[21]然而，纵使这类投机游戏的规则是基于概率的，等到秉持机械论和数学精神的现代科学对它进行研究时已经过去千百年了。

意大利人吉罗拉莫·卡尔达诺（Girolamo Cardano）是位数学家，也是位医生，同时他还好赌。他于1564年写下了一本著作，这也是关于投机游戏最早的正经研究之一。但该书直到1663年才公之于世。卡尔达诺的这本书中还包括了伊恩·斯图尔特（Ian

Stewart）所描述的“关于或然性理论的最早系统性论述”。这本书能写出来也是排除了艰难险阻。[22] 卡尔达诺出生前，妈妈曾经想过把胎打掉。虽然病恹恹的，但他终归是活下来了，甚至还熬过了好几次腺鼠疫。要知道他的护士和兄弟们可都因此丢了性命。从某种程度上来说，他的未来思维一点都谈不上现代。他也承认在身处困境时自己曾去拜访过“占卜师和巫师。面对各种各样的麻烦，或许也能找到一些解决方案”。在赌博的时候，对于一直输钱的蹊跷状况，他常常将之解释为“运气有点和我对着干”[23]。但他可是个赌场高手。尽管卡尔达诺很迷信，但在用逻辑思考机会的大小时，他有着机械般的精准，仿佛一旦有什么苗头指向了可能的未来，就再没有任何小鬼、精灵或者巫师可以从中阻拦。

卡尔达诺以他机械般的精准解决了这样一个老问题。赌场老手都知道如果你扔三个骰子，它们的点数加起来为 10 的概率会比 9 略大一些。赌徒们也就是靠着这点与一般人的不同混迹赌场——因为这种说法有违人的直觉，所以赌徒们常常借此来赢新手的钱。不过，这不是因果关系明确的定律：它是基于或然性的。随便掷一次骰子，有很大的可能性你的点数会是 9 而不是 10。但如果你一直玩下去，并一直给 10 下注，那比起一直给 9 下注的人，你的赢面就会大一些。

这是为什么呢？卡尔达诺用现代“样本空间”（sample space）的概念给出了最好懂的解释。[25] 样本空间指的是某一抽样过程所有可能结果的集合，比如说抛硬币。我们通过给脑子里几十亿个神经元点火可以建构起一个个模型，而样本空间既可以存在于这样的模型世界里，也可以存在于现实世界中。对于所有的概率思维而言，这两者之间的区别至关重要。存在于模型世界的样本空间可以尽知尽晓，它们的结果可以用数学进行精确的描述。现实世界里的样本空间就没那么乖了。如果你在想象出的模型世界里抛一枚硬币，样本空间就很简单：结果要么是正面，要么是反面，概率各占 50%。在现实世界中，你的硬币可能有点破旧了，所以印着人头的那面朝上的概率会稍微大一些。[26] 现实世界的样本空间会更乱一些，我们永远没法完全搞清楚里面究竟都包含什么。不过，如果现实世界的样本看上去和我们的模型很像的话，我们就会双手合十，并祈祷模型能给出关于现实世界的上佳指导。出人意料的是，这样打赌往往真的会奏效。

为了解决 10 点和 9 点的问题，卡尔达诺建构了一个模型世界的样本空间。扔三个骰子可以得到的所有可能的总点数都包含其中。在现实世界里，你只能扔一次，但在模型世界中，你可以玩很多次，一直玩到所有可能的结果都出现过。掷三个骰子，点数情况有 6×6×6 共 216 种不同的可能。我们假设，如果骰子没问题（现在我们说的是模型，还没说到现实世界），那么每个点数出现的概率相等。在总共 216 种不同的投掷结果中，你会发现总点数为 9 会有 6 种不同的情况，总点数为 10 也是 6 种情况。比如，如果你扔的三个骰子的点数分别是 6、2、1，5、3、1，5、2、2，4、4、1，4、3、2，3、3、3，你都能得到 9 的总点数。这难道不意味着扔到 9 点和 10 点可能性相同吗？不。再仔细看看这列数字你就会发现这 6 种情况的概率并不相同。想要通过扔三个 3 来得到 9 点只有一种可能性，但如果三个骰子的点数是一个 6、一个 2 和一个 1，那它们加起来为 9 就有顺序不同的 6 种可能（6、2、1 或者 6、1、2 等）。[27] 要是把各种可能性都算在内，结果就会发现得到总点数为 10 有 27 种不同的点数分布的可能（也就是 27/216 的可能性，即

12.5%），但想要扔出 9 的总点数，则只有 25 种可能（25/216 的可能性，即 11.6%），而卡尔达诺的确就是这么干的。这中间的差别可太关键了！记住这种解释，你就可以赢过新手了。当然，在假设现实世界的骰子没有被做过手脚的前提下，大多数现实中发生的情况会和模型差不多。

当时，卡尔达诺的见解没有在赌场以外的世界掀起多少风浪。但到了 17 世纪中叶，帕斯卡和其他一些人提出了一个有力的新看法：卡尔达诺那种对于概率的认真思考或许不仅仅有助于人们在玩游戏的时候更好地碰运气，它还能为很多其他领域的未来思维提供帮助。为了帮助贸易公司计算船只沉没的概率，我们能否根据过去的经验建构一个模型样本空间呢？甚至，我们能否解决上帝存不存在这样的形而上学问题呢？这些令人心潮澎湃的想法出现在 17 世纪中叶，很快被欧洲的顶尖思想家们认可。

1654 年，一位人称“梅雷骑士”（Chevalier de Méré）的贵族赌徒曾向帕斯卡以及同为数学家的皮埃尔·德·费马（Pierre de Fermat）提问：如果一场投机游戏被中途打断，而每个玩家都已经拿到一些分数了，那么赌注该如何划分？这就是“得分难题”。卡尔达诺也曾着手处理过这个问题，但帕斯卡和费马的解决办法让概率论计算的复杂程度达到了新高度。

帕斯卡的解法有赖于对一个想象样本空间中“所有可能结果的穷举”。[28] 数学美丽而优雅，但它也失掉了真实世界中的杂乱无章，而帕斯卡的工作恰恰说明了概率思维的危险之处。比如，帕斯卡不得不假设每个玩家接下来会以与之前完全相同的水平继续游戏，无论是喝得大醉，还是疲乏或紧张，都不会让他们的游戏行为受到影响。把现实世界中的偶然因素都排除之后，帕斯卡便有了一个完美的数学模型。在这个模型中没有任何反复无常可言。而且，在这样用模型建构的世界当中，不管是打牌还是赛马，又或者是打仗、预测气候变化，一切都可以反复进行。哪种结果发生的次数最多，可能性就最大。但在现实中却很难这么有条不紊，真实的牌局也只会进行一次。正如沃伦·韦弗（Warren Weaver）所言："在概率论中，人们所做的不过是发明一个数学模型。这个模型的计算方式清清楚楚、条理明确。然后人们就会指望这个模型可以与某些真实的现象相符合，也能因此派上用场。"[29] 在所有的未来思维中都会出现基于归纳就"大胆相信"这样不太讲究的情况（在第 2 章中已有讨论）。概率论虽然难以完全避开这种情况，但它能让"大胆相信"背后的逻辑更加透明，甚至变得可以测算。有时我们会满怀信心地认为自己的模型真的捕捉到了真实世界的重要方面。每当到了这种时候，概率论就能再为未来思维的精准度添砖加瓦。

帕斯卡著名的"关于上帝存在的赌注"把非真实模型的危险性展现得更加淋漓尽致。1654 年，帕斯卡正经历一场巨大的信仰危机。在随后的笔记中（出版时取名为《思想录》)，他把概率计算拓展到神学和形而上学问题上。在某种程度上，他为上帝存在下的注把一个神学问题变成了赌博。帕斯卡所建立的模型样本空间中只包含两个可能结果：要么上帝不存在，要么存在一个可以保证好人终获救赎、坏人永遭天谴的基督教上帝。[30] 然后帕斯卡做出了一个让人疑惑的假设：他猜测两种可能结果各有一半的可能性是对的。"玩游戏的时候……不是正面朝上就是反面朝上。"因为概率均等，所以我们在下注之前需要了解两种可能结果的回报。假如上帝不存在，你可能会在短暂的一生中其乐融融，但要是搞砸的话你就会一直凄惨下去，而这就是你需要冒的风险。假如上帝**的确**存在，最坏的情况是你会一辈子没办法骄奢淫逸，但可能会在来世收获无尽的快乐。“在押宝上帝存在的时候，我们不妨掂量掂量得失……你赢就赢了一切，输的话也没什么可损失的。那就押吧，别犹豫。上帝真的存在。”这样的逻辑无懈可击，简直惊掉人的下巴，但要说帕斯卡想象出的样本空间有多合理……可不见得合理！

1662 年，在《逻辑或思考的艺术》（*Logic, or the Art of Thinking*）一书的终章当中，帕斯卡的同行们用一种更脚踏实地的方式为概率论做出了辩解。在欧洲的大学中，这部新作在很大程度上将亚里士多德的逻辑学说取而代之，这种情况持续到 19 世纪。他们认为，概率逻辑可以对真实世界中各种可能的结果条分缕析。

> （他们写道，）很多人……听到打雷会非常害怕……但如果引发这种不正常恐惧的原因只是死于雷击的危险，那很容易就能证明这点担忧并不理智。每两百万个人当中，最多只有一个人会因此丧命……所以，对于某些伤害的惧怕不应该仅仅与其严重程度成正比，还应该与事件发生的概率相称。比雷击更稀奇的死法真的没几种，所以死于雷击这种事情也算是最不该担心的了。更何况，想不被闪电击中的话，担惊受怕也帮不上什么忙。[31]

我有个姑奶奶只要一听到打雷就会把自己锁在卫生间里。在如此环境中长大的我对这种恐惧非常了解。但用概率思维认真想一想之后，这样的恐惧就会变得明朗，我对此非常感激。这里提到了各种死因的样本空间，它基于过去的经验以及对未来的假设：每 200 万个人当中只有一个人会死于雷击，这不仅合情合理，而且很有启发意义。换句话说，过去的趋势表明雷击致死的可能性实在是太小了，小到不足以落入三号未来锥的“红区”当中。正如拉普拉斯所言，概率论是一种概率的**微积分**。但我们得时刻记住：当这种微积分被运用到现实世界中时，我们的信仰也会为之一跃。

之后的300年间，概率思维背后的数学愈发精益求精。1713年，在雅各布·伯努利（Jacob Bernoulli）去世8年之后，他所著的《推测法》（*The Art of Conjecture*）首发问世。伯努利在书中表示可以把概率思维的逻辑整个颠倒过来。不去问具体结果发生的概率大小，而是在看到几种不同的结果后抛出这样一个问题：这些结果能告诉我们关于其所处样本空间的哪些事情？这就是“逆概率”（inverse probability）。为了从有限的信息获得丰富的见解，这是一种很好的办法。逆概率基于样本对整体的情况做出推论。政治民意调查人员一直用的就是这个办法——通过采访几个人来预测选举的结果。

伯努利想象出一个模型化的世界：有一个瓮，里面装着几百个非黑即白的币。如果我们随意抽取10个币，发现6个是白色的，那能在多大程度上说明整个瓮中黑白币的比例呢？换句话说，如果我一直从瓮中取币的话，我又能发现怎样的比例呢？我可以认为差不多六成的币是白色的吗？伯努利用数学方法证明：你取的样本越多，你就可以越好地估算出基本分布情况。这就是“大数定律”。凭直觉也会觉得它很有道理，因为你的样本最终能把瓮中所有的币都包含在内，此时你样本的比例分布和基本分布一致。他还发现：没等你把瓮中所有的币都数一遍，你就能把黑白币的基本分布情况估计个八九不离十了，这点可能就没那么一目了然了。确实如此，你的样本与总体状况的接近程度并不取决于总体的规模大小（如果总体规模很大，就会需要大量的样本），而是取决于样本本身的规模大小。这一结果意义非凡。大多数从有限样本得出总体结论的统计形式也因此从根本上得以成立。[32]

从逆概率中我们也能厘清在“随机摸奖”的古老观念背后有着怎样的数学逻辑。随机样本所能提供的关于这个世界的认知毕竟有限，但民意调查员们知道，在实践中，几百个、几千个样本通常已经可以让我们的预测足够精准。当然，想要让这些样本呈现出数学模型的样子，选取样本的时候就必须尽可能地随机。今天，逆概率的概念最常运用于贝叶斯统计当中。正如我们在第 3 章中看到的，这种方法先对某个可能样本空间的形态进行预估，这个预估通常很主观，后面再随着新信息的汇入对估计结果进行更新。[33]

在 18 世纪，包括拉普拉斯在内的其他数学家还证明：你的样本所给出的答案与真实分布的接近程度也可以用数学进行估计。你可以建构一系列反映随机样本分布的数学模型。这些模型能让你估计出样本分布与基本分布有多接近。例如，很多现实世界的样本分布都会遵循一种模式，我们通常称之为正态分布。因为形状像一口钟，它有时也被称为钟形曲线。如果你玩了很多把游戏，然后把每次正反面出现的数目列成一张表，你就能见识什么是正态分布了。新征入伍士兵的身高或者极端气温的天数也会呈现同样的分布。在正态分布当中，大多数结果都集中在平均值附近。离平均值越远，数量就降得越厉害。它们所呈现的形态可以用数学模拟出来。在正态分布中，样本均值与总体均值间差异的平均值可通过标准差测得。就模型建构出的世界而言，在所有可能样本均值的正态分布中，68.2% 的样本均值处于总体均值的一个标准差的范围内，95.4% 的样本均值会处于两个标准差的范围内。认识到这点之后，你就可

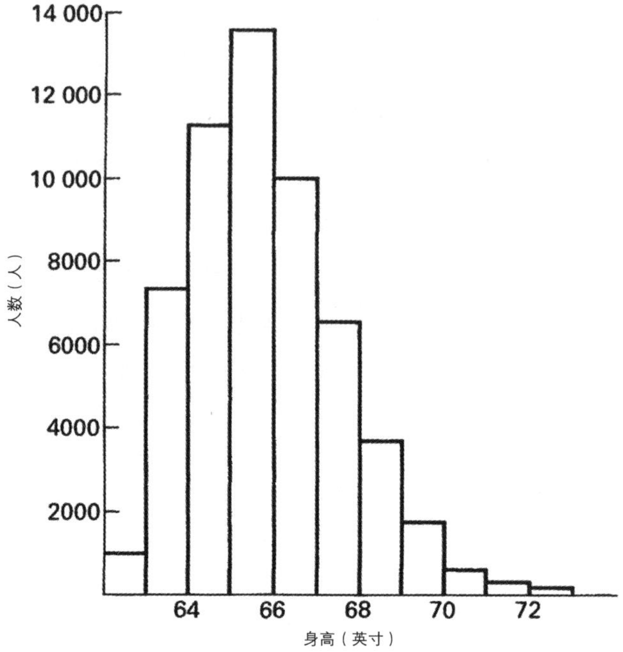

图 7.1　1880—1884 年英国陆军征募新兵身高分布图

出自 Rosenbaum，"100 Years of Heights and Weights," 281。

以说：样本均值位于总体均值一个标准差范围内的概率为 68.2%。

与纯模拟的情况相比，现实世界又有多大程度的契合呢？答案是：契合度已经高到能让这些模型帮上很多忙了。图 7.1 呈现的是 1880—1884 年 36 658 位英国陆军征募的 18 岁新兵的身高测量结果。[34] 这张分布图之所以向一侧偏斜，是因为征兵时身高不足 65 英寸（约合 1.65 米）通常会被拒收，但显然还会有些漏网之鱼。不考虑这点偏差的话，分布情况就更像一条标准的正态分布曲线了。这组士兵的平均身高是 64.7 英寸，标准差为 2.34 英寸。我们也因此可以说：在征募的新兵当中，身高处于平均数上下 2.34 英寸范围内的概率刚刚超过了 68%；处于平均数上下 4.68 英寸范围内的概率为 95% 多一点儿。图表表明真实世界的分布似乎蹊跷地仿照了模型建构出的世界，也解释了为什么人们很容易就会把正态分布投射到未来当中。比如，人们会用正态分布来预测未来几年新兵的身高波动范围。

到了 19 世纪和 20 世纪，有关概率的数学研究变得越来越复杂，而最根本的变化在于概率论的诠释方法不再相同。从 17 世纪到 19 世纪，接纳“经典”概率论的学者们都会假定世界的运转有其宿命。它的运转依据科学法则，只是很多法则尚未被人发现。所以，他们眼中的概率论是一种应对未知的方式。在 19 世纪之前，很少有科学家会真的认为可能存在完全随机的事件。如休谟所言：“哲学家们普遍认为，俗人所说的偶然性只不过是未解之谜与隐因。”[35]

然而，如我们在第 1 章中所看到的，现代科学已经基本上抛弃了拉普拉斯式的决定论。现代科学承认很多事件的发生完全是随机的，比如放射性原子的衰变。它们不存在什么“隐因”，所以哪怕从原则上说它们的发生也是随机的。这意味着概率论不仅仅是一种应对未知的方法，它恰恰以已知最准确的方式描述了现实的许多方面。宇宙的大体形态或许由一般法则决定，但宇宙每时每刻发生的事件以及我们的未来都是或然性的。也有些声名显赫的学者坚定捍卫宇宙基于决定论的观点，例如爱因斯坦。有一则著名逸事是这么说的：爱因斯坦曾经对物理学家尼尔斯·玻尔说，上帝是不会跟宇宙掷骰子玩的，据说玻尔回应道：“爱因斯坦，别再告诉上帝该干什么了！”[56]

数据收集与统计

在很多情况下，概率论可以提高我们预测可能未来的准确度。不过，前提是我们得有大量来自现实世界的信息，而且信息越多越好，比如数万名新兵身高的列表。伯努利大数定律解释了为什么收集大量的信息是值得的。更多的信息意味着能对长期趋势的演变和形态有更为详细准确的了解，而这正是优秀未来思维的核心，也让更为复杂的概率模型成为可能。因此，现代未来思维的第三个显著特征便是现代统计学要求收集大量的信息。统计思维今天无处不在。在政府、企业和科学家决定投资哪些新的基建项目、初创何种企业或研究哪个项目时，其关键决策也为统计思维所左右。

现代统计的根源可以追溯到 17 世纪。在 1662 年于伦敦出版的一本书中，人口学的先锋人物约翰·格朗特（John Graunt）根据过去 60 年中每周受洗和下葬的名单绘制了第一张生命表。从这些丰富的信息中，格朗特和他的同事、经济学家威廉·配第（William Petty）整理出了一些引人入胜且意义重大的有关概率的结论。这些结论对伦敦的实际人口、性别比例、不同年龄段的死亡人数、军队可能征募的新兵人数、进出伦敦的移民以及不同疾病的影响都做了估算。[37] 这样的估算前所未有。热衷于预测未来，甚至可能想要掌控未来大势的各地政府也对此颇感兴趣。

18 世纪出现了一股统计热潮，部分原因在于人们发现人类社会存在着意想不到的规律。在加拿大哲学家伊恩·哈金（Ian Hacking）看来，现代社会统计的第一个定律是约翰·阿布诺特（John Arbuthnot）在 1710 年的发现，即每 12 个女孩出生，就会有大约 13 个男孩来到世上。[38] 这一意想不到的新知基于统计数据而生。如果你怀孕了，生男生女的概率是不相等的。无论是在社会层面上，还是作为生物而言，人类的行为明显都很混乱。有没有这样一种可能：在其混乱的表象之下其实暗藏着很多规律，而人们利用这些规律就能预测到曾经似乎无可预测的事情呢？或许，人类行为的很多方面可以从二号未来锥的“可能”区移动到“合情合理”甚至“很可能”区呢？是有可能的，但只有在收集了大量信息以后才行。1796 年，斯塔埃尔夫人（Mme. de Staël）曾写道：

> 人们发现，在（瑞士的）伯尔尼州，上一个十年的离婚数字和下一个十年几乎一样。而在有的意大利城市，人们可以精确地计算出未来一年会发生多少起谋杀案。因此，观察了大量偶然事件后就会发现：由数目庞大且种类繁多的因素共同决定的事件会呈现出周期性的重复和固定的比例。[39]

如果将有关概率的数学研究应用到大量的社会信息上，人们对于人类社会未来的预测能力也可能会随之提高。对于政府、企业家、经济学家和社会理论家而言，这样的能力具有极大的吸引力。

19 世纪初，伊恩·哈金所描述的“数字雪崩”（avalanche of numbers）开始了[40]。政府、官员和学者开始收集大量的数据，并以此在人口增长、犯罪行为、传染病扩散、天气、经济形势变化乃至总体层面上复杂大系统的演变等领域寻找规律。当然，古代的帝国都会收集有关粮食收成的数据，也都会进行人口普查，但对如此之多的数据进行收集和发布前所未有，涉及的问题之广、对信息进行数学分析过程之复杂也都是空前的。人们发现了越来越多的“法则”。作为现代统计思维的先驱之一，阿道夫·凯特勒（Adolphe

Quetelet）对这些“法则”所呈现出的规则性惊叹不已。他写道：“我们事先可以知道有多少人双手会沾上别人的鲜血，有多少人会作假，有多少人会投毒。同样，我们也能妥妥地事先知道未来会有多少人出生、多少人去世。”[41] 有没有可能人类社会也在遵循如天体运行一般规律的法则呢？

到了20世纪，康德等人的社会发展理论的局限性开始凸显。但社会统计会在一定程度上为极为重要的问题提供指导。比如，犯罪类型、不同疾病的波及范围、可能需要哪些种类的基础设施。所以，直到今天，社会经济、医学、犯罪学以及其他类型的一大批社会统计都在不断加快步伐。统计信息在全世界都可以发挥出作用，可以指导投资，为流行病大暴发做好准备，管理经济的运行，还能有助于人们理解诸如全球气候状况这样的复杂系统。

20世纪末，信息技术的革命和互联网的诞生使得可收集、储存和分析的数据量大幅提升，从整套数据而不仅仅是从样本中梳理出重要趋势成为可能。21世纪是“大数据”的时代，个人消费者的品位、消费习惯、在社交媒体上的操作（每个“赞”都有标记）等信息都被用来大赚特赚，其原因在于这些信息以惊人的精确性对消费者的需求进行了预测。

虽然**大数据**这个词通常和营销联系在一起，但它实则诞生于天文学、基因组学这样的科学领域。正是在这些领域，有一点首先变得明显：庞大的数据集合可以改变已知的和可预测的事物。斯隆数字巡天开启于2000年。它几个星期内收集的天文数据就比之前整个天文史上所获得的信息总和还要多。[42] 大量数据与新的分析技术相得益彰。大数据的威力由此显现，人们可以从信息中梳理出隐藏的规律与趋势：“数学被应用于数量庞大的数据上，并由此推导出各种概率：电子邮箱里的信息有多大的可能性是垃圾邮件；信里面的‘teh’有多大概率应该是‘the’。”[43]就像众神和古代先知的轻声低语，现如今隐藏于海量数据中的趋势一旦有个蛛丝马迹就会化作合理的预测……也会化作财富与权力。

信息技术和计算机科学

20世纪末的信息革命让人们对大量数据的存储、获取和开发成为可能。第二次世界大战期间，现代电子计算机技术才真正开始发展。但在一段时间内，计算机貌似都是昂贵而又各自为战的机器，它们只对政府、军方和大公司有价值。IBM的总裁于1943年做出的预测堪称当代一大败笔：“我觉得全球市场大约会有5台计算机。”[44]

技术的变革让计算机芯片变得便宜，也让计算机彼此交互，用价格低廉的方式随时随地对信息进行储存和处理因此成为可能。1965年，芯片制造商英特尔的联合创始人戈登·摩尔（Gordon Moore）注意到一个现象：单块芯片上的元件数似乎每年都要增加一倍，这也压低了计算机和信息处理的成本。到了1975年，他把预测调整为每两年增加一倍。尽管如此，这一趋势自此一直有效，成为今天人们所说的“摩尔定律”。2020年，一部常规智能手机的运算能力比1970年最好的计算机要强上千倍，储存空间也要大80倍，但成本却只有后者的千分之一。[45]

随着计算机变得越来越便宜、功能越来越强大、互联性越来越高，对庞大的数据量进行储存和分析成为可能，为可能的未来搭建模型时也可以做到前所未有的严谨。1972年，环境科学家德内拉·梅多斯（Donella Meadows）与她在麻省理工学院的同事出版了

《增长的极限》（*Limits to Growth*）一书，该著作在探讨可能的全球未来方面具有开创性意义。《增长的极限》使用的模型是关于整个地球运转体系最早的计算机模型之一。书中也表明计算机模型这一技术可以为全球性的未来思维做出非凡的贡献。如同未来学家温德尔·贝尔所注意到的那样：之前没有哪项研究“曾经同时处理过如此之多的与遥远未来人类生存相关的关键变量，而且还一并处理了这些变量间的相互关系以及后果。整个过程涉及方方面面、无所不包，但又言简意赅，而且非常具有说服力”[46]。

《增长的极限》所采用的计算机模型叫作World3，由麻省理工学院的杰伊·福里斯特（Jay Forrester）设计。它模拟了海陆以及大气之间的关系、自然环境、人类关系等等。这些不同的部分都有赖于复杂的全球系统而存在。它集中关注五大趋势——人口、人均工业产值、人均粮食产量、不可再生资源储量，还有包括温室气体在内的污染所带来的冲击。这些趋势以及它们中间很多的次趋势都由各式因果关系和反馈环相连接。从原则上讲，每一种联系都可以通过现有数据进行量化或者进行合理估计。最初的模型包括超过100种因果联系。该书的作者多次运行模型，每次只在关键参数上做一点点改动，比如人口增长率、不可再生资源的可用性。模型的运行起点是1900年。通过观察其在该书出版（1972年）前在多大程度上紧跟实际的变化，作者得以测试模型的真实性。随后，作者还观察了模型对2100年各项情况的预测。在该书的第一版中，几乎所有的运行结果都指向21世纪增长放缓乃至崩溃，尤其在“初始条件不变”的情景下将会如此。不过，衰退的时间、规模和直接原因却各不相同。20年后，在《超越极限》（*Beyond the Limits*）一书中，作者发现某些模拟结果显示人类社会没有崩溃，但这些结果只有通过人类社会齐心协力进行大规模、坚决果断而又条理清晰的决策才可以实现，这些决策涉及限制生产规模以及控制人口增长与污染。[47] 这两本书中所描述的情景虽然以今天的标准来看很简单，但它们经受住了时间的考验。大多数模拟结果表明，很多形式的增长都将在 2100 年趋于平缓，甚至可能出现下降。[48]

随着计算机技术的演进与传播，这样的建模变得愈发普遍而强大。今天的计算机模型所具备的信息和运算能力要丰富得多。从气候变化到经济趋势和流行病的演变，它们被用于探索许多不同尺度上的未来可能性。

现代未来思维的能力与局限：天气预报和经济预测

未来思维的现代方法提高了我们在诸多现实领域进行预测的能力，那些由相当规则的机械或概率过程所左右的领域尤其如此。在某些领域，它们已经把问题从第 2 章二号未来锥中的“可能”区移到“合情合理”区，甚至“很可能”的区域内，比如对小行星撞击的预测就是如此。

1994 年，美国国会向美国国家航空航天局发布了一道命令，由此开启了对所有直径大于 1 千米的近地天体可能轨迹的系统研究。到 2020 年，所有直径不小于 1 千米的近地小行星已有 95% 被追踪，而且在接下来的 100 年里，它们中似乎没有哪个有撞上地球的可能。这是通过预测性的知识所能真正得到的收获。人们在许多领域也取得了类似的成果，其中一些影响广泛的预测涉及人们的行为会如何左右公共健康，比如疫苗接种、吸烟或是在汽车上系安全带等。但是，有的领域被难以预测的过程左右。对于这些领域而言，我们仍然和过去的人一样觉得未来模糊不清。自恺撒的时代以来，人们对政治家行为的预测能力并没有多大长进。

关于现代未来思维的优缺点，如今的天气预报和经济预测给出了很好的说明。

我们前面提到的所有进步都为天气预报所用。天气预报有赖于对因果关系更好的理解——气压、湿度、温度的变化如何驱动天气变化。它还会用严谨的概率计算来估计不同天气状况出现的可能性。全世界范围内的大量数据都有用武之地。超级计算机极强的储存与处理能力也让天气预报得以为可能的天气变化进行建模。

无论是哪个社会都会有预报天气的尝试，而短时的预报并不难。如果空中没有云，我便会自信满满地预料未来的 5 分钟内不会下雨。但是预测明天或是下个月的天气就要棘手得多。现代意义上的天气预报开始于 19 世纪。19 世纪中叶，执掌英国皇家海军“小猎犬号”的罗伯特·菲茨罗伊（Robert FitzRoy）船长开始从不同的气象站收集天气信息。（达尔文就曾坐着“小猎犬号”环游世界。）1854 年，他成立了英国气象局。到了 1875 年，基于各地气象站的大量信息，伦敦《泰晤士报》第一次发布了覆盖整个英伦三岛的天气状况图。[50] 美国学者克利夫兰·阿贝（Cleveland Abbe）首先建议可以利用流体动力学研究成果为天气系统建模，而挪威人威廉·皮耶克尼斯（Vilhelm Bjerknes）则认为各地气压的不同驱动着大气流体的涌动。这意味着通过收集和分析许多地区的气压、温度、风速和湿度数据来预测天气应该是可行的。[51] 现代的天气预报员还会从飞机和卫星上收集信息。1950 年，数学家约翰·冯·诺伊曼开发出第一套基于计算机的天气预报系统。不久之后，爱德华·洛伦茨开始搭建模拟全球天气模式的程序。

今天的气象信息是从与全球观测系统相连接的 4000 多个站点

与轨道卫星上收集的。这些信息由气象中心负责采集与处理，比如位于英格兰雷丁的欧洲中期天气预报中心（ECMWF）。借助复杂的模型和超级计算机强大的计算能力，这些信息可以生成天气预报。在理想化建模的世界中，稍加改变便可以将明天的天气模拟几千次，这样才有可能预测明天下雨的可能性，比如说50%。为了测试这些预测的可靠性，人们会不断地将预测结果与实际结果进行比对，这样也可以对天气预报是否靠谱进行永无止境的检验。当雷丁的天气预报中心于1979年成立时，它所做的两日天气预报值得人们认真对待。到了2015年，该中心做出的六日天气预报达到了同样的可靠性。预计到2025年，它有望提供可靠的两周预报。[52]尽管这样的天气预报不会那么言之凿凿，其形式也只是提供了相应的概率，但它们依然非常重要。天气预报的重要性可不只计划家庭野餐的人能体会，它还能提供有关灾难性天气事件的早期预警，比如飓风或是洪水。全球变暖会让这样的预警变得越来越重要。

这些现代的方法也已经被应用于预测经济变化。和天气预报类似，对经济形势的预测也因其充满混乱的过程而变得极为复杂。但此外它还受到人类行为高度不可预测性的影响。多数经济理论都宣称人类的经济行为从总体看是可预测的。但有一点同样清楚：许多经济行为**并非**那样容易预测，包括设定许多基本经济参数的政府行为。此外，经济预测师与天气预报员不同。在要被预测的系统里，他们自己也是其中一分子。如果给他们付钱的是想积极左右未来经济的政府和公司的话，那情况更是如此。加入了一系列反馈环之后，预测的动机便也不再单纯。就像古代的占卜师一样，经济预测师通常知道他们的客户想要什么样的结果。

20世纪初的战争让所有政府都有了做经济规划的打算，这也让政府和商业愈发依赖经济预测。苏联曾试图对经济进行完全的计划，而它的失败也表明了经济预测的局限性。不过，所有的现代政府都试图操控各自的国民经济。政治压力和受意识形态偏见影响的经济变化模型左右着经济预测和一般性的经济理论，这点并不奇怪。很多事情都有赖于经济预测，以至于把握十足的预测要价不菲。这也解释了为什么很多经济预测都过分追求精确，以至于错失了笼统和精确间的最佳平衡点。“我们预测未来三个月内增长0.5%”就与“未来12小时内有40%的可能会下雨”大不相同。把政治上的偏见、混乱无章的过程和人类行为的不可预测性都放在一块儿，要想解释为什么很少有经济学家能预测到诸如2008年金融危机那样的经济地震也就有了点眉目。

经济预测的失败让美国进行了严苛的调查。在这一过程中，内特·西尔弗用“专业预测者调查”（the Survey of Professional Forecasters）1968年到2010年对来年美国GDP增长的预测举了个例子。这一系列预测给出了90%的波动范围，也就意味着，实际结果应该在90%的时间里落在预测的范围内。尽管90%的波动范围已经宽泛到难以有什么实际价值，但是当过后比对时，预测的结果仍然在几乎一半的年份都超出了这个范围。你带着90%的误差范围预测到明年的GDP会增长2.5%，而你可能真正在说的是：“我们预测GDP会介于增长5.7%和下降0.7%之间。”这帮不上什么忙。

当今世界的未来思维

现代的未来思维有多不一样呢？2000年前，在柏拉图式的

《论占卜》一书中，西塞罗写下了农业时代关于未来思维最具启发性的论述之一。如果我们能让西塞罗复生的话（这不大可能，因为恺撒遇刺后不久，西塞罗就被宣布为公敌，然后被砍了头），他在当今世界又会有怎样的未来思维呢？

他会发现很多奇异而新鲜的东西。但令人惊讶的是，现代未来思维的很多方面又会显得似曾相识。尽管西塞罗对民间信仰持怀疑态度，但当他看到官方的未来思维中已无众神容身之地时也会大吃一惊。不过，在留意到大多数现代政府仍然支持和尊重宗教活动以及对不同神灵的崇拜时，他会为之赞许；而当注意到卜卦和占星仍然在大众的未来思维中随处可见时，他又会难以苟同。本章中所描绘的未来思维都是基于经验的，且不以人的意志为转移。在思想上完成了理性主义和经验主义的转变之后，他也会为这样的未来思维方法深深着迷。不过如果想弄懂这些方法以及它们背后的技术，他可能得颇费一番心思。他会注意到特定的未来思维技能在政治、商业、科学和现代生活的许多其他方面都显得举足轻重。他会对未来思维在医学和科学等领域取得的巨大成功印象深刻。但他也会注意到（也许还有点幸灾乐祸）：要是在政坛翻翻有关未来思维的记录，会发现它们的水平并没有比罗马的占卜官和占兆师高到哪里去，这也太让人沮丧了。

最后，西塞罗可能还会惊讶地发现一点：特定的未来思维能力广受尊重，比如统计学家、计算机建模专家、科学家、经济规划师等专家所具备的能力，他们就是当代的占卜师和先知，但与此同时，广义认知层面的未来思维依然支离破碎、不招人待见，这点跟他所处的年代并无二致。未来思维界的诺贝尔奖上哪儿去了？怎么就没有能给思考未来的人颁发正式认证的专业机构？学校里为何不设计相关课程好让每个学生都能在思考未来时更加游刃有余呢？特定的未来思维能力是可以教出来的，也为人们所欣赏。但和西塞罗的时代一样，广义上的未来思维依然离主流很远。

纵观当今从事未来研究的学术界，这种尊崇与无视的古怪混搭也显而易见。[54] 在冷战时期，未来思维萦绕在各大规划部门与研究机构中。在铁幕的两侧，各国政府、出谋划策的人乃至科学家都对未来研究抱有很高的期待。原因在于他们都许下了“进步”的诺言，也都相信科学可能会在越来越多的现实领域中做出严谨的预测。在英语世界中，作为现代科幻文学的一大先驱，H. G. 威尔斯也是未来研究最早的倡导者之一。1902 年，他信心满满地认为：“和 1600 年一样，公元 4000 年发生的事情已成定局，一切都尘埃落定、无可改变。”现代科学的进步意味着“关于未来事物的实用知识并非不切实际的空中楼阁”，因此，应该很快就有可能尝试“对未来进行系统的探索”[56]。在为整个社会的未来起草理性的计划时，苏联政府也表现出了类似的乐观。为了更加美好的未来，资本主义国家的政府同样开始进行系统的规划。

20 世纪初的战争使得当时大多数官方的未来思维都由军事主导，各国政府也都在为未来备战。核武器以及携带它们的导弹便是未来思维军事化的产物。到了 20 世纪 60 年代中期，计算机的横空出世激发了新一轮的乐观情绪——用严谨而科学的方法对未来进行建模变得可能。1964 年，美国兰德公司（兰德公司是“研究和开发”两词的缩写[*]）的成员认为，在处理社会经济和政治问题时，应

* 兰德公司的英文名 Rand 是 research and development 的缩写。

该很快就可能拥有“我们处理物理和化学问题时的那种自信”。[57]

到了20世纪70年代到80年代，对未来思维前景的乐观情绪达到了巅峰。70年代中期，北美各地开设的未来课程成百上千。到了80年代，每年出版的关于未来的书有几百种之多。[58]商业领域也对未来研究钟爱有加。说到关于未来的成系统的商业规划，管理顾问彼得·德鲁克可谓打了个头阵，大公司雇用“未来学家们”替经营者进行预测。[59]有的学者开始为新的“普遍性未来理论”站台，而德裔美国学者奥西普·库尔特·弗莱赫特海姆（Ossip K. Flechtheim）在20世纪40年代创造了**未来学**（futurology）这个词。

20世纪80年代过后，这些期望开始降温。如同我们在第1章中看到的那样，随着20世纪的科学变得更加注重概率，更少强调确定性，人们对科学预测力的信心也开始减少。苏联的解体则表明对整个社会的经济和技术进行计划是有其局限性的。未来研究方兴未艾，却因为和军事、政治目的走得太近而黯然失色。当未来研究以新的形态出现时，它会与政府以及政府资助的智库保持距离，而且它的重点也不再是预测，而更多的是探求公众对未来的期望与担忧。1953年，在《未来的形象》（*The Image of the Future*）一书中，弗雷德·波拉克（Fred Polak）认为未来研究不应该把焦点放在未来上，而应该放在可能的未来的当代**形象**上。1960年，贝特朗·德·朱韦内尔（Bertrand de Jouvenel）和妻子伊莲（Hélène）创办了“未来组织”（Organization Futuribles）。该组织秉持一个理念，即未来研究不应该预测，应该转而去阐明在不同的未来可能性间我们所做的选择。[61]为了支持对作为整体的人类未来进行认真的思考，1968年，土耳其裔美国学者哈桑·奥兹贝坎（Hasan Özbekhan）和意大利实业家奥雷利奥·佩塞（Aurelio Peccei）创立了“罗马俱乐部”，《增长的极限》是该机构的第一份报告。[62] 1973年，在联合国教科文组织的支持下，世界未来研究联合会（the World Futures Studies Federation）设立，旨在开创一个可以代表全人类未来目标的研究领域。这意味着要对不同的未来进行探索，也是为什么今天很多未来学家倾向于给他们的研究领域贴上**未来研究**的标签。[63]

当然，被称为**未来研究**的领域在实操中难以避免地会涉及预测。正如温德尔·贝尔所认为的那样，哪怕有人不想说**预测**这个词，他们还是会继续通过“不同的委婉说法用同样的意思来描述他们的工作，比如‘远见’‘预报’或者‘设想’”[64]。这些吹毛求疵的事情表明在现代的未来研究领域，人们要找的依然是看待不同未来可能性时的平衡点，既不能太具体，也不能太宽泛。这也是古往今来所有思考未来的人孜孜以求的。

在当代的中小学和高校中，未来研究没有成为主流学科。尽管特定形式的未来思维无处不在，未来研究的学术圈依然为知识怀疑论所支配，这和西塞罗对同时代的占卜师们所持的观点一样。为什么呢？很多该领域的学术研究都非常精彩，既富有创造性又很严谨，比如温德尔·贝尔经典的两卷本研究著作。有一整个圈子的未来学家和预测师主要为商业部门、企业以及政府机构工作。他们所用的预测手段涉猎广泛、久经打磨，比如情景规划、逆推法，还有在专家级的预测者中间构建共识的德尔菲法。[65] 而这种怀疑论反映的是该领域的主要内容——未来。未来的存在似有似无，令人好奇。我们对未来没有确凿的证据，甚至对它的存在都要打上问号。我们没有来自未来的文献，所以很难知道对未来进行**严谨的、基于证据的**研究究竟意味着什么。在某一特定情形下，我们没法真正知道其他的未来可能性是怎样的，所以当预测成功时，我们永远无法知道究竟是因为预测很精准还是因为运气不错。难怪未来思维中仍然笼罩着一丝形而上学、神秘莫测，乃至诡计多端的色彩，这也使得关于该领域的怀疑论始终挥之不去。因为确凿证据的缺乏，未来思维和纯属虚构之间的区隔才会如此漏洞百出。的确，一些最有趣的当代未来思维并非出自未来研究，而是存于科幻小说中，这点很让人惊讶。[66]由于我们掌握的关于可能未来的线索如此之少且稍纵即逝，而历史研究又受到详细证据的严格限制，因此，在未来思维中，创造力和想象力所发挥的作用比在历史研究中要大得多。对作为学术研究对象而存在的未来思维而言，这点也引发了怀疑。

不过……尽管很难对可能的未来进行严谨的思考，我们还是得试试。我们别无选择，而我们的努力真的会起作用。为什么对认真而又富于创造力的未来思维的需要会如此急迫呢？如今关于人类未来的论战便是最强例证，而这些便是下一章的主题。

第四部分

设想未来

人类的未来、天文学意义上的未来、宇宙的未来

第 8 章

不远的将来

接下来的百年

我们的地球已经有 4500 万个世纪那么老了。但直到本世纪才头一回有一个物种，也就是我们可以决定生物圈的命运。

——马丁·里斯（Martin Rees），英国皇家学会主席、皇家天文学家，2018 年[1]

有时候，为了在看未来的时候能够有像黑天一样的神眼，为了能和他一样拥有“时间的 B 序列”的四维地图，我们还有什么舍不得付出的呢？然而对于今天的世界，我们了解得更加透彻，大多数时候已经放弃了占卜预测。我们转而去依赖基于概率的趋势捕捉。如我们在第 7 章中所描述的那样，这有点乱糟糟的。它们都建立在对因果关系和概率论有更好的理解的基础之上，而且还要对大量的统计信息进行收集和处理。只有这样才能认清过去的趋势，并从中看出可能的未来的一点端倪。与黑天的视野相比，我们为可能发生的未来所绘制的地图少了几分从容、精准与确定性。我们的地图显得模棱两可，属于试探性的，而且细节也有缺失。它们有时候可能就跟中世纪关于未知陆地的地图一样纯属臆测。但它们就是我们仅有的未来地图了。就凭这点，它们不仅举足轻重，甚至还显出几分壮丽。对预测者而言，所有这些地图都是为了达到一个平衡点——既不能过分精确（因为这样几乎肯定会出错），又不能过分笼统（多少有些无用）。

第 8 章设想的是百年之内“不远的将来”。第 9 章将对“中期未来”一探究竟，主要关注我们自身世系的未来故事，时间跨度会有数千年，甚至数百万年。在第 10 章里，我们想为地球、太阳系、银河系，乃至……整个宇宙设想出合情合理的未来。

百年时间跨度的突出特点

这些时间跨度都有各自突出的特点。要预测接下来几百年的趋势，我们多少会有点信心，因为不远的将来离我们很近。我们也会看到它为一些更为常规的趋势所左右。尽管如此，即便是不远的将来也大多身处黑暗之中。有太多的未知，而许多关键的抉择都是最难以预测的物种中的成员，也就是人类做出的。未来百年与个人息息相关，因为很多我们认识的或是在乎的人都会生活在未来的百年里。所以，它符合埃莉诺·奥斯特罗姆（Elinor Ostrom）所说的“七代人定律”（seven generation rule）。很多北美原住民对这个概念很熟悉，即“当我们做出重大决定的时候，我们不应该只考虑它会给今天的自己带来什么影响，还应该问问它会给我们的孩子、孩子的孩子，乃至未来孩子的孩子的孩子带来什么影响”[2]。我们人类已经如此强大，以至于无论我们是否清楚自己在做什么，我们的行为都能影响不远的将来。今天我们如何设想未来左右着明天我们所做的决定，而这些决定对地球的影响会延续几百万年。不管我们对于可能未来的想法是对是错，它都很重要。所以，考虑不远的将来是件很严肃的事情。

我们可以很笃定地做出一个重要的预测：在下一个世纪，除非发生灭顶之灾，否则我们和地球都将跨越一个基本门槛——地球将有史以来第一次受到有意识的管理。事实上，我们已经在对地球的未来进行管理了。但直到目前为止，我们的做法都不成系统、乱七八糟。管理好一个星球是个挑战。而其他恒星系统周围是否曾发生过类似的转变呢？我们无从知晓。但有一点很清楚：我们对于地球未来的设想所产生的意义现在已不仅仅局限在行星层面，它甚至关系到了银河系的层面。其原因在于这样的设想将左右一个新复杂实体的命运——一个受到管理的或有意识的星球——它正在银河系之中我们所处的区域诞生。

出于这些原因，我们**如何**设想不远的将来就很重要了。确实像我们在上一章看到的，有的未来学家认为，人们**设想**未来可能性的方式应该成为未来研究的主要任务。正如吉姆·德特所言："未来研究不是真的研究'未来'，而是……'设想未来'。"但这肯定是言过其实了。在研究设想未来的方式时，我们其实是想对实际发生的事情略窥一二，就跟阿周那王子一样。另一位未来学先驱威利斯·哈曼（Willis Harman）也曾写道："哪些未来行得通？哪些行不通？这是未来研究的中心问题。"[3]

正因为未来百年很重要，所以它离不开政治。我们所面临的很多全球性问题都无法依靠一国一人单打独斗解决，这种情况在人类历史上还是头一回。而为了应对包括气候变化、核战争的威胁和新的疫情大暴发在内的问题，我们需要广及全球的合作。毕竟我们要掌舵操控的不是象征个人未来的小筏子，而是有整个行星大小的星际飞船。况且这艘飞船上装载着的几十亿人还分成了约两百个不同的国家和地区，而且其他的动植物和细菌种类更是数以百万计。

多细胞生物体内的细胞通常会建立共识。平心而论，我们能否期望人类也达成某种共识呢？我们看到，宏观生物的细胞之所以热衷于合作是因为它们在基因上很相似。而不同细胞的专业分工使得它们对彼此深深依赖。今天，我们人类所处的境地也很相似。我们人类在基因上是同质的（比如，我们人类基因同质化的程度要比黑猩猩社群高很多），并且人类的相互依存度也越来越高。我们所见的合作意愿和热情涉及家庭、社区，甚至国家的层面。这种合作可以扩展到全球范围吗？随着一个有意识的地球作为一个大型生物体兴起，这种合作可以让人类跟宏观生物的细胞一样携手打造美好的未来吗？

当我们试图设想不远的将来时，我们会问所有未来管理形式都要面对的三个基本问题：我们想要怎样的未来？什么样的未来看上去可能性最大？我们怎么才能转向自己想要的未来？我们会重点来看前两步，因为这里不太能详细展开讲转变的那部分。然而，如果搞清楚目标和可能的未来是什么，我们应该就已经被指往正确的方向了。很显然，在 21 世纪 20 年代伊始，我们并没有步入正轨。要回归正轨需要花很大气力进行修正。80 亿人会否同意采取适当、果断而又及时的行动？这要打个大大的问号。挑战自会有，但也有不少理由让我们抱有希望。

第一步：我们想要怎样的未来？

考虑到当今世界的多样性，指望数十亿人为了人类的美好未来达成一致可能有点天真。大公司的高管、大城市无家可归的人、远方农村的父母以及军事谋略家，人人都有各自的乌托邦。除了这点，我们有充分的理由相信：当我们意识到彼此依赖度增强的时候，我们应该就能够为地球这艘飞船的美好未来达成广泛的共识。我们都属于同一个物种，所以我们会分享彼此的需求、希望和目的，然后也会开始明白我们的命运是多么紧密地交织在一起。此外，如今的交流网络已向全世界敞开怀抱，在事关未来的全球性对话中，数十亿人可以分享观点，还可能从中感受到对整个人类的某种忠诚。

美好未来愿景的交集

在基本需求上达成一致应该不是什么不可能的事情。可以吃饱，可以玩耍，可以感到自己是社区的一分子，可以从过度的压力中解脱——所有人都会有这样的需求。没错，我们和其他哺乳动物一样需要这些。在看到海豚或是小猫玩耍时，谁不会产生一些情绪的共鸣呢？

1943 年，亚伯拉罕·马斯洛（Abraham Maslow）在论文《人的动机理论》（“A Theory of Human Motivation”）中对美好生活进行了探讨，这也是有关美好生活最具影响力的现代讨论之一。[4] 马斯洛设想出人类需求的层次：最基础的是诸如食物、住房、健康等生理需求；像归属感这样的社会需求位居中间；位居顶端的是精神需求，比如成就感、有意义的感觉或者“自我实现”。马斯洛相信，只要生理需求没有被满足，我们的思想和行为就会一直由其摆布。但一旦这些基本需求得到了满足，我们就会去满足其他“更高等级”的需求了。马斯洛关注的都是萦绕在现代西方文化中的需求，他恰恰因此饱受批评。不过，经过一些修正，他的观点大体上可能仍然成立：对**美好生活**的理解应该是可以从广义上达成共识的。

什么样的社会能提供这样的“美好”呢？我们能众口一词吗？人们的地域认同、国家认同、文化认同以及宗教认同都有很大的差异。设想出一个凌驾于这些差异之上的全球性共识是天方夜谭吗？在轴心时代，不断扩大的交流网络催生出了整个大洲所共有的宗教认同。从整个世界来看，全球化可以同样催生出类似的共有认同吗？[5]

希望的源泉来自一个事实——不同的宗教和传统伦理实则大有相通之处。1893 年，作为芝加哥世博会的一部分，世界宗教议会（Parliament of the World's Religions）召开，旨在促进全球共同道德理念间的讨论。到了一个世纪后的 1993 年，在第二届世界宗教议会上，基于瑞士神学家孔汉思（Hans Küng）的草稿撰写的《走向全球伦理宣言》正式发布。来自 40 余个不同传统宗教的 200 位领袖共同签署了宣言。[6] 该宣言坚信“在各种宗教的教导之中有一套共同的核心价值，它们构成了一种世界伦理的基础”。宣言特别提到了人类的团结以及不同人类个体间、人类与其他物种，乃至与环境间的彼此依存：“我们每一个人都有赖于整体的发展，所以，我们要珍视人类、动物和植物相互依存的生物共同体，为保护地球、空气、水和土壤尽心尽力。”宣言重申了“己所不欲，勿施于人”的黄金定律。整个星球被比作一个家庭：“我们把人类看作自己的家庭。”如各签署方总结的那样，这些“世界伦理”的原则“可以被所有秉持伦理信念的人坚信，无论他们是否为信徒”。在 2015 年教皇的通谕《愿祢受赞颂》（*Laudato Si'*）中也有着类似的精神，它谈到了“与我们共同家园的所有人进行对话”。

在一众传统乌托邦式的虚构设想中，我们同样可以找到伦理上的交集。就大众的层面来说，乌托邦式的见解通常会在革命运动中得以表达。这些观点主要集中于个人目标上，比如物质的富足、免遭苦役与专制等。在中世纪的欧洲，有个叫“安乐乡”（Cockaigne）的地方。“那里的河流宽阔壮丽。河里流着油、奶、蜜与酒。”[7]20 世纪 20 年代，工会的召集人、曾经的无业游民哈里·麦克林托克（Harry McClintock）写了一首名叫《巨石糖果山》的歌。他在歌中描绘了这样一个世界：灌木丛里长的是救济品；你从不用工作；农民的树上结满了果子；而且……石间小溪涓涓，淌的是美酒。19 世纪初，有一个天主教的传教士对缅甸的佛教乌托邦有过一番描绘。那里长着一种叫作帕德萨（Padesa）的树：

> 树上结的不是果子。可以看见树上挂着的都是缤纷的华服。当地人也因此可以尽情悦己，随意拿走。同样，他们既无须耕耘土地、播种、收割庄稼，又不用渔猎，这是因为同一棵树上还会自然生长一种没有谷壳的优质大米。不管什么时候，只要觉得应该补充点营养了，他们只需把米放在某个大石头上。石头会马上冒出火苗将食物裹住，之后再自行熄灭。[8]

对于受过良好教育的人来说，他们的乌托邦更有集体观念，这就像是精英阶层的未来观一样。在基督教这样的自然神论宗教中，乌托邦常常被置于另一个维度的现实中，比如极乐世界或是天堂。在世俗的乌托邦中，虽然设想出的社会仍被置于地球之上，但它的样貌焕然一新。之所以会设想出这样的乌托邦，是因为其目的常常是讽刺或是批判。我们在第 3 章中已经看到，乌托邦这个词出自托马斯·莫尔一本书的名字，而这本书的灵感来自柏拉图的《理想国》。乌托邦这个词是希腊语，可以被译作“无何有之乡”或者“理想乡”。在启蒙时代的欧洲，由于科学的进步，新产生的乐观主义让很多思想家将他们的乌托邦置于地球之上。通过人类的努力，这些乌托邦在不远的将来就能愈发接近现实。

孔多塞

在过去两个世纪的巨大变迁之前，说到最有意思的现代乌托邦，数学家兼哲学家孔多塞侯爵的版本应是其中之一。他的乌托邦是世俗意义上的：它基于现代的科学知识，并假设地球上可以建设出更美好的世界。令人惊讶的是，在他最为乐观的预测当中，已有不少被证实。究其原因，是孔多塞和同时代的大多数思想家不同，他认识到了在接下来的 200 年，技术、社会和经济领域将发生惊人的巨变。

孔多塞在法国大革命中扮演着积极的角色，直到 1793 年他被雅各宾派告发。在东躲西藏的时候，他写了一部以乌托邦式的未来愿景为结尾的人类通史。孔多塞的《人类精神进步史表纲要》原本计划作为更大部头著作的草稿。然而，孔多塞于 1794 年 3 月被捕并死于狱中，该书没有最终完成。一年之后，雅各宾派倒台。法国国民公会将该书以大开本出版。尽管孔多塞写作的条件可谓令人绝望，有的观点难免有些肤浅，但国民公会将其出版确保了该书广泛的影响力，它尤其在欧洲思想界有着很大的反响。孔多塞乌托邦式的愿景深深根植于过去，因为他明白未来思维的基本原则——欲观未来之可能性，必须深谙过往大势："如果真的有一门科学可以预测人类种群如何进步，那么，为了指导并促进这门科学的发展，由已经取得的进步所组成的历史必须是这门科学的基础。"[9]

在孔多塞的乌托邦中，人类通过三个途径让"自身变得更好"。科学进步将提高生活水平；道德水平的进步，或者说"行为水平或实用道德水平"的提高让公平性以及对人权的尊重得以加强；医疗水平的进步将增强人们的健康、延长寿命，也让人们的体质和脑力都得到增强。不同的宗教和哲学传统将在很多领域观点一致，这也让孔多塞相信围绕上述三个目标达成共识不会是什么难事。其原因还在于人类的"道德宪法"是共通的，而这样的"道德宪法"所基于的正是对欢乐、痛苦以及人们共有情绪的普遍认识。

孔多塞相信在漫长的历史中，思想渐趋自由，科技的发展也趋于快速进步。因此，孔多塞非常乐观。这些趋势的共同作用在今天被称为正反馈环。孔多塞坚持认为：一旦移除了禁锢思想自由和学术进步的藩篱，一旦制约着许多人智力与道德水准的种族、阶级与性别间的不平等消失，巨大的创造力就会得到释放。最后，医疗水平的进步让人的身体机能得以提高，寿命也可以延长："有朝一日，只有非常罕见的意外和生命力衰竭才会让死亡降临。最终，平均寿命也不再有什么特定的价值了。要是到时候真这么想的话会不会显得很荒诞？"[11]

现代全球性的乌托邦：增长与极限间的平衡

从孔多塞生活的年代至今，科技已经取得了了不起的进步。这也让他的很多最为天马行空的希望似乎变得稀松平常。但即便在他的年代，乌托邦式的愿景依然被收入了一些承载着现代政治和伦理思想的基础性文件当中，比如美国的《独立宣言》、法国的《人权与公民权宣言》。人们希望可以有一个免于物资匮乏和政治压迫的世界，这点在当代社会主义的奠基性文件《共产党宣言》中可见一斑。

到了20世纪，历史上首次出现了全球性的组织。它们可以振振有词地宣称自己为世界上的大多数人口代言。尽管它们仍有政治上的软弱性，尽管很多政府仍然难以称得上民主，但像联合国这样的国际组织仍然正式为全人类的愿望从制度层面发声，这在人类历史上前所未有。1948年，联合国大会颁布了《世界人权宣言》，这也是第一部被采纳的带有全球乌托邦色彩的纲要性国际文件。这一宣言体现了H. G. 威尔斯在二战早期的一些观点，即如果你想让人们奋斗，你就必须让他们可以设想出要为之奋斗的未来是什么样子的。[12]一如孔多塞的《人类精神进步史表纲要》，1948年的宣言同样假定科学和技术的创新可以为一个更为公平、更加繁荣的世界提供物质基础。我们可以将之称为面向更好未来的“增长”路径。它是这样假设的：不管短期内需要付出的成本有多大，从长期来看，科学进步、新技术、持续增长的昂扬之势最终会惠及所有人。

在人们过去的期望中，通往更加美好未来的道路是线性的。然而，到了20世纪中叶，人们意识到很多增长的趋势都会触及地球的极限。曾经的期望也自此变得复杂起来。因此，我们在考虑如何通往乌托邦时要考虑的就不仅仅是增长路径，还得想到“稳定”路径。

今天我们司空见惯的增长模式，放到200年前就很少会有思想家能预料得到。他们中的大多数人都认为增长很快会到达极限。孔多塞比大多数人要更乐观一些。虽然他担心人口的增长会危及发展，但他也希望科学和道德水平的提高可以解决这个问题。毕竟人们认识到自己对“未出生的人负有责任，（而且）这里的责任并非指给人一命，而是赐人幸福”。这种认识就不再是“愚蠢地”用“无用而又可怜的生命”去拖累这个世界了。[13] 在回望过去缓慢的技术进步时，大多数思想家都会变得更加悲观。像亚当·斯密这样的经济学家都曾有这样的假设：一旦地球上所有的可耕种土地都被开垦殆尽，发展就会停滞不前。而史上最伟大的犟脾气人士之一托马斯·马尔萨斯则认为，虽然人们期待永无止境的进步，但资源的极限总会从中作梗。马尔萨斯的《人口论》首发于 1798 年。这本书对孔多塞和其他推崇乌托邦的作家进行了巧妙的回击。[14] 他写道：“关于人与社会的完美性人们有着各式推测，我饶有兴致地读过其中一些。它们长篇累牍地描绘了令人神往的场景，我看了感到心头一暖，也甚感欣慰。我对这些让人欣喜的进步翘首以盼。然而，据我了解，在通往这些进步的道路上会看到巨大的、难以战胜的困难。”主要的困难便是如何喂饱不断增长的人口，因为正如马尔萨斯所写到的那样，“如果放任不管，人口会以几何级数增长，而生活资料只能以算术级数增长”[15]。人口的增长最终会变得过快，以至于农民没法一直让人们都填饱肚子。

在长达数百年乃至数千年的时间里，技术的变化速度都很慢。鉴于此，马尔萨斯理论的意义非同小可。但让与他同时代的悲观主义者始料未及的是，一段长达 200 年的繁荣期就从这时拉开了序幕，这让人吃了一惊。这样的繁荣期也一度让增长超越了所有可能的极限。到了 1850 年，经济的增长和技术的进步已经达到了马尔萨斯未曾想到的程度。在正在进行工业化的国家，这样的增长与进步似乎势不可当。科技、经济，甚至“道德水平”的进步仿佛井喷，而此前很少有人能预见到这样的情况。一个更加美好的未来看上去已是板上钉钉的事情。如何对日益增长的财富进行分配可能是一大矛盾，但至少对正在进行工业化的各国而言，一个更加美好的未来开始变得指日可待。

然而，到了20世纪，有一点变得显而易见：现代社会令人喘不过气的变化终究没有为增长扫清一切限制。人类对能源与资源的消耗已经到了对整个生物圈构成威胁的地步，此时的变化或许已经让增长与极限的关系更加紧密。正因为第一批来自太空的照片，我们才认识到自己所在的这颗星球是多么孤独与脆弱。正如阿德莱·史蒂文森（Adlai Stevenson）在1965年所言："我们一起随着一艘小小的飞船旅行，依赖它脆弱的空气与土地供给……之所以我们还没遭遇灭顶之灾，全凭我们为这艘飞船献上的绵薄的关心、努力与……爱。"[16]

到了20世纪中叶，关于生态环境的警告成倍增加。其中最具争议也最具影响力的一次警告便是我们前面已经看到的那本于1972年出版的书——《增长的极限》[17]。和越来越多的环境学者一样，该书的几位作者如是总结道：打造一个更加美好的未来意味着要在增长与环境的制约中间做好平衡，而这也要求果断的政策转向以及“对思维进行哥白尼式的革命”[18]。为了避免崩盘，很多增长的势头将不得不在21世纪趋于平稳，甚至出现下降。在非再生能源的消费或者如燃烧化石燃料这样的生态破坏行为面前，这点显得尤为突出。趋势平稳也意味着需要丢掉对增长永无止境的憧憬。几位作者反而认为，世界必须在“均衡的”状态下试图保住现代性的成果，而“均衡的”状态指的是“地球上每个人的基本物质需求得到满足”，并且大家都可以把各自作为人的潜能加以发挥。[19]一个更加稳定的未来并不意味着变化和集体学习能力的终结，也不意味着人类的创造力不再提高。相反，对经济增长关注度的下降可能会把更多的焦点放在新式的福祉上。该书的作者们还引用了哲学家约翰·斯图尔特·密尔（John Stuart Mill）的一段描述。密尔描述了一个不再执着于无尽增长的世界，而这几位作者对此大加赞赏。

> 资本与人口的稳定状态并不能说明人类的进步就此停滞不前。无论是各种思想文化还是道德与科学的进步，它们的宽广仍将一如既往。而当人们不再挖空心思琢磨怎么才能成功的时候，提高生活品质的空间不会变小，实现提高的可能性反而大为增加。[20]

增长会遇到地球的极限。随着对此的认识不断深化，人们也会在条条框框内设计乌托邦的模样。1983 年，联合国世界环境与发展委员会创造了“可持续发展”一词。这样的发展既能满足“当代人的需要，又不会让未来世代牺牲其满足自身需要的能力”。自此，在所有类似的联合国宣言中，乌托邦都会被设想成增长与可持续性的平衡。

20 世纪末，在讨论增长的极限时，全球变暖开始成为主导话题。在 1992 年里约热内卢举行的联合国环境与发展会议（“地球峰会”）上，全球变暖的威胁首度于国际大会上得到正式的承认。大会通过磋商达成了《联合国气候变化框架公约》。该公约承诺联合国各会员国“将大气中温室气体的浓度稳定在防止气候系统受到危险的人为干扰的水平上”[21]。《联合国气候变化框架公约》缔约方大会（COP）一年举办一次，旨在对气候变化的进程进行评估，并相应地采取全球性的决策。在2015年的第21届缔约方大会上，各国经过谈判达成了《巴黎协定》，并在协定中承诺：较前工业化时期，全球平均气温上升幅度应控制在2℃以内，最好不超过1.5℃。

在第一次里约热内卢“地球峰会”（1992）的同一年，包括超过半数仍健在的诺贝尔奖获得者在内，全世界1575名科学家就人类给环境带来的冲击发出了可怕的警告：

> 人类与自然世界，针尖对麦芒……如果不加以审视，我们现在的很多行为会给我们所希望的人类社会及动植物界的未来带来重大风险。生机勃勃的世界可能也会因此改变，以至于生命将无法以我们所知道的方式维持下去。[22]

这份文件还做了这样的总结：“如果想要使人类避免巨大的苦难，如果不想看到我们在这个星球上作为整体的家园无可避免地支离破碎，我们就需要彻底改变对地球以及地球上生命的照料方式。”

自那时起，破坏愈演愈烈，也有越来越多的国际协定为改变许下了郑重的承诺。2000年，联合国采纳了八项千年发展目标，而在2012年的第二次里约热内卢会议*上，各国通过一份名为《我们期望的未来》的文件，承诺了新的可持续发展目标。[23]带有乌托邦色彩的当代全球愿景试图在增长和可持续性之间寻找平衡。到了

* 也常被称为“里约+20”峰会，以纪念里约热内卢“地球峰会”20周年。

2015年，联合国的一份关于“可持续发展”的声明*便是对这种愿景最清晰的描述之一。

> （序言指出）我们决心让人类摆脱贫穷和匮乏，让地球治愈创伤和得到保护。我们决心大胆采取迫切需要的变革步骤，让世界走上可持续的恢复活力的道路。在踏上这一共同征途时，我们保证，绝不让任何人掉队。[24]

这份文件列举了17项可持续发展目标、169项具体目标以及232项“遵从性措施”。这些目标旨在“为所有人实现更美好和更可持续的未来的蓝图”。人们也期待大多数的目标可以在2030年前实现[25]。17项主要目标包括消除饥饿、让所有人的基本生活水平和教育水平得到提高、减少不平等、维持稳定与法治、为可持续性提供保障、促进可持续的发展模式等等。2015年9月，这些目标经联合国大会全部193个会员国共同表决被采纳。

在可持续性和增长之间需要通过磋商才能达成很多妥协，在不同地区、国家和利益团体的利益和目标之间也是如此。上述宣言则将这些妥协一笔带过。然而，它们也表明，虽然政治上的以及意识形态上的冲突永无休止，但是，在事关如何构建一个既能留住现代成果又能避免在生态领域过度扩张的未来时，人们正在建构广泛的共识。这样的共识在50年前是无法想象的。

设定目标是重要的第一步。但达到目标又有多大的机会呢？

---

* 即《2030年可持续发展议程》。

第二步：什么样的未来看上去可能性最大？

想要操纵这艘行星级的大船，第二步就需要在激流之中找到出路和可以借以奔向未来的大趋势。今天的人们身处飓风般的变化中，这一步也像是在风暴中引领船只驶向港湾，但与此同时，驾驶室内已经吵得不可开交。

指向可能未来的趋势

在当代的未来思维中，趋势捕捉是一项基本技能。但它是门精妙的艺术，为了在笼统和精确之间找到恰当的平衡点，我们必须找到最有可能左右我们未来的趋势，但我们又必须避免过于精确的预测，因为这样的预测不大可能得到证明。而且，在我们试图为走向更加美好的未来而调整方向时，过于精确的预测可能会限制我们选择的余地。

什么样的趋势可以透露一些关于人类未来的线索呢？我们必须寻找规律性和稳定性足够的大趋势，这样，我们获得的关于全球未来可能性的线索才能跨越几十年甚至几百年。我们所能发现的趋势都可以帮上最大的忙，它们都位于第 2 章二号未来锥中的“很可能”与“合情合理”区。乔根·兰德斯（Jørgen Randers）是《增长的极限》一书的作者之一。他曾描述过自己是如何用类似的方法于 2012 年对 2052 年进行预测的：“我会挑选一些从传统意义上看显得演变缓慢、一以贯之的现实状况，它们或是客观层面的，或是思想层面的。它们就是我赖以预测的基础……在我的预测中，这些变化缓慢的现实构成了我所称的‘基于决定论的脊梁’。”[26]

和正在被围猎的狐狸一样，趋势的演变也会以各种方式迂回或是急转。优秀的趋势捕捉必须对这些变化保持敏锐。比如，上行或是“增长”的趋势可能会沿着直线攀升，也可能加速形成指数曲线。其他趋势可能会像波浪一样起伏不定，又或者会增速减缓乃至停滞而变成类似历史人口数量变迁那样的S形曲线。

对于未知的事物、始料未及的激增以及从过往趋势来看匪夷所思的剧变，趋势捕捉的高手都必须保持警觉。2002年2月，时任美国国防部长的唐纳德·拉姆斯菲尔德被问及美国政府有多大的把握认为萨达姆·侯赛因囤有大规模杀伤性武器。他的回答成了名言：“我们都知道，我们有已知的已知，也就是我们知道自己知道某些事情。我们也知道还有已知的未知，这就是说我们清楚有的事情我们并不知晓。然而，世上还有未知的未知，也就是那些我们并不清楚自己不知道的事情。”[27]“已知的未知”说的便是这样的一类趋势：我们可以看见它们，但我们并不清楚它们何时会以何种方式转往新的方向并一发不可收。有人的地方就会出现许多已知的未知。在1720年的“南海泡沫事件”*中，牛顿的投资也打了水漂。他满怀悔恨地评论道：“我们能算出星辰的运行轨迹，却算不到人的疯狂。”[28]“未知的未知”（有些技术宅会用专门的词“未知因素”来称呼它）指的是那些我们看不见的趋势，因为我们压根儿没法想象它们。纳西姆·塔勒布（Nassim Taleb）将其称为“黑天鹅”。因为欧洲人曾经认为黑天鹅是不可能存在的神兽，直到1697

* 南海公司表面上从事贸易特许经营，实则承担为英国政府融资的业务。1720年，南海公司通过信息夸大和其他不法手段使其股票在1720年一路飙升，市场上有很多“泡沫公司”想从中分一杯羹，导致全民陷入炒股热潮。英国议会随后出台法规，炒股热潮退却，南海公司股价暴跌。

年荷兰的航海家们在西澳大利亚真的发现了黑天鹅。[29] 未知的未知就是预测的黑洞。

今天，我们的四周暗潮涌动，哪些潮流势头最猛？哪些潮流最容易被预测到？哪些潮流能指向我们的乌托邦？我们该避开哪些潮流？又有哪些未知会让我们在始料未及的新方向上步履蹒跚？

大历史的视角促使我们时刻关注大趋势。有一种大趋势格外吸引人，因为在各种各样的场合它多多少少都会出现。研究演化生物学的专家尼尔斯·埃尔德雷奇（Niles Eldredge）和史蒂芬·杰伊·古尔德（Stephen Jay Gould）将这一模式称为“间断平衡”（punctuated equilibria）[30]。他们认为，在演化生物学中存在某种稳定的渐变。达尔文认为这种渐变是演化上的常态，但它实则反常。大多数新物种的出现都是意外，而后，它们的种群在演化的“间断期”快速增长，直至适应新生态位，到达某个数量平台。在接下来的成千上万年，甚至数百万年的时间中，该种群的数量上下起伏，并最终开始下降，此物种也走向灭绝。除了生物学领域，这种类似“平顶山”（tabletop mountain）的模式还可以在很多领域寻到踪影，因为这个模式可以用来描述所有复杂实体的历史——不管是分子和鼹鼠，还是星辰与你我。所有的复杂结构都会在瓶颈期出现，通常出现的速度还很快。之后，尘埃落定，复杂实体进入了一个相对稳定的平衡期并最终分解。[31] 这种规律无处不在，其原因在于它产生于两大其他普遍规律的角力之中：让复杂实体出现的上升之势（很奇怪，科学界对此没有统称）以及由热力学第二定律所主导的瓦解之势——所有形式的复杂实体最终都会分崩离析。

间断平衡的模式可能会提供关于人类和地球未来的重要线索。我们今后会认识到这一点。但我们如果把关注的焦点缩小到人类历史的范围内（区区20万到30万年而已！），我们主要看到的还是漫长的、由集体学习驱动的上升态势。在人类数量翻番、到处移民乃至开发周围环境的过程中，人的聪明才智也不断增加。这些上升态势占据人类历史的大部分时间。尤其在过去的200年间，有些趋势变得越来越显著，这也使得增长似乎成为现代世界的常态。但我们现在知道了，诸如人口增长以及能量和资源消耗这样的上升态势正触及地球的极限，上升趋势开始趋于平稳。在所有复杂实体的历史中，你都能预见这样的情况。在间断平衡中，新兴期或者“增长期”终会趋向更为稳定、形似高原的阶段。人类历史纵使拥有漫长的“增长期”，但当我们触及地球的极限时，趋稳的苗头也会后来居上，而“间断平衡”又是一个普遍趋势。它们共同预示着一种可能性——地球上正浮现出一幅新的图景。

接下来的百年将为这三股潮流所左右——增长趋势、稳定态势，以及政治的游移不定与难以预测。驾驶舱里的争斗与商讨最终将决定我们这艘行星级的大船在未来的几十年里驶向何方。在更近距离地对这些趋势加以关注时，我们也会遵循它们所带来的启示。

增长趋势与未来

纵观人类历史，很多强有力的上升趋势都由集体学习所驱动，包括人口的增加、技术的进步、交互网络的扩张、资源消耗量的上升。在最近的几百年间，有的趋势增速迅猛，开始呈现出指数级上升。

这些趋势着实令人惊叹，从能源的使用状况中就可见一斑。一个人输出的功率大约是150瓦（1瓦就是每秒1焦耳的能量流），即1/5马力（1马力≈735瓦）[32]。火的使用或牛、马、骆驼的驯化等古代技术让人均功率提高到 1 马力左右。过去的 200 年间，我们可支配的能量也增长了许多倍。化石燃料的消耗量如此之大，以至于今天人均可控的功率达到了 100 马力，也就是约 73.5 千瓦。掌管机器的人（比如大型客机的驾驶员）日常控制的功率足有好几百万瓦之多。集体学习究竟让我们人类的能力增加了多少？其增速又在当代上涨了多少？上面的这些数字给出了大致的结果。

孔多塞认为，很多增长趋势都似乎指向更加美好的未来。科学和医学知识的增长、财富与教育水平的提升通常可被算作良性的增长方式。它们让生活得以改善。它们把孔多塞心中乌托邦的一砖一瓦带到了世界的很多地方——先是欧洲和北大西洋地区，然后大约过了一个世纪又带到了世界上的其他很多地区。经济增长的大潮古已有之，但它的重要性在当代可谓焕然一新。在历史上的绝大多数时候，经济增长很少能帮助大多数人提高生活水平。经济增长的果实为人口的增长、政府与精英阶层的铺张所蚕食。所以，大多数人依旧勉强过活，饥饿从不遥远。即便到了 1800 年，全世界超过八成的人口都生活在现代的国际公认的贫困线之下——每天的生活费两三美元。之后情况迅速改变。到了 2017 年，尽管人口激增、精英阶层的财富也在增长，但只有不到一成的人口仍然生活在这一贫困标准之下。[33] 非精英阶层财富的增长在人类历史上还是新鲜事，而这也算是化石燃料革命最伟大的成就之一。同一时间段内，人均预期寿命从 30 岁左右增长到 70 多岁，翻了一倍还不止，而 5 岁之前幼儿夭折的比例从 40% 多下降到 4% 左右。捷克裔加拿大科学家瓦茨拉夫·斯米尔（Vaclav Smil）认为，婴幼儿死亡率的下降可能是体现生活质量提高的最佳单一指标，因为想要婴儿活下来，很多医疗、卫生、经济和社会体系都需要改变。[34] 现代机器已经终结了许多繁重的体力劳动；成人的文盲率从约 88% 降至约 14%；现代医学让天花和小儿麻痹症这样的病症几乎绝迹，也让其他病症的痛苦大为减轻。19 世纪中叶，麻醉剂被首次引入临床，而它的重要性不应被任何人低估。1810 年，范妮·伯尼（Fanny Burney）* 对于不打麻醉剂进行的乳房切除术进行过一番描述。她也真切地提醒我们前麻醉剂时代的手术是多么恐怖。[35] 今天，人们在拔牙和截肢时可以免于疼痛，并且感染也不一定就会如影随形。这在人类历史上是前所未有的。

在被孔多塞称为“道德进步”的领域也有进步的潮流，虽然不是那样明显，但增长十分惊人。不管是在个人层面还是政府层面，我们都已经在自己的关注圈中注意到了其缓慢增长的征兆。大多数的现代政府都会声称尊重每个人的基本人权，至少会有白纸黑字这么写着。这点以往未曾有过。在数千年的时间里，人们曾对奴隶制、性别和种族的不平等以及各种旧习司空见惯，而在现代观念中它们变得不可接受。这同样是头一遭。此外，虽然新闻报道和社交媒体上充斥着骇人听闻的消息（因为“弄出人命的事情总会上头条”），但是，包括刑讯逼供在内，人与人之间的暴力行为已在当代大为减少，偶发的暴力事件也愈发变得不可接受 [36]。尽管在当代社会的很多地方，当权者实际上难以兑现自己的庄严承诺，但种种迹象还是表明人们有了更好的物质生活水平。人们不再因为资源稀缺而不得不常年拼死拼活，这也让人们的举止变得更为温和，也就是孔多塞所认为的“道德进步”。

* 英国讽刺小说家，又称达布雷夫人。

孔多塞错过了另一大进步的潮流，而技术的革新驱使它最初阶段的来临——人类小心翼翼而又史无前例地迈向太空。1961 年，尤里·加加林成为第一个进入太空的人类，他在太空中绕行了地球一周。1969 年，尼尔·阿姆斯特朗登月，他成为踏足另一天体的第一人。21 世纪初，太空机器人已经拜访了我们所在的太阳系中的数颗行星以及它们的卫星。发射于 1977 年的两颗“旅行者”系列探测器已经抵达太阳系的外围。2021 年，首批太空游客遨游天际，好几个国家都在计划载人飞行，它们的目标是月球、邻近的小行星，乃至火星。

地球的极限与稳定态势

总的来说，增长让人类获益匪浅。然而，即便有所获益，今天的我们还是心知肚明：许多增长的势头必须加以约束。

有的增长势头自然而然地趋于平稳。全球经济增长率（大体上可用于说明资源消耗情况）在 20 世纪 60 年代为年均 5.5%。而到了 50 年之后，自 2011 年起的十年间，虽然中国和印度等地的增长依然迅猛，但全球经济增长率已放缓至 2% 出头。[37] 回过头来看，20 世纪中叶全球 GDP 的惊人增长速率更像是放缓的开始。

人口增长在经历了 200 年的突飞猛进之后也开始放缓，这更让人惊叹。它的时间线与经济增长类似。人口增长的放缓始于 20 世纪 60 年代末。那时，呈现指数级上升的趋势开始弯成 S 形的曲线。关于人口增长放缓最早的证据出现于 1968 年，巧合的是，两大当代马尔萨斯人口论的拥趸保罗·埃尔利希和安妮·埃尔利希（Paul and Anne Ehrlich）正是在这一年出版了畅销书《人口爆炸》（*The Population Bomb*）。作者在书中发出警告：因人口过多带来的全球性崩溃已经迫在眉睫。[38]他们不合时宜的观点给所有将要研究未来学的人提了醒：要把事情彻头彻尾地搞错是多么容易！今天，大多数人口统计学家都预计全球人口会在21世纪后半叶达到峰值。这一峰值将会在90亿到120亿之间。之后，一段漫长而缓慢的人口下降期就会开启。[39]这一变化至关重要，因为在过去的1万年的漫长时间里，虽时有起伏，但人口一直呈现增长的趋势。但这一漫长的增长期似乎正趋于平稳。人口增长的放缓将减少人类对全球资源和环境施加的压力。然而，劳动人口数量趋于稳定和人口老龄化，同样会让经济增长降速。

和马尔萨斯一样，埃尔利希夫妇的出发点是错的，但他们错的原因不尽相同。人口增长开始放缓的原因并不在于粮食和资源耗尽。由于人们生活方式的改变，人口形态也呈现出不同的样貌。在农业时代，大多数人都是农民，想要积累财富，最好的办法便是尽可能地多生孩子，这样既有人可以种地，也能养儿防老。但那时，多达一半的孩子会早夭，所以，为了让尽可能多的孩子可以长大成人，女性不得不尽可能地多生。这也是为什么在农业时代生儿育女就是大多数女性生活的主旋律。

随着人类居住到城市并开始通过工作赚钱，古时的人口统计结构在当代发生了改变。在现代的大小城市里，因为人们赚得更多，吃得更饱，医疗条件也更好，更多的孩子得以长大成人。但在城里养育孩子开销也更大，因为无论是吃喝还是教育都得父母掏钱，而且城里的孩子通常不会跟农村的孩子一样早早地就开始务工。因为各种各样的原因，城镇家庭倾向于少生孩子，但希望孩子更健康、受到更好的教育。我们从一个高出生率、高死亡率的年代进入了一个低出生率、低死亡率的年代。性别不平等的一大诱因由此作古，全世界女性的生活方式也随之发生了改变。1800年，女性人均有5.8个孩子。到了1950年，数量仍然为4.8个左右，但它随后迅速下降至2014年的2.5个。[40]之所以人口在过去的200年间会呈现爆炸式的增长，是因为死亡率开始下降的时间要远远早于出生率的下降，而这一切都是由于粮食产量的提高和医疗条件的改善。到了19世纪，在更为富有、城市化水平更高的国家中，出生率开始下降，但出生率在全球范围内的下降则要晚至20世纪后半叶。最终，在20世纪60年代，出生率的下降赶上了死亡率的下降速度。

人口增长率的下降并非大规模政治干预的结果。不过系统性的政府行为还是让增速的放缓来得更为迅猛，比如增加年轻女性受教育和就业的机会。而其他危险的增长趋势只能通过举步维艰、深思熟虑而又大刀阔斧的政治干预才能趋于平稳。

人类给全球气候系统带来的冲击勾勒出最危险的增长趋势之一。一直以来，人类的技术创造都给当地的环境带来了压力。但在当代以前，很少有人会想到人类活动能让整个星球的环境为之改变。现代人类造成的冲击来势汹汹，而瑞典化学家斯万特·阿伦尼乌斯（Svante Arrhenius）是最早认识到这点的人之一。在19世纪90年代，据他计算，人类正在燃烧的化石燃料可能足够让地球大气变暖。这一过程也被人们称为“温室效应”[41]。20世纪60年代，大气科学家查尔斯·基林（Charles Keeling）在夏威夷开始了对大气二氧化碳浓度的测量，并发现二氧化碳浓度上升得非常快。所谓的“基林曲线”一直在攀升，并且如阿伦尼乌斯所预计的那样，全球平均气温也在随之上升。2021年的全球平均气温较前工业时代上升了大约1摄氏度。越来越多的证据表明气温的上升引发了异常性气候事件，比如极端风暴、洪水和火灾。基于对夹杂在冰芯中的气泡所进行的分析，人们得以研究长期气候变化。研究表明，在过去200多年内，二氧化碳浓度的上升已经远超过去数百万年的最高水平。这不足为奇。自1800年以来，二氧化碳的排放量已经增长超过千倍。

在关于气候变化的长期预测中，最具影响力的研究成果来自联合国政府间气候变化专门委员会。1988年，它由联合国和世界气象组织创立。自1990年以来，联合国政府间气候变化专门委员会在总结全球各地数百位科学家研究成果的基础上已经发布了6份报告。2021年8月，第6份报告发布。基于现有的应对气候变化的政策和技术，报告的第一部分包含了5种可能的气候变化情景（“共享社会经济路径”，或者称SSP）。当代的未来思维尽可能细致地在联合国政府间气候变化专门委员会的报告中展现。根据造成气候变化的原因以及相应的概率和不确定性，这些报告模拟出全球气候的可能趋势：报告采用了各国科学家研究得到的海量信息，在对信息进行分析时也充分运用了现代超级计算机的运算能力。和所有的预测一样，虽然我们知道未知的、无法想象的趋势和事件可能会完全颠覆结果，但若对这些预测不以为意还是会显得非常愚蠢。

2021年联合国政府间气候变化专门委员会的报告显示：在所有的5个SSP情景下，2040年的全球气温都有可能会比1850—1900年的水平高1.5摄氏度。到2100年，仅在最乐观的情景下这一升幅才会控制在2摄氏度以内，而在最不乐观的情景中，升幅或会超过5摄氏度。在人类历史进程中，全球平均气温还从未比1850—1900年的水平高出2.5~3摄氏度。[43]这样的气温会淹没沿海城市，也会让沙漠面积扩大；更加无常与极端的气候变化会随之触发，气象状况会更加起伏不定，干旱、洪水、野火、飓风会更频繁；它们最终会殃及粮食产量，加速新型疾病的扩散。就像用棍子去杵笼子里的动物一样，温室气体排放量的上升可能会引发生态系统的剧烈动荡。比如，甲烷是比二氧化碳温室效应更强的温室气体。大量的甲烷以所谓“甲烷包合物”（methane clathrates）的形式冻结于海洋之中。随着海洋的升温，甲烷包合物会最终消融，瞬间就能往大气中释放大量的甲烷。这可能会触发新的爆点，比如北大西洋暖流的变化或许会让大半个欧洲变成极地气候。（2021 年联合国政府间气候变化专门委员会的报告总结认为，北大西洋暖流在 21 世纪“很可能”减弱了。报告“有五成的把握”认为北大西洋暖流会在 2100 年之前彻底瓦解。）[44] 这些爆点都是已知的未知，就如同中世纪欧洲地图上给未知陆地画的插图一样。它们在告诉人们：“气候变暖超过 2 摄氏度就会出现怪兽！”对于我们的孙子辈乃至他们的下一代来说，这些怪兽级的爆点可能会让事情变得更恐怖。

二氧化碳会在大气中存在很长时间。所以，在温室气体排放水平下降之后，全球变暖还是会持续很久。但是，如果从现在开始对温室气体排放量严格进行缩减，那么较前工业化时代，2100 年全球变暖幅度还是有可能会被限制在 2 摄氏度以内。

另一大危险的趋势也对地球的生物多样性造成了影响。人类和牲畜的资源能耗越来越大，而其他的物种却在遭罪。截至 2020 年，人类及其饲养牲畜的生物量多达所有其他陆生哺乳动物总和的 20 倍，人类养的鸡是所有其他鸟类总数的两倍还多。[45]2019 年，生物多样性和生态系统服务政府间科学–政策平台（IPBES）发布的报告显示：物种灭绝的速度“至少要比过去 1000 万年间的平均速度快几十甚至几百倍，而且这一速度还在变得越来越快。”[46] 这真是个悲剧，而这对我们人类来说也很危险，因为人类的生存与福祉有赖于我们周围大大小小的生物体——从树木到鱼类再到传播花粉的蜜蜂。[47] 在一个生态贫瘠的生物圈中，我们的子孙后代还有可能繁衍生息吗？

若对环境横加干涉，人类会触发什么新的趋势尚未可知。我们如今所生活的生化环境是在过去的 200 年间新近创造的。在这 200 年间，从各种塑料、化肥到混凝土和精神药物，人类生产出的新型材料和化学品有数百万种之多。这对整个生物圈意味着什么？我们实际上并不清楚。在 1962 年出版的《寂静的春天》（*Silent Spring*）一书中，生物学家蕾切尔·卡森（Rachel Carson）记述了杀虫剂和其他农用化学品给人类及其他物种带来的可怕冲击。2020 年的全球性疫情给我们提的醒已被流行病学家念叨多年：我们正在改变流行病学环境，而疾病的激增和物种间的疾病传播也由此有了新的方式。在现代人类身上，病毒找到了一种新的交通方式，它们可以在几天之内就被送往全球各地。

科学家詹姆斯·洛夫洛克（James Lovelock）将全球性的地质、生物和大气系统称为“盖娅”（Gaia）。我们现在知道这一系统极为复杂，而且有边界可言。[48] 过去的 50 年间，人们对不远的将来进行过极为认真的思考，而地球这颗行星本身的增长极限也被纳入其中。“在全球系统崩溃之前，我们能把它推出去多远？”面对这样的问题，以瑞典气候学家约翰·罗克斯特伦（Johan Rockström）为首的一群学者给出了自己的答案。他们定义了几个“行星的界限”，一旦超越了这些界限，全球环境可能就会开始崩溃。这些界限包括大气中温室气体浓度处于较高水平、化学制品和喷雾剂滥用导致臭氧层减少、海洋酸化、森林砍伐加剧，以及生物多样性水平和淡水资源储备下降。[49] 他们的研究结果显示我们已经越过了某些界限，包括生物多样性和水体氮污染水平。罗克斯特伦写道："为了人类自身的发展，我们正在从根本上破坏地球系统的运作，而我们也是明白这一点的第一代人。"[50]

还有一种趋势——人类武器的破坏性越来越大，而我们也需要使之平稳。在 19 世纪的战争中，加农炮曾是威力最大的武器。最为致命的加农炮可能会让不少敌人一命呜呼。200 年后，我们所拥有的武器则要更具破坏性。1945 年 8 月 6 日，核裂变炸弹落在了广岛，几乎一瞬间就夺取了至少 6 万人的性命。在接下来的几年里，差不多又有 6 万人因为核辐射和伤病死去。之后的几十年间，美国和苏联开发出了威力大上许多的核聚变炸弹。无论是从数量上还是从威力上来看，两国军火库里的核武器都已经增加到了畸形的地步。到 1980 年，两国部署的核弹头差不多有 10 万枚。一旦爆炸，它们要不了一两天就能把生物圈毁个精光。主要起破坏作用的还不是炸弹本身，而是会升空很高的尘埃云。尘埃云会遮天蔽日好几个月，甚至好几年，再无降雨。这会造成全球的核冬天，天空黑暗，农作物也全部枯萎。我们曾离核武器带来的灭顶之灾非常近。1962 年古巴导弹危机刚刚结束，美国总统肯尼迪曾表示全面战争爆发的概率在 1/3~1/2。[51] 从那以后，人类还曾几次侥幸脱险。我们从中领悟了"相互保证毁灭"（mutually assured destruction，或者叫 MAD）的含义。这个缩略词于 1962 年由赫尔曼·卡恩（Herman Kahn）的哈德逊研究所（Hudson Institute）创造。

到目前为止，我们之所以能一直躲过核战争的世界末日，更多凭的是运气而不是技术。20 世纪 80 年代末，核弹头的数量开始下降。但到了 2021 年，据信 9 个国家仍共拥有约 1.3 万枚核武器，其中大约 1500 枚处于一触即发的警戒状态，也就是说它们已经准备就绪，随时可发射。核武器的数量又一次开始上升。不管人们为建设一个更加美好的世界付出了怎样的努力，他们的上空统统盘旋着核战争的威胁。核战争一旦开启，一切就会突然崩溃。除非有办法能让有核国家把核武器和制造核武器的工具全部毁掉，否则这种威胁会一直存在。

还有一大增势可能会对人类的未来构成威胁，那便是加剧的不平等。在农业时代，社会成员普遍务农，人们所生产的剩余财富可能分配不均，财富和权力方面的差异由此产生，并代代相继，带来了系统性的不平等。在过去的 5000 年中，大多数时候都是由少部分精英控制着大部分剩余财富，而大部分人只能作为农民勉强过活。这样的不平等带来了社会关系的紧张。在极端情况下，不平等会带来社会的崩溃。允许不平等一直加剧就如同一边把弹簧不断拉伸，一边还指望它不会断掉。

在现代，财富的增加、生活方式的改变以及人们争取权利的运动让种族与性别间的不平等在很大程度上得到了缓解。但是，财富和权力等根本性的不平等反而在加剧。到了 19 世纪末、20 世纪初，全球性的不平等已经到了登峰造极的地步。最先完成工业化的国家大多在欧洲，在西方，它们用自己的财富以及技术和军事的力量主宰了剩下的大半个世界。在 20 世纪后半叶，其他地区的去殖民化和现代技术的兴起让某些不平等有所缓解，但更深层次的不平等依然存在。拜它们所赐，大规模的移民和地区性战争呈愈演愈烈之势。在那些对全球变暖最不该担责的国家，气候变化所带来的冲击却能被最深切地感受到，而它们也是最没有能力应对气候变化的国家。为了占据上风，强国之间会采用各种手段。这是造成 20 世纪很多战争的原因，而这种情况依然存在。人们对帝国主义横行年代的极度不平等记忆犹新。这样的记忆也与当代的不平等一道让国与国之间的角力层出不穷。新兴国家就向诸如欧美国家这样的昔日霸主提出了挑战。

很多现代革命与内战皆由国家内部的不平等而起。社会主义者希望如此的不平等可以扳倒最为富有的“资本主义”社会，但奇怪的是，资本主义社会并没有因此崩溃。正如法国经济学家托马斯·皮凯蒂（Thomas Piketty）所表明的那样：在20世纪的大部分时间内，国家内部的不平等水平呈下降趋势，在更为富裕的资本主义国家尤其如此。[52]其部分原因在于20世纪上半叶的两次世界大战让依土地而生的传统富裕阶层土崩瓦解，而生产力的增加则让各工业国家的政府得以建立社会福利体系。这一体系可以保护那些并不富裕的人群并以此消弭人们的不满情绪。资本主义国家的企业家和政府终于发现：通过提高工资和劳动者的生活水平，有可能在实现利润增加的同时也让紧张的社会关系得以缓解，这是因为工人赚得越多，不满情绪就会越少，也会去买更多的产品。基于以上以及其他一些原因，西方社会的生活水平在20世纪显著上升。其他很多国家也紧随其后，其中就包括亚洲。这得益于中国与印度经济的迅猛增长以及始于20世纪80年代的其他经济体的繁荣。

但从20世纪70年代开始，国家内部的不平等水平再次上升。这一苗头首先出现于西方资本主义国家，而后其他很多国家也出现了相似的情况。在富裕的资本主义国家，政府由信奉新自由主义与自由市场理论的经济学家指导。这些政府废除了早年间创造的再分配体系。它们认为这些体系限制了对利润的自由追逐，降低了经济增长率，而经济增长在理论上可以惠及每个人。在苏联式的计划经济垮掉之后，各苏联加盟共和国国内的不平等急剧上升。在快速工业化的国家中，不平等也有所增加。在今天的很多国家，不平等的程度正在回到 19 世纪末的高位。据估计，2018 年全球 1% 的人所掌握的私有财富刚好超过了全世界财富总数的一半。[53]

和气候变化类似，不平等的加剧之势可能会越过难以预料的引爆点。不平等何时会触发颠覆性的崩溃，又有谁能预料到呢？核武器的存在可能把不同阶级间的冲突变成世界末日。这让那些引爆点尤其危险。对极度不平等加以限制并非易事。在一本新出版的关于不平等的全球通史中，历史学家沃尔特·沙伊德尔（Walter Scheidel）认为，不平等从不会因为人类的刻意努力而显著减少，只有在大灾过后它才会有所缓解，比如战争、国家解体、自然灾害或者全球性的疫情。[54] 我们不得不寄希望于这一规律能在未来至少有所松动。在一个更加平稳的未来世界中，人们可能不再对永无止境的经济增长心存执念。人们会更加认真地考虑如何减少不平等，因为这样可以保持政治和社会的稳定。

充满未知：关于未来的政治

我们前面看到的很多趋势都具有足够的规律性，我们也因此才得以进行一些合情合理的预测。它们处于二号未来锥的“很可能”与“合情合理”区中。比起 50 年前，今天的你我对它们当中不少趋势的理解程度已经进步了很多。然而，对这些趋势做出怎样的反应取决于政治。大多数的政治走向都没什么规律性，很难对其进行有把握的预测。它们大多处于“可能”区。为了构建一个可持续的乌托邦，人类需要凝心聚力、足智多谋，还得行事果断。人类会为此形成足够强烈的共识吗？又或者围绕利益、目标与投入而不断产生的龃龉会阻碍人类所需的纠偏过程？

政治鲜有规律的趋势可言，也充满了未知，所以我们无法就政治做出胸有成竹的预测。人们期望一个更加美好的世界，但据有核武器或能制造生物病毒的一小撮分子可能会从中作梗。或者，被错用的科学、政治上的拖延、鼠目寸光的政坛领袖都会让人们的希望化为泡影，又或者纯粹会因为我们所面临问题的错综复杂而坏事。然而，政治史上的一些长期趋势虽然摇摇欲坠，但也很能说明问题。其中有三个我们已经见识过的趋势尤其能给人以启迪。首先是出现了遍及全球的人类交互网络。这一网络对全球共同的挑战愈发敏感，也越来越清楚地认识到人们开始将自己的拳拳之心倾注于全球共同体之中，哪怕这番新生的赤诚尚不牢靠。第二大趋势是全球性协调机构的出现，比如联合国以及今天跨国运作的许多非政府组织。在全球性的关切出现时，它们会发声并做出一些政治上的考量。其中不少机构都共同拥有着面向更加美好未来的宽广视野。一旦人们承认唯有在生态可持续的世界中资本主义才能繁荣发展，全球商业体系便也能在打造可持续发展社会的进程中扮演举足轻重的角色。第三大趋势便是孔多塞所说的“科学的进步”。比起几十年前，我们对于地球运行系统的了解要多得多。在构建更加美好的世界所需的诸多技术中，有不少已经为我们所掌握，而更多的技术则在创制当中。[55]

这些趋势很像回事，但也不是确定无疑。2021 年 11 月，《联合国气候变化框架公约》第 26 次缔约方大会在格拉斯哥召开。与会各联合国会员国做出的一系列承诺几乎都与“较前工业化时代，到 2100 年全球变暖幅度需要控制在 1.5 摄氏度以内”的目标相去甚远。但是，各国的确愈发认识到这一议题的全球紧迫性。它们会一直遵守诺言吗？

想象可能的未来情景

未来几百年可能会发生什么？我们前面看到的这些趋势露出了蛛丝马迹，也足以撩人心弦。我们发觉很多增长态势强劲有力，但其中很多趋势现在也逐渐平缓。我们在前面也已经谈到了这个规律。在恒星发亮后不久，我们就能发现它会趋于稳定态。在一段高速增长期之后或者新物种进入新的成熟稳定期时也会转而趋稳。在新的复杂实体出现时你也会看到这样的情况。而现在，我们可以对地球正要诞生之存在略作了解，那就是一个有意识的行星。

地球与它所承载的生命构成了一个古老的复杂实体，而一场突变则让它的改头换面波及全球——有足够的能力通过有意识的行为去左右生物圈未来的物种出现了。伟大的俄国地质学家弗拉基米尔·维尔纳茨基（Vladimir Vernadsky）将人类思想的圈层称为智慧圈（noosphere）。智慧圈突然就有了足够改变地球未来的能力。[56]我们的身体是有意识的。从这种意义上来说，地球也正在变得有意识：过去的大多数进程无需有意识的思考也能持续，但从现在开始事关地球未来的很多重大决定都将有赖于人类有意识的抉择。变化业已发生，因为我们已经在改造地球。唯一的问题在于我们在多大程度上可以游刃有余地应对这种转变。

一颗有意识的行星可能会发生怎样的转变？我们能有许多不同的想象，但并非每一种假设都最终指向成功。这么做可能会有所帮助：想象几个情景，在所有的情景中都力求找到精确和笼统之间的最佳预测平衡点，而它们也会按正态曲线分布——一些情景发生的可能性比其他情景更大。除了那些最为灾难性的未来情景以外，在其他情景中我们人类很可能都能成功变成称职或许还很理性的星球管家，尽管在这之前我们要经历一段漫长的摸爬滚打。这可算是个好消息。我们已经清楚有很多事情是必须做的；跟 50 年前比起来，我们对于地球系统的了解要多得多；无论是大众还是政府层面，对环境的态度都发生了很大的转变；成功所需的工具与资源也已大半收入我们的囊中。就像乔根·兰德斯所写的那样："现有技术可以将风能、水能、太阳能完全加以利用。缺钱也并非问题的症结。战争开销占到了世界 GDP 的 2%~3%，而只要花上比这少很多的钱就不但能在未来 20 年让温室气体排放下降 50%，还能采取必要措施帮助人们适应气候变化的余波。"[57]

迅速而果断的行动所需的政治与经济杠杆也在我们的掌握之中。"二战"期间，在美苏被攻击后的一年之内，两国的经济都完成了彻底的转型。这也表明政治上的争论一旦终结，现代国家就可以在很短的时间内完成转向。为了应对新冠肺炎疫情，大多数政府所采取的政策都来了个 180 度的大转弯，这同样让人惊叹。只要达成全球共识，变化很快就会到来。

关于不远的将来的四种大致情景

基于我们在本章中所描述的这些概念和趋势，我们所能想象出的通往不同未来可能性的路径会更为具体。与联合国政府间气候变化专门委员会的第六份报告中所说的 SSP 相比，这些路径所涉及的范围会更广，其原因在于它们允许在不远的将来进行根本性的政策转向，而这种可能性在报告里是没有的。

从现在开始，我要把做精细预测时的种种限定条件、假定前提和例外情况都抛到一边。我们仅仅基于目前所讨论的内容来描绘一些可能的未来形态。有的情景看上去近在眼前，有的看上去过于乐观，有的又太过悲观。而在关于未来可能性的正态分布曲线上，有的情景有更大的可能性会发生。尽管如此，对可能的未来进行想象本身就是未来思维的关键工具。当这些推测性的情景被呈上来的时候，它们既带着几分闹着玩儿的心态，又显得正儿八经：说它闹着玩儿是因为我们从来都只能在想象中把未来的可能性盘来盘去，说它正儿八经是因为我们真的很在意哪个想象中的未来会最终成真。

下面我们会描述四种情景，它们都是基于未来学家吉姆·德特创作的情景引申而来的。吉姆·德特曾在不同机构供职多年，而这些机构都致力于在想象未来可能性方面集思广益。[58] 他发现大多数想象中的未来都会落在四种类型内。他称之为“崩溃”、“按部就班”、“变革”以及“经济的持续增长”（还有个备选标签叫作“一切如常”）。德特分类法的不同版本为很多未来学家所采用。德特反对给这四种不同的情景排定座次，但我们会给这条规则松个绑。在本章前面的内容里我们谈到了世界性的乌托邦，那我们也不妨根据四种情景与这些乌托邦的亲疏程度来估计不同未来发生的可能性。这件事很重要，因为 H. G. 威尔斯认为，关于更好未来的可信图景能创造希望，而希望本身就是强有力的激励。我自己也列了四种情景，不过它们一看就是德特的版本派生出来的。我给它们贴的标签是“崩溃”、“规模缩小”、“可持续”以及“增长”。

不管哪种情景最终成为现实，通向它的路途都不会一帆风顺。从化石燃料转向更具可持续性的能源技术的过程极为复杂，一路上都会犯错，因此，技术和经济的动荡在所难免。全球性体系呼之欲出，而它的需要与不同地区、国家，乃至地方性利益团体的诉求会有矛盾，这也让政治的动荡无可避免。美国是 20 世纪末的全球性霸主，而它正面临新兴竞争对手的挑战。在苏联解体之后，施行资本主义制度的民主国家曾是世界主流，但现在它们已经信心不再，部分原因在于：增长的放缓和不平等的加剧不仅让乐观情绪逐渐耗尽，还让曾经欣欣向荣的中产阶级出现了萎缩。与此同时，诸如印度和中国这样的新兴强国愈发自信，也越来越有自己的主张，而且现代军事技术让一小撮特立独行的国家对世界和平构成了严重威胁。危险的冲突可能会发生。但我们也应对至关重要的政治转折点随时留意。在这样的转折点上，世界各地的领导人或许会被气候变化带来的灾难说服。他们会赞同，维护各国切身利益需要认真的全球性合作，而这样的合作是为了构建可持续的未来。

只有在极端“崩溃”的情景下，我们作为星球管家的戏才会彻底演砸。在最糟糕的情景中，人类社会会在饥荒、战争、政治与经济的崩盘以及全球疫情大流行的夹击下轰然倒地。我们人类可能会被送上绝路。没了人类挡道，生物圈用几百年、几千年就会自行修复。托比·奥德曾雄心勃勃地试图估计出“生存性灾难”发生的可能性，也就是那种毁掉人类“长期潜力”的灾难——让人类在未来的几千代里都再无拥有美好未来的可能性。[59] 在他非常具有试验性的估计中，大约有 16%（约六分之一）的未来会通向“生存性灾难”。当然，这样的估计不能太当真，但它们所指向的数量级可能并没错。表 8.1 对奥德的估计做了概括。其中格外值得注意的一点是：对未来最严重的威胁来自人类技术和经济的过度扩张。这其实是个好消息，因为它意味着从原则上来说人类应该能驾驭这些威胁。

表 8.1　不同生存危机的可能性

生存性灾难的缘由	未来百年间发生的概率
小行星或彗星撞击	百万分之一
超级火山喷发	万分之一
恒星爆发	十亿分之一
自然风险共计	万分之一
核战争	千分之一
气候变化	千分之一
其他环境变化	千分之一
“自然”产生的全球性疫情	万分之一
人为制造的疫情	三十分之一
站错了队的人工智能*	十分之一
始料未及的人为风险	三十分之一
其他人为风险	五十分之一
人为风险共计	**六分之一**
生存性风险共计	**六分之一**

此表基于托比·奥德所著《危崖》，原书第 167 页。

托比·奥德所作的注释：“每项数据来源说的都是未来的 100 年间发生生存性灾难的概率，这也是我能做的最佳估计了。（对于诸如气候变化这样的灾难而言，其影响会有延迟，鉴于此，我说的是未来 100 年间那些无可扭转的时间点的出现。）这些估计当中还有很大的不确定性，应该说它们所代表的数量级没有问题，但每项数据可能的高低误差有 3 倍之多。注意这些数字并不是累加起来的：这既是因为如果累加的话会带来一种数据很精确的错觉，也由于一些很微妙的原因（这要在别处讨论）。”

* 指的是与人类利益不一致。

在奥德想象出的诸多未来可能性中间也有不那么吓人的情景，它们都存在于剩下 84% 的样本空间中，人类在这些情景中得以幸存。但其中也会包括一些“崩溃”的情景，尽管这些情景不会那样极端，对我们的长期生存也不那么致命，但终究非常具有灾难性。在这些情景下，社会将在管理生物圈这样的复杂挑战面前败下阵来，人类社会将进入一段可能长达数百年的黑暗岁月。[60]战争会让所有地区满目疮痍，疾病大流行和饥荒会夺走几百万人的生命，大多数的幸存者将过着紧巴巴的日子，只能勉强糊口，而富裕的精英阶层将生活在戒备森严的特殊定居点中。包括人权进步在内的大多数当代成就都会化为乌有：物资短缺让人们为生存而起的纷争愈发显得孤注一掷，奴隶制以及性别与种族间不平等的残酷形态也会随着体罚、暴力致残与虐待而卷土重来。由于食物的减少、医疗水平的下降、麻醉剂和基本药品供应的紧缺，人们的预期寿命可能会回到当代社会之前的水平。回望过去的几百年，活在今天世上的大多数人看上去像是危机之前一帮饱受眷顾的家伙——可以随意享用化石燃料革命成果的最后一批人。我们的后代会好奇：究竟是哪里出了问题，我们为何让一切分崩离析？

在“规模缩小”的情景中，政府和社会已经得出结论——发展本身就是主要的问题。鉴于此，它们会把注意力集中在可持续的目标上，也会对很多增长势头积极地进行掌控。政府会通过征收重税以及对不可持续的行为直接加以规范的方式来让发展放缓。那也意味着一个斯巴达式的世界——没有什么奢侈的享受，家庭人数的多少也要严格限制。对于大多数人而言，其平均物质生活水平会低于本世纪初。但那些富裕精英则生活在被层层保护的泡泡里，他们可能会享受到更高的生活水平。这样的环境会让自由民主政体备受煎熬，因为在资源捉襟见肘之时要凝聚共识绝非易事。[61]所以规模缩小的社会常常会采用威权主义的手腕。在这样的情景中，稳定的目标备受推崇，而当代乌托邦宣言中关于自由与平等的目标则会遭到几分怠慢。我们的子孙将学会如何持续地经营这个星球，但他们可能会失去许多政治和法律权利。科技创新仍将持续，不过比起那些威权色彩尚不浓重的社会，这时的创新可能要来得更慢。在最坏的情景中，规模缩小的未来可能看上去有些反乌托邦，甚至成为奥威尔描述的样子。不过在最好的情景中，规模缩小的未来可能会像厄休拉・勒古恩（Ursula Le Guin）所写小说《一无所有》（*The Dispossessed*）中阿纳瑞斯星（Anarres）那样的无政府世界*。太空探索还会继续。如果各国政府支持对小行星、月球和各个星球的资源展开竞争，那么探索的规模可能还会很大。

“可持续”的种种情景则综合了孔多塞的乐观精神与地球有极限这一现实。在这些情景所设想的未来中，可持续的技术让人们依旧享有较高的生活水平，但人们已不再指望可以永无止境地实现消费增长。本章前面的内容谈到了乌托邦式的愿景，而“可持续”情景则与之最为接近。在《通往地球之旅》（*Journey to Earthland*）一书中，保罗・拉斯金（Paul Raskin）想象出了长达几十年的动荡情景，而动荡的缘由是秉承传统增长价值观的传统型政府与奉行可持续理念的全球公民运动之间的角力。到 21 世纪中叶，生态与政治崩溃的危险会愈发明显。鉴于可持续理念的重要性，更广范围的全球性共识会逐渐成形。为了协调全球性的行动，新的国际机构也会应运而生。大多数社会的价值观将从消费的增长转向发展的可持

* 小说发表于 1974 年，次年获得了雨果奖。小说中存在一个叫作乌拉斯的行星，部分乌拉斯居民不满该行星上的阶级社会。他们移民前往该星球的卫星阿纳瑞斯，建立了一个奉行无政府主义的社会。

续、公平性的不断增强以及生活质量的提升。[62] 在“可持续”情景中，世界公民的概念将像今天说起各国公民一样不言而喻。但正如今天很多多民族国家的人们所做的事情一样，地区和文化的多样性依然会在“可持续”情景中扮演举足轻重的角色。

技术创新仍将继续，这得益于人类历史上最强大的驱动力——集体学习。技术创新包括创造可持续能源的新路子、更经济高效的交通和生产方式、处理乃至消除温室气体的新方法以及形形色色的智能机器人。它们还将包括可以延缓衰老的医疗干预（有的医生已经把变老当成病来治，而非视其为无可避免的趋势）、延长生命周期、提供新的智能义肢以及治愈诸如癌症这样的疾病。[63] 随着持续的创新以及包括军费支出和广告开销在内的资源浪费的急剧减少，人们一定会获得比 21 世纪初更高的生活水平。但是，随着人们越来越多地认识到过度消费的危险，知足常乐的风气和广泛意义上的平等也由此兴起。谈到进步，人们不再假定它意味着永无止境的增长，新的定义取而代之。在新定义下，各种各样的进步仍将在一种稳定的均衡态中持续。这样的均衡态保证了增长，稳定了人口，用《增长的极限》一书作者们的话来说就是“精心控制的平衡”。[64] 全球人口将会稳定在 80 亿的水平上，或许还要比这少一些。全民医保和教育以及得到物质安全保障将似乎开始变得稀松平常，大多数人每周的工作时间不超过 20 小时。人们将会“时间充裕”。对于何为“好日子”，人们的观点会更加符合生态实际，也会伴随着这样的新观念把日子过下去。在这些情景中，人类将最终学会如何秉持当家人的精神来把生态环境管理好。各国政府仍将存在，但全球性政府组织的权力将会变大，而它们的权威性亦会被地球上的多数人群接受。

“增长”情景则淡化了增长极限的重要性。在其设想的未来中，当代大规模的增长态势占据主流。在当代，为数众多的增长势头都由资本主义的政企联盟所驱动，而在“增长”的未来情景中，这样的联盟仍将为经济增长与变革赋能。增长情景的拥趸都是对技术持乐观态度的人。资本主义的繁荣使技术产生了要将可持续性与成长性相结合的需求。在必要的时候，政府会以大型生态工程项目介入。正是基于这些原因，存在方向纠错的根本需求，而“增长”情景的拥趸们则会对这样的需求说不。在最为乐观的“增长”情景中，经济的持续增长和新技术的层出不穷将一直提高大多数人的消费水平和物质生活标准，与此同时，更加危险的生态挑战也将得以化解。商界将发现可持续发展的技术能盈利。在高度竞争的商业环境中，不平等的状况无疑会加剧，这会给社会带来巨大的不稳定。和多数其他情景一样，在“增长”情景中人们也会对人类进行种种生物和基因改造实验。这会带来医疗水平的提高，但可能也会造成新的社会阶级分化——基因编辑人和生化改造人等小众群体开始出现，他们主要是负担得起巨额医疗干预费用的富人。[65] 有人可以活到150岁，甚至更久。听力、视力和智力增强技术将变得司空见惯，假肢可以直接由大脑控制或者断掉的四肢可以重新长出来。人口增长会放缓，尽管放缓的速率不会像“可持续”和“规模缩小”情景中来得那么快。

正如《增长的极限》一书所论断的那样，如果那些支持经济持续“增长”情景的人错了，“增长”情景可能会转为“崩溃”情景。我们可能会触发全球变暖的爆点，粮食生产体系可能会瓦解，资源引发的冲突可能会带来灾难性的战争。

即便在三个更为乐观的情景中，过去仍将对未来产生重要影响。核战争和人为全球疫情的灭顶之灾将在人类头顶挥之不去，让人感觉不适的全球性变暖将持续数百年。今天的城市很多都将沉入水下，海洋酸化会使渔业减产、海洋的生物多样性水平下降。沙漠面积会扩大，今天的极端天气事件也将似乎变得平常。在极端“增长”情景中，其他物种的灭绝速度可能会变快，而在“可持续”和“规模缩小”情景中，物种的灭绝速度会减慢。不过在所有的情景中，全球的生物资源哪怕以今天的标准来看也会变得贫乏。你争我夺会带来连绵战火，但只有在“崩溃”情景中战争才会让全球体系轰然倒地。在所有情景中都存在众多的不平等，但在“可持续”和“规模缩小”情景中，不平等会得到限制。在大多数的情景中，集体学习的古老驱动力会为科技与艺术的创新保驾护航，社会组织形态也会推陈出新。新的科学范式会让我们对暗物质、相对论、量子物理，甚至意识之间的关系的认识焕然一新。我们会搞清楚地球之外还有没有生命。最后还有一点，在多数的未来情景中，小型的、开拓性的人类殖民地将在 21 世纪末遍布太阳系，而机器人太空船也将踏上前往其他星系的征途。

为了着重体现几种情景的关键不同，图 8.1 想象出了在各情景下全球人口水平的变化趋势。对于图中的细节读者不宜过分较真，但趋势线的总体形态恰恰捕捉到了几种情景的重要区别。当然，从实际层面来看，不管是哪种情景都不大可能以纯粹的形式上演。最终呈现的未来将是一个综合体，它将把我们前面看到的许多相互矛盾的趋势打散再混合起来。这些趋势有好有坏，而今天的我们所无法想象的趋势与时间将会夹杂其间。当未来来临时，它的混乱程度一定不输过往。

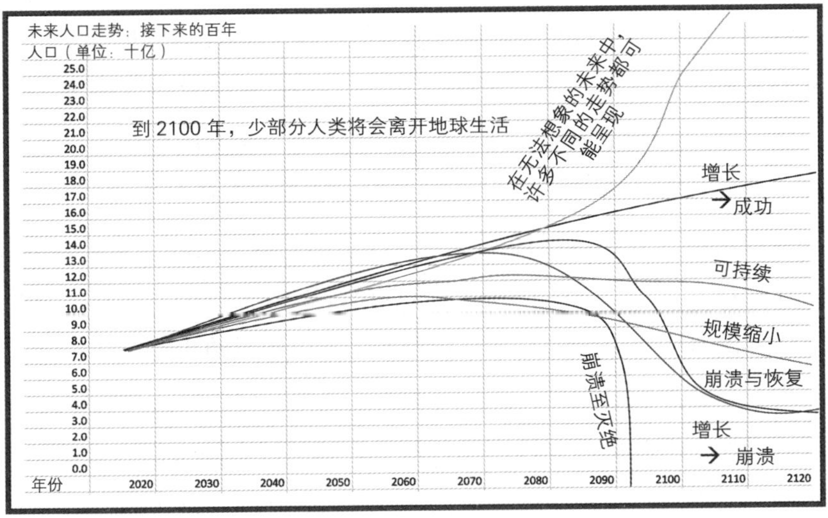

图 8.1　基于增长、可持续、规模缩小和崩溃四种不同的未来情景绘制的至 2120 年全球人口走势图

第三步：需要采取什么行动？

这里并非要制订什么具体的行动计划。但如果想要避免崩溃并转向更为乐观的情景，我们就需要有所行动。我们看了很多趋势，它们也告诉了我们该往哪里去。在 2019 年的世界经济论坛上，“环保少女”格蕾塔·通贝里（Greta Thunberg）表示：“主要的解决方案非常简单，连小孩子都能明白。我们必须停止温室气体排放。我们要么停，要么不停。”[66] 在所有更为乐观的情景中，我们都必须成为称职的行星管家。那也意味着在我们打造的经济体系中，商品和服务的价格要更好地反映环境为其付出的代价，而温室气体的排放量要显著减少。我们必须让其他物种灭绝的速度放缓。人口和牲畜数量的增长需要放缓，乃至增长势头得到扭转。为了避免灾难性

的冲突，我们要对危险的武器和极端不平等的情况加以控制。2015年签署的《巴黎协定》、联合国可持续发展目标以及许许多多其他的国际条约卓有希望地提供了通往更加美好的未来的路线图。

最后还有一点几乎可以确定，那就是很多事情都取决于政治。细节决定成败。在迈出任何重大步伐之前，国家之间、地区之间、公司之间以及许多不同人群间都要经过复杂而艰难的谈判。2100年世界的样子将由未来几十年数百万个难以预料的决定所左右。人类现在是全球性的物种，而想要成为成功的行星管家需要持续的全球性合作，但我们的关注圈是否已经大到可以实现这样的合作呢？这尚不明朗。今天的地球上正在诞生一个全新的复杂实体——一个有意识的行星。我们是否具有实现持续的全球性合作的能力将决定它的命运。这一新兴复杂实体的健康与命运将左右我们几百年后子孙后代的未来，也将决定我们的世代还能存续多久。我们能跟组成第一个宏观生物的细胞们一样学会有效合作吗？

第 9 章

中期未来

人类的世代延续

如果我们把牌打好，人类就尚属一生中的早年：我们仍处于正在憧憬美妙成年时光的青春期。

——托比 · 奥德，2020 年

中期未来的显著特征

不妨假设我们已经在未来几百年的危险中幸存了下来。放眼几千年甚至几百万年，我们的子孙将会遇到怎样的未来呢？这便是“中期未来”。设想中期未来的种种情景时很难做到思维缜密，这是因为它们会被像我们这样难以捉摸而又带有目的性的生物左右。另外，那些未来是如此遥远，哪怕是常规趋势也会迷失在几百万种走向所组成的迷雾中。然而，正像之前的情况，我们所见的征兆让人心里痒痒，有时候甚至摄人心魄。这些征兆可能正在低声诉说着什么。我不会抵挡这样的诱惑，我要去一探究竟。

比起不远的将来，中期未来就没有那么多个人色彩了。诚然，在时间长河里想象类人生物这一庞大群体的前世今生时，我们可能会觉得自己是其中的一分子。而且，当想到这一群体的未来岁月要比过去更长久也更为丰富时，我们也会为之深深着迷。我们发自肺腑地关心百年后的子孙，但是对于生活在更遥远的未来的后代，我们所能给予的关心无法与前者相提并论。我们对于生活在遥远未来的子孙所能施加的影响也没那么大。在未来的几百年乃至几千年间，今天行为的种种后果将会代代相继、乱成一团，就像蝴蝶扇动了翅膀一样，但我们没法确认今天的某个行为就是遥远未来发生的事件的原因。不过还有一点很重要！如果人类没能活过未来几百年，我们子孙的未来就根本无从谈起了。所以，为了人类的世代延续，我们能做的事情便是熬过几百年的瓶颈期。在这段瓶颈期内，我们要学习如何管理这颗行星，但与此同时，我们拥有足以毁灭世界的武器，却没有几个可以在灾难发生时得以避难的地外定居点。如果我们成功的话，生活在几百年后的后代将能学会如何作为一颗有意识的行星的一部分生活下去，而这会是一个全新的复杂实体。如果成功，我们就能为数十亿的人类以及后人类打开通往中期未来的道路。我们有机会将如此壮美的遗产移交后人。因此，我们今天生活的时代意义非凡。如果我们做了对的事，故事就将继续。

接下来的千年

管理一颗行星

有意识的行星很普遍吗？在我们的银河系中这样的行星会有好几百万个吗？或者我们正在注视的地球即便放眼宇宙也算得上是另

类？我们不得而知。但不管怎样，这种转变都意义非凡。宇宙的复杂性不断增加，业已存在的物体通过重组形成新的布局、具备新的特质，并由此使得新的结构呼之欲出，而有意识的行星正是这种长期趋势的又一大例证。跨越这一特别的门槛是否会从逻辑上为过去数千年人类历史的动荡画上句号呢？它是否赋予人类历史某种意义呢？它又是否向规模更大的复杂实体迈出了一步呢？组成这些复杂实体的维度可能是恒星系统级别的，甚至是星系级别的。

人类成为行星的管家意味着什么？我们尚在蹒跚学步，但我们可以由此想象一些可能的情景。和所有的复杂结构一样，一颗有意识的行星将会具备涌现性质，而行星也将受益于这样的特质生存下去并繁荣昌盛。它肯定需要：（1）行星级的协调与计划；（2）有大量优秀的科学技术来解决极其复杂的问题；（3）让人类的大多数成员得以理解自身所面临的集体挑战的新型教育模式；（4）激励人们为了子孙后代和数十亿个其他物种的福祉而对生物圈之繁荣昌盛加以珍视的伦理体系。

各种协调和计划体系已经初见端倪，它们或者出现在联合国和许多国际机构中，或者在公司、学术圈以及非政府组织的国际运作管理中显现。今天，科技进步的速度让人刮目相看。而且，除了在最悲观的未来情景中，人们几乎没什么理由认为科技进步的速度会放慢。科技进步的速度甚至还会越来越快。然而，今天各国的教育体系还没适应好这些新的挑战，其原因主要在于它们仍被困于民族主义盛行的年代而很少教授具有全球性的观点。各地的教育将不得不进行大刀阔斧的改造，这样才能让年轻人放眼世界，才能给予他们参与管理行星这样的集体项目所需的一系列技术、政治以及社交能力。诚如 H. G. 威尔斯所写的那样：“人类历史愈发变得像是一场教育与灾难间的赛跑。”[2] 教育体系也将为全球性伦理体系的演进所左右。要成为成功的行星管家，未来的一代代人将必须超越对自身族群的忠心。他们需要学会不仅将人类当作一个整体来珍视，而且要同样珍惜与我们共享这颗星球的其他许多物种。随着人类开始向其他行星和卫星移民，我们所面临的环境将会不友好得多，而那一定会使得我们对地球家园的美丽与友善更为敬重。

哪些长期趋势会左右未来千年的历史呢？

虽然关于未来历史的确存在种种让人神往的想象，但想要胸有成竹地去想象未来的政治趋势几乎是天方夜谭。[3] 即便如此，仍有一点我们可以确认：如果我们想要胜任行星管家，全球性管理协调体制就必须演化出加强版。

想象技术的趋势会更容易一些，这是因为集体学习的根本大势将让技术创新一直进行，而到目前为止的人类历史都为技术创新所左右。此外，技术有自身的逻辑，而我们已经看到了未来的几百年内可能会兴起的势头。重要的新技术将包括：（1）可持续地生产大量能源的技术；（2）纳米技术；（3）人工智能和机器人技术；（4）可以改造人体乃至让我们的子孙后代借由人机混合之躯寿数无限的生物技术。

新的能源技术

现代世界的建构有赖于化石燃料提供的海量能源，而如今我们知道不能长久依赖化石燃料。我们可以通过可持续的办法生产出更多的能源，保住现代社会的发展成果吗？我们对此可以持谨慎乐观的态度，原因在于很多我们需要的技术已经实现。有两大变化将是至关重要的：我们必须用可持续的方法来大量发电；我们必须用以可持续的方法生产的电能为一切供能，从汽车到工业生产，再到通信与家电。迫在眉睫的一大挑战便是要尽快采用这些技术，因为2020年化石燃料仍占能源消耗总量的85%，全世界大量的基础设施和大多数经济关系依然为化石燃料所左右。

大多数富有前景的能源生产技术其实都是利用阳光的新技术。水力发电用间接方式对太阳能加以开发：蒸发和降雨带来水流，而水力发电就是利用水流来驱动涡轮发电。风力发电是用空气的流动来驱动涡轮，而空气流动的动力来源也是太阳。太阳能发电是对阳光的直接利用——通过人工形式的光合作用来收集太阳能。相比自然光合作用，人工形式的光合作用效率更高。这些技术都有很大的潜力，这得益于它们的效能正在飞速提升。我们可以想象：在未来的一二百年内，满世界都将是捕获太阳能的设备——它们足够袖珍便携，可以装在衣服上、帽子上、屋顶上以及马路边。有的设备还会像向日葵一样随着太阳的位置变化而转动。氢也是一大富有前景的能量来源，对于飞机制造和钢铁厂这样的能源密集型工业来说更是如此。氢与氧结合时可以产生大量能源，而它们产生的主要废料是水。但找到可持续的氢能制造与储存方案尚属挑战。

说起非太阳能，20世纪时人们曾对核反应堆寄予厚望。但在诸如1986年切尔诺贝利核电站事故这样的重大事件之后，这样的期待开始式微，其原因还在于核裂变所产生的放射性物质会持续放射几千年。不过更加安全的新形态核能或许仍有用武之地。[4] 20世纪中叶，人们开始了核聚变供能实验。比起核裂变能，核聚变供能应该更加安全也更加清洁。这里的问题在于要在极高的温度条件下对核反应堆进行管控，但到了21世纪末这些问题就很有希望得到解决。当然，全新的能源技术仍然可能会出现，比如有种设想是通过发射大量卫星来收集空间太阳能，再用微波辐射把太阳能传送到地球上。[5]

新的技术和新的法规可能也会让能源惠及更远的地方。各种生态税鼓励减少浪费，也影响着消费者使用能源的方式。在输电过程中几乎畅通无阻的超导体可以大幅降低储存和运送环节中的电力损耗。超导体也会给交通运输带来一场革命：它可以为超级磁铁供能，实现几近零摩擦的地面出行方式。[6]目前超导体只有在气温很低的环境中才能实现，但人们有望在未来的几十年里制造出常温超导体[*]。

一系列新的能源技术若是可以精益求精、不断提高，它们就能为一个能源生产富足且可持续的时代打下基础，这就好比瓦特改良的蒸汽机。想要控制规模大上许多的能量流动，这可能就是第一步。20 世纪 60 年代，苏联天文学家尼古拉·卡尔达肖夫（Nikolai Kardashev）提出用一种新奇的方法从整个宇宙的维度来思考能源控制的问题。卡尔达肖夫为在宇宙中寻找生命（SETI 计划，即“寻找地外文明计划”）深深着迷，他很好奇想让信号穿越一个个星系的话需要什么样的技术。[7]为了回答这个问题，他提出了一种假说：根据所能利用能源的多少为不同的文明排定等级。I 型文明可以控制大多数自恒星抵达其星球的能量，或者说大约是 10^{17} 瓦。现代人类消耗的能源差不多就是这个数，而其中的大多数来自太阳。这也是为什么在卡尔·萨根的描述中，20 世纪 70 年代的全球能源体系相当于卡尔达肖夫指数中的 0.7 型文明[8]。在接下来的一两百年间，

* 2020 年，美国罗切斯特大学的研究人员在 15 摄氏度的温度条件和巨大压力状态下观察到了氢化物的超导现象，但学界对这一成果有较大争议。

新的能源技术将很可能在地球上创造出 I 型文明。

在卡尔达肖夫的文明等级中，II 型文明所能控制的能量是 I 型文明的 100 亿倍，也就是差不多 10^{27} 瓦。II 型文明可以把本星系里恒星释放出的大多数能量加以利用，这可以通过建造“戴森球”（Dyson spheres）来实现。“戴森球”是一个太阳系大小的太阳能电池板网络，它可以吸收恒星输出的大多数能量。这个绝妙的点子最早于 1937 年由英国小说家奥拉夫·斯特普尔顿（Olaf Stapledon）提出。1960 年，美国宇宙学家弗里曼·戴森（Freeman Dyson）对其进行了更加严谨的探讨。如果戴森球已经存在于宇宙某处的话，我们可能能通过其散发的红外线侦测到它的踪影[9]。如果我们真的找到了戴森球，那么它们将会代表一种全新的复杂实体形态，这种复杂实体将以恒星系统的规模存在。

卡尔达肖夫指数中的 III 型文明代表的是星系规模的复杂实体。它们所能控制的能量又要大上 100 亿倍，即 10^{37} 瓦，这也意味着 III 型文明将可以在整个星系的范围内收集能量。有人推测被称为霍格天体（Hoag's objects）的奇怪环形星系可能代表的就是星系级别的戴森球。在这种观点看来，这样的天体可能由一种星系级别的种植技术搭建而成。在种植的过程中，很多恒星系统被修剪掉或者清除，这样就能在星系的核心位置制造出一个缺口，而外环的恒星系统则有居民。于是，外环星球上的诸多文明就可以把大多数自核心位置散发出的能量加以利用。加来道雄表示，《星际迷航》中的星际联邦可能代表的就是 II 型文明，而《星球大战》系列中的银河帝国因其殖民了大半个银河系，可能已经接近 III 型文明的水平。[10]

我们子孙后代的技术水平能有怎样的成就？他们可能创造出怎

样的新型复杂实体？卡尔达肖夫提出的等级体系为此提供了思考的方法。尽管如此，如果我们的子孙想要去其他星系旅行，恐怕在千年内也难见希望。所以，在公元3000年时，不管当时技术已经多么高超，我们的子孙后代的技术很可能还会保持在I型文明的水平上。

纳米技术：小小的机器

纳米技术就是在分子大小的维度上制造机器，在该领域有很多颇具前景的进展。在纳米技术的领域，很多机器可能跟大肠杆菌差不多大小。1959年，在一场名为《在底部还有很大的空间》（*There's Plenty of Room at the Bottom*）的演讲中，物理学家理查德·费曼预言了纳米技术的出现。[11] 从费曼的年代起，各种各样的纳米技术便百花齐放。今天，计算机芯片已经无处不在，而且现在我们还能移动单个原子。未来学家约翰·斯玛特（John Smart）认为今天大多数的技术进步都发生在纳米级别——从量子计算机到碳纳米管等新材料的出现、电池性能的提高、超导技术的进展、核聚变技术的改进、基因工程等等。[12] 生物学家已经在考虑这样一种可能性：让纳米机器人进入人体并游弋到出现问题的地方，待它搞定问题之后就可以像细胞里的蛋白质一样自行解体。很多机器最终都会变得小到看不见，而且也会便宜到我们几乎很难注意到为它花了多少钱、耗费了多少精力。纳米技术的拥趸希望在未来的几百年内，我们的子孙能常态化地制造出价格低到可以忽略不计的强力纳米机器，而且这样的机器不会对生态环境造成影响。[13] 到那个时候，大多数的生产环节将不会在工厂进行，而将在便携的3D纳米打印机里开工。那时的3D纳米打印机将会像今天的计算机一样无处不在。我们周围到处都是纳米机器，很多纳米机器还会在我们的体内工作。在地外定居点，纳米制造将尤其会扮演重要的角色。

人工智能

人工智能和机器人可能更具革命性的意义。[14] 身处 21 世纪初的我们已经被各种机器、汽车、武器和电话包围。因为它们可以在计算时比我们更精准，也能比我们分析更多的信息，所以依照某种判断标准来说，它们已经比我们要聪明得多。到 2020 年，世界上差不多一半的人拥有智能手机，而每一部智能手机的计算能力都要比 1969 年载着尼尔·阿姆斯特朗登月的飞船要强许多，毕竟那艘飞船的内存是以 KB（千字节）计算的。人工智能的发展速度比很多人预期的要慢，其原因在于人们发现哪怕是非常聪明的机器也会在人类习以为常的事情面前束手无策。因为人工智能对于自己的逻辑太过较真导致它们缺乏常识，而且它们在模式识别方面做得不是很好。在未来的几十年内，这些问题可能会随着人们教会机器通过“深度学习”无师自通而得到解决。在国际象棋和围棋等竞技场上，计算机已经教会自己如何打败人类的世界冠军。这些机器不求尽善尽美，它们也不是只会算来算去——和万千生物一样，它们从经验中学习，经常和自己对弈，并把曾经管用的招数都记下来。这是一种很复杂的未来思维。通常情况下，连训练这些机器的人也搞不懂它们使的究竟是什么招数。

在人工智能研究领域有一个重大问题：一旦这些智能机器比我们更聪明，它们还能受我们的控制吗？有一种可怕的未来情景便是智能机器人揭竿而起，它们会奴役我们的子孙，甚至将其赶尽杀绝。在托比·奥德的估计（见表 8.1）当中，这也是通往生存性灾难可能性较大的路径之一。早在1863年，英国作家塞缪尔·巴特勒（Samuel Butler）就曾写道："我们正在创造自己的接替者。人类在机器面前的样子将会变得跟马和狗在人面前一样。"[15]尤其吓人的是机器人发起的革命可能从开始到完成也就花费几纳秒。在《超级智能》（*Superintelligence*）一书中，瑞典哲学家尼克·博斯特罗姆（Nick Bostrom）想象了一个专注于制造回形针的计算机网络。这些计算机重复着自己的任务，一心只有这一件事，没有什么感情可言。最终，它们着手把整个地球乃至可观测宇宙中很大一部分都变成回形针。[16]我们能否证明它们的目标就比所有生物体的目标（生存、繁衍）要更好或者更差呢？事实上，今天对机器人和人工智能的研究很大程度都是由军用需要所驱动的，我们也不应对此熟视无睹。设计军用机器人的初衷就是杀人。我们只能指望人们在很长一段时间内可以把机器战士、导弹和无人机都管得死死的。

诸如机器人暴乱这样的情景给我们提了个醒：人类技术既能拯救我们，也能让我们毁灭。然而，如果我们设法让智能机器尽在掌控中，它们肯定能担得起行星管理和打造更加美好的未来的关键使命。我们已经在和计算机、机器人共同打造一个遍布各地的强大联盟，它以"物联网"的名字为人们所知晓。有朝一日，包括自动驾驶汽车和智能义肢在内的智能机器可能会具备读取用户思想的能力。可以对我们的思维做出反应的移植装置已经问世。1998年，一位移植进瘫痪人士大脑的装置让他得以控制计算机，这还是有史以来第一次，类似的装置还可以被用来控制轮椅和外骨骼。[17]由嵌入式太阳能电池板提供能源的智能衣物会不会根据天气变化来改变自己的质地和薄厚呢？在未来的几百年内，这样的情景可能会变得稀松平常——满世界都是给人提供便利的智能机器，而很多机器小到肉眼看不见。而对于很多人来说，这些智能机器所做的工作似乎像古代萦绕在人们想象中的看不见的魔法一样神秘莫测。

超人类主义：改造人类

新的医疗、生物和基因技术既能改造人，又能改造各种东西。的确，如果我们能够造访公元 3000 年，我们见到的大多数人可能会显得跟他们所用的技术以及居住的城市一样奇怪。20 世纪末，我们明白了人类基因组的工作原理，而我们现在知道如何用类似 CRISPR 的基因编辑技术对某个生物体逐个基因地进行改造。弗里曼·戴森已有预言：这些技术将会被用来制造新的生物体和非生物体。[18] 如果我们学会了如何人工合成肉类，那么，那些如今被当成盘中餐对待的动物的生死便会有所不同。这也能在我们与其他物种间打造一种更加慷慨、更有同情心的关系。如果我们学会用生物方法种出房子、路灯和汽车，我们城镇与村庄的面貌会为之改变，挤成块儿的混凝土城市也将变成曼德博式的分形几何地貌[*]，看上去就像是菌类家族开大会。

孔多塞曾经梦想着对人体进行加强并延长人的寿命，而新的生物技术将会使我们向着他的梦想更近一步。我们已经对很多其他物种进行了基因编辑，现在只是囿于伦理学上的顾虑才没有放开手脚将编辑人类基因常态化，但对胚胎进行基因编辑已经开始。我们再过多久就能迎来首个基因编辑人类婴儿的诞生？或许孕育其成长的

---

* 犹太裔美国数学家本华·曼德博（1924—2010）创立了分形几何，具有以非整数维形式充填空间的形态特征，由分形几何建构的地貌因而显得零碎且不规则。

是人造子宫，而这个宝宝有经过增强的大脑，还没有什么明确的基因缺陷。到公元 3000 年的时候，这一流程可能就像配眼镜和装助听器一样普遍。我们能规避对这些技术的恶意使用吗？就比如说，能避免创造阿道司·赫胥黎的小说《美丽新世界》里的克隆人那样服务于社会精英的整个下层阶级吗？

在被称为超人类主义的当代思想传统中，对我们的身体进行加强将被视为人类未来中广受欢迎的一大趋势，或许这样的趋势还将成为主流。超人类主义的信徒对种种由计算机控制的、应用生物技术或者基因编辑技术的改造手段翘首以盼。这些改造可以增强人类的体力与智力；它可以让生活中人体大多数的生理与心理不适烟消云散；它还可以无限延长人的寿命，或许还能让人类与机器进行无缝融合。娜塔莎·维塔–摩尔（Natasha Vita-More）曾经列出了几个超人类主义的目标，而这个笔名恰恰具有超人类主义著作典型的戏谑风格。*

> 坚信人的生命可以延长、人可以逆龄生长、死亡是个选项而非必须经历的事情，这些便是超人类主义的核心。超人类主义还提倡用人工智能提高人的理性决策水平，用纳米技术化解环境危机，用分子制造消除贫困，以及用基因编辑减轻病症。[20]

1962 年，波兰作家兼哲学家斯坦尼斯拉夫·莱姆（Stanislaw

* 娜塔莎·维塔–摩尔生于 1950 年，是纽约的一位设计师，以其关于人体增强和寿命延长的作品而闻名。Vita-More 有“活得再久点”之意。

Lem）曾想象过这样一个世界：虚拟现实装置十分强大且与我们大脑的相应部分精准连接，以至于我们已不再分得清现实与虚拟世界。30 年后，他得出结论：很多相关的技术已经存在。[21] 我们会最终完全脱离躯体吗？或许可以把我们的思维下载到计算机里或者加强版的阿凡达化身里？也许我们终有一天可以在不同的身体间搬来搬去，就像今天的搬家一样？或者可以直接与其他人分享意识？我们能想象老师在教育中显得多余会是什么样吗？因为，到了未来，用相当于今天优盘的装置就能把知识植入学生的脑中了。[22] 我们又能否想象判决对罪犯进行大脑改造的法律体系是什么样吗？

上述想法中，有的可能会让我们坐立不安，但每种想法的可能性都存在。如果过去一两百年人类在医学上的快速发展得以持续，那么到公元 3000 年的时候，有可能很多人都能健康地活上好几百年，其拥有的能力放在今天看像超人似的。那也将是我们人类分成若干亚种的开始。不出几百年光景，普通人、半机械人和超人类……人类的多样性就会变得越来越复杂，而每一种人又都会有独特的增强技能。对于生活在今天的我们而言，与这些人会面肯定不会是愉快的经历。

就本节讨论到的种种技术而言，它们当中大多数的端倪已经为我们所见识，而且有些已经存在于我们的生活中。但到公元 3000 年的时候，可能会出现很多今天想都不敢想的技术，那些技术会让我们困惑不已，就像西塞罗要是活过来也会被智能手机弄得满脸问号一样。

向地球以外移民

向其他行星及行星级天体进行移民将会使生物多样性的发展进

程大大加速。全球人口流动的汹涌大势古已有之。鉴于此，我们有理由相信自己的子孙后代中会有很多人在未来的几百年间携其他物种移民太空。一旦抵达了外星球，他们就会去重新创造有意识的行星。这个过程有几分“出芽”的意思——这就好比有意识的行星的繁衍。

本·芬尼（Ben Finney）是研究太平洋史的专家。他曾写道：

> 我们经演化成为具有探索性和迁徙性的动物……借由不断发展的技术，我们的祖先得以从热带老家扩张到各地。他们旅居到许多不同的环境中并活了下来，尽管他们的身体原先并不适应这些新环境。人类想要在太空扩张和维持，就需要交通运输、生命支持以及其他系统的发展。太空移民和这些系统所代表的恰恰是地球行为的延续，而非背道而驰。[23]

本·芬尼认为，对于未来移民太阳系其他星球的人类而言，波利尼西亚人在太平洋地区的迁徙历史可以提供有用的参照。波利尼西亚人的迁徙有赖于太平洋中的众多群岛。在波利尼西亚人向大洋深处进发的过程中，这些群岛充当了他们的垫脚石，而我们太阳系里许许多多的行星、卫星和小行星也是如此。[24] 而且，一如波利尼西亚人的迁徙，未来穿越太阳系的人类所依靠的也将不仅仅是新的航天技术与新型的太空船，还有一群勇于冒险、有动力踏上漫长凶途并能适应陌生环境的人。

和波利尼西亚人不同的是，今天的人类已经把机器侦察员先派了出去。自第一个人造天体（1957 年发射的人造地球卫星“斯普特尼克1号”）进入太空以来，我们已经向太阳系的其他地方发射了数百颗人造卫星。其中，1977年发射的“旅行者”1号和2号现在已经飞离太阳系的边缘。不出百年，可能就会有数千人生活在月球和火星的小型定居点上，甚至在小行星上也会有人为了采矿而居住。在所有的定居点上，大多数不可或缺的重体力活以及建筑、保障工作都将由机器人和3D打印机大军来承担。人们还会把其他物种捎上，就像波利尼西亚人的旅途也会有鸡、猪、老鼠以及芋头、山药和香蕉相伴。但这些被带往外星的物种可能都经过了针对不同重力条件和大气环境的基因编辑。在月球和火星上建造永久居所将会极其困难，也将格外烧钱，而很多定居点都会以失败告终，但这项任务不该成为天方夜谭。诚然，月球和火星的环境条件要比地球上最严酷的环境更为严酷，然而，和最初移居新领地的波利尼西亚人不同，我们对将要抵达的地方已经有了不少了解。这些了解都拜之前机器人所做的探索和我们那熠熠生辉的新技术工具包所赐。

再过几百年，太阳系很多行星、卫星、小行星以及特意建造的星舰上都将纷纷建立起人类定居点，而有的星舰将跟小行星或者体量较小的行星一般大小。许多仍在地球上服务人类的制造业企业或将同样移往太空。2021年7月，亚马逊CEO（首席执行官）杰夫·贝索斯在完成了自己的第一次太空飞行之后做出了这样的评论："我将要告诉你们的话听上去有点异想天开，但它终将发生——我们能把所有的重工业和污染企业都搬离地球放到太空作业。"[25] 和地球上最早的那批移民一样，前往太阳系其他地方的人也会试着改变周围环境，好让日子好过点。“地球化”（terraforming）将会在防护措施严格的避难所和地下城中徐徐开启。但这些定居点的居民终有一天会试图对山形地貌进行改造。他们会打造出海洋并创造出可以呼吸的空气。金·斯坦利·罗宾逊（Kim Stanley Robinson）的《火星三部曲》就对火星的“地球化”进行了想象。然而，即便罗宾逊想象不出两三百年内就能让大量人口呼吸火星空气，我们还是要说，他可能太乐观了。

随着这些跨越行星的移民对新家进行改造，他们也将改造自己，无论是文化层面还是生理层面都是如此。那些永久居于地球之外的人对地球和人性的看法会有所不同。他们会逐渐产生新的政治制度、文化规范和技术。在适应不同类型的空气、大气压和饮食结构乃至作息规律与太空长途旅行艰辛的过程中，他们的生物构造也会改变。他们还会用地球人所熟悉的超人类主义技术来对自己的身体进行调试。[26]

开创性的阶段结束后，行星间移民将成为人类历史重要新纪元的标志：自 20 世纪开始的短暂而危险的时代就此终结——在这个时代中，人类居住在单一星球上，却拥有毁掉行星家园的能力。我们人类的世代延续也在这段瓶颈期显得最为脆弱。移居外星应该可以让我们人类有更大的机会延续数十万年，乃至数百万年。这就如同生命的繁衍会让种群一直存续，但种群中的个体会死去。

到了公元 3 千纪的末期，经过机器人几十年甚至几百年的探索，我们的后代可能会向别的星系进发。他们可能会将彗星作为垫脚石，比如太阳系奥尔特云里的那些彗星。这些彗星只是很松散地受着太阳的管束，因为它们与太阳的距离都快要跟离太阳最近的恒星——半人马座 α 星（南门二）的三合星系统一样远了。[27] 终有一天，我们很久很久以后的子孙可能会定居于大半个银河系，就像地球上最早的生物体曾霸占刚形成不久的地球海洋一样。我们尚无法想象星际移民要靠怎样的技术来驾驶飞船、维持稳定的环境以及让人（或者是后人类！）睡上好几百年。星际旅行仍然要依靠一群勇于冒险踏上漫长凶途的人，而且这趟旅程很难再有归途，甚至压根儿就不可能回来。太空飞船如果以光速的百分之一航行，那么要花 400 多年才能抵达半人马座 α 星。但如果他们从那里再以差不多的速度四散开来，那么在一亿年内，银河系各处的恒星系统就都会有人居住了，这也就比恐龙统治地球的年代距今的时间跨度再稍微长一点儿。[28]

从地球出发的移民会遇上其他形态的生命吗？这个概率在 20 世纪末似乎变得更高了，因为我们在那时知道了在宇宙中行星有多常见，又多么千奇百怪；我们也知道了由氨基酸这样的形成生命的分子组成的星际云有多大；我们还知道了依赖地球存在的生物体的存活条件是多么多样。[29] 不出几十年，我们对邻近地外行星的了解应该就足够让我们搞清楚那里是否会有生命。但是，我们与具备某些集体学习能力的复杂智慧生命形态进行接触的机会就要小得多。毕竟，花了超过 30 亿年才让多细胞形态的生物在地球上繁荣昌盛，而且人们用 60 多年的时间在天空中搜寻生命的信号，但到目前为止一个也没侦测到。如果真的碰巧发现了其他像我们这样能够进行集体学习的智慧生命，遥远的距离也很可能会让我们天各一方，生物构造上的、神经上的，乃至技术上的差异亦会使然。若是可以面对面相遇，我们不大可能会碰到恰好与我们处于同一技术水平的物种。我们倒是可能遇上经验十足的旅行家，而它们的技术要比我们的先进许多。我们将会是新手，而技术的代沟让我们占不了便宜。这也是刘慈欣在他了不起的“地球往事三部曲”（即“三体系列”）中所表达的核心思想。在这部三部曲中，地球面临被三体人入侵的威胁。当然，我们可能会无意间碰到热衷于进行物种保护的文明形态，比如想要保护我们人类的地外文明，“就像我们出于科学研究的兴趣在国家公园保育野生动物一样”[30]。

不同的情景

正如我们在前面对未来百年所进行的想象，通过对未来千年的情景进行想象，我们便能把上述的种种经纬交织在一起。1000 年是段很长的时间，长到足够让不同的情景在不同的时代和地球乃至地外定居点的不同地区多次上演。然而，当我们回望 1000 年前、2000 年前，甚至回望西塞罗生活的年代，我们便能对这个时间维度有些概念。上一章里我们用了四个标签——“崩溃”、“规模缩小”、“可持续”和“增长”。所以，把千年之后的可能情景归入这四个标签或许依然有助于说明问题。

极端的“崩溃”情景意味着人类历史的终结。在接下来几个世纪的“瓶颈期”中，这种可能性将一直显得合情合理。卡尔·萨根曾把这段时间描述为技术的青春期。在这几个世纪内，我们将拥有毁灭自身的能力。[31] 的确，在未来的几百年间，灭绝的危险可能将成倍增加。如果我们真的灭绝了，几乎可以肯定那是我们自己的错。我们的崩溃可能会源自能力欠缺、目光短浅、合作欠佳或是在技术上做得过头以及创造出我们自己无法控制的新生力量。

也有不那么糟糕的“崩溃”情景，比如部分或区域性的崩溃，接下来会有长达几百年的缓慢复苏。在诸如罗马帝国的陨落这样严重的崩溃性事件之后，复苏可能将是接下来上千年间的主旋律。生产力水平会骤降，全球人口会跌至几亿人。大多数人将在勉强温饱的状态下过活，然而也会存在被层层保护且富得流油的小团体，就像封建时代的城堡中的贵族一样。在沃尔特·M. 米勒（Walter M. Miller）于 1959 年创作的科幻小说《莱博维茨的赞歌》（*A Canticle for Leibowitz*）中，在一场以“烈焰滔天”（flame deluge）之名被铭记的核战争后，作者叙述了一段长达几个世纪的技术重生之路。最终（剧透警告！），大多数的现代技术得以恢复，其中也包括核武器，然后……核武器再次发射，新一轮的“烈焰滔天”开始。有没有可能我们现在所处的位置已经接近技术的天花板了呢？如果灭世技术真的存在，它们真的无可避免地要被派上用场吗？这个想法会让孔多塞沮丧，又会让马尔萨斯产生某种瘆人的满足感。这番情景也能解释我们为何还没与智慧生命接上头。有可能我们在宇宙中就是孤独的，但也有这样一种可能：对于所有拥有集体学习能力的智慧生物而言，它们都要面对一段瓶颈期，而在这段瓶颈期内，生存危机几乎无可避免，所以它们就是活不长。难道说，在我们的宇宙中，像我们这样的物种终究会像银河中的萤火虫一样昙花一现？

但愿米勒描绘的终章过于悲观。我们还可以想象这样的情景：尽管上手很慢，可人类终将学会如何管理自己与地球，只是这个学徒期会持续多个世纪。或许我们的子孙当中有很多代人将经历崩溃、战争和复苏，直至他们掌握管理好地球所需的政治才能、合作精神与新的技术。在诸多“崩溃”情景中，我们的后代将会在公元 3000 年出师，成为合格的行星管家。

其他可能的情景则会更乐观一些。在这些情景所勾勒的未来中，人类很快就学会了如何管理地球，且随着时间的推移愈发得心应手；合理有效的全球治理体系逐渐成形；计算机控制、生物技术或者基因编辑等改造手段提高了人们的健康水平，延长了人们的寿

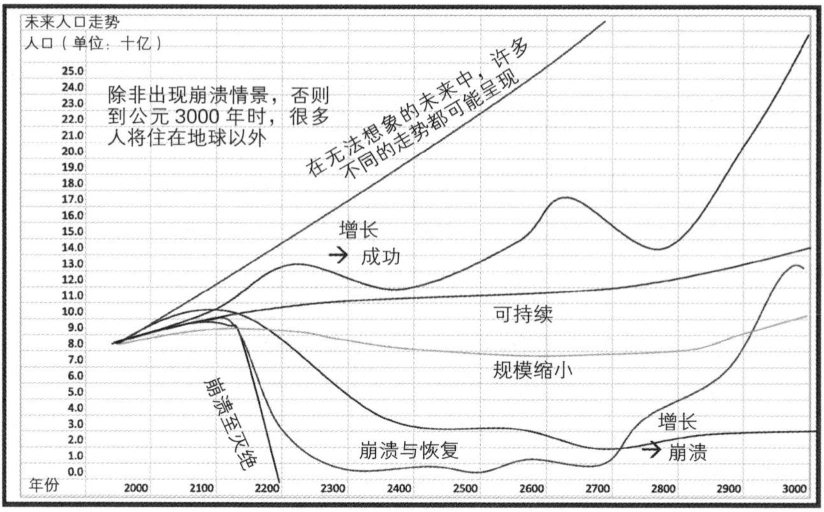

图 9.1　基于增长、可持续、规模缩小和崩溃四种不同的未来情景绘制的未来千年全球人口走势图

命，可能还创造新的人类亚种；技术革新持续不断，而且人类的创造力催生出许多新的生活起居方式。在所有这些情景中，都会有人开始离开地球生活，也将最终结束瓶颈期。

与 21 世纪初富庶的社会相比，在“规模缩小”情景中，大多数社会的人将更加清心寡欲，也将不那么热衷于消费。即便到了公元 3000 年，物质生活水平可能并不会比今天高出一大截。然而，或许规模缩小的情景只会周期性地在世界部分地区出现，如在重大危机后出现。又或者这些情况主要在地外定居点上演，因为那些地方的条件会更加艰苦。

“增长”情景则会坚持当代具有竞争性的资本主义处事方法。正如我们在前面看到的那样，这种情景主要的隐患在于它们低估了在消费和能源消耗领域放任增长带来的生态危险。但是，如果它们奏效的话，很多炫目的新技术将会问世，我们目前面临的诸多环境挑战将得到解决，而物质财富空前丰富的社会形态也将诞生。即便如此，驱动这种增长的资本主义引擎同样可能使得世界变得更加不平等，那将会带来剧烈的动荡以及“国家”间、地区间，乃至其内部的冲突。此外，在那些更加注重增长而非可持续性的社会当中，有可能生物多样性的水平会进一步降低。厄休拉·勒古恩的小说《一无所有》中还有个名为“乌拉斯”的行星，它可能提供了一个堕落版“增长”情景的虚构样本。

“可持续”情景所创造的社会形态将近乎 20 世纪初人们所畅想的全球性乌托邦。在管理地球和生物圈这样的长期挑战面前，我们的后代将很快达成协议。在几百年的时间里，全球气候都将比今天温度更高。如果真有这么一天的话，生物多样性也只会以非常缓慢的速度回到遥远的过去的水平。这是因为，即便在最乐观的情景中，人类即将消耗地球资源的份额也高得不像话。不过其他物种的灭绝速度将会稳定下来。人们会密切监测温室气体浓度，而在地外定居点生活的经历会一直提醒我们的子孙后代：尊重生态法则和资源极限是多么重要。

在“可持续”情景中，千年以后生活在地球上的人口可能会与今日相当，或者甚至比现在少一点。但人类的总量则要比今天更多，因为很多人已经在地外定居点生活。大多数人将活得更久，也会活得更健康；很多人会伴随生物强化技术生活；还有很多人会被克隆或者通过基因编辑变得更强。贫富差距会受到限制。而且，不管是对地球上的居民还是对那些生活在更加和谐的地外定居点上的人而言，他们的物质生活水平都将胜过今天的我们。但他们也不至于太过铺张，因为今天的消费主义风潮将早早被摒弃。先进的 3D 打印技术将无处不在。人们将得以轻轻松松打印新的器官、新的装置、新的房子和新的汽车，就跟我们今天打印个文件似的。很多机器都将实现智能化，但它们的体型会很小。纳米机器人将能够清理废弃物，能够在我们体内搜寻癌细胞、分配维生素和其他药物，它们会为了降低温室气体浓度而在海洋和大气中游弋，也会为了打理宇宙飞船和地外定居点而翱翔于太空。所有的纳米机器人都有自己的动力系统。在我们的城镇和地外定居点中，很多物品和建筑都将自有机材料中生长出来。在我们今天只能见得着直线与四方块的地方会出现曲线与柔和的质感。

在最具吸引力的"可持续"情景中会出现有效而去集权主义的全球治理体系，而多数权力将会下放给地方。消费的增长会放缓，但知识、科学和创造力的增长则会令人惊叹。艺术的繁荣将以今天我们无从想象的形态与媒介来呈现。停滞不前的社会将不复存在，层出不穷的变革将带来新兴多元的生活方式、思维方式和社交形态。对地外定居点的需求将驱动新的太空运输与通信技术的发展，而地外定居点朴素的生活方式可能也会影响地球上人们的生活方式、流行趋势和伦理观念。

最终出现的未来形态会将上述所有情景中的元素进行糅合，而最不可能发生的就是像完全崩溃和乌托邦式的成功这样的极端情况。不同未来情景中的元素会在不同地区或是不同阶段分头上演，这样的可能性会更大一些。未来会为难以预料、或好或坏的偶然事件所左右，会为无妄之灾、技术的突飞猛进和匪夷所思的崩盘所影响。今天的我们无从想象自己将会被它们带往何方。

遥远未来的人类世代

如果我们能熬过几百年的瓶颈期，我们的子孙后代或许还能再延续几十万年（这就同我们人类已经存在的时间一样长了），或者甚至还能再延续数百万年。在这样的时间维度上揣测未来的样子会让我们的处境近乎科幻迷口中的“太空歌剧”。金·斯坦利·罗宾逊曾这样形容“太空歌剧”中的情景：“你在银河中呼啸着四处出没，连物理定律都为你开了不少口子。”[32] 艾萨克·阿西莫夫就将他的《基地》系列小说设定在50万年后的未来。故事发生的场景是作者虚构的一片领地，彼时整个银河系散落着数千个人类聚落。鉴于各个恒星系统之间的距离实在遥远，而且假定我们没有找到如何以光速甚至更快的速度航行（在今天看来似乎是天方夜谭），人类将不再拥有共同的未来。在不同的恒星周围将出现不同的未来情景，有的情景对于今天的我们而言难以想象。

甚至当我们说起“人类”这个词的时候，它的意思都将有些模糊，这是因为超人类主义的技术和面对不同环境的适应性演化会将人类分为很多个亚种。自5万年前起，人类开始作为单个物种存在，但这段人类历史中很短的阶段也将就此终结。我们的后代会住在各种各样的行星与卫星环境中。他们还会住在人造飞船上，这些飞船或是在银河系的不同区域围绕着许多不同的恒星运转，或是航行于星际空间中。正因为如此，我们的后代的生物特征、技术特点和文化特性都会不再一致。卡尔达肖夫的模型表明了这样一种可能性：大多数技术先进的社会形态都将能够掌控庞大的恒星能量。它们所用的技术让我们难以置信，而它们的目的也超乎我们的想象。

集体学习的大趋势定将延续。我们的子孙后代将会交换信息并创造出新的技术、控制环境与旅行的新方式、比邻而居的新点子以及新的娱乐方式、艺术形态与精神信仰。交互网络将会跨越不同的恒星系统，这定会带来观念、生活方式和技术的共享，无疑也会让人类后裔的文明呈现出奇异的多彩景象。我们的子孙后代或许还会抵达其他星系。我们的后代远走他乡，他们可能会遇到同样拥有集体学习能力的其他物种，并且会与之进行贸易、发生冲突，甚至融为一体。当代的人类史——人类作为生活在单个行星上的单一同源物种的历史就好像是遥远而奇异的过去那一闪而过的信号。

关于遥远的后人类时代未来的那些最极端的推测恰恰是以类似这样的趋势作为出发点的。基于卡尔达肖夫的未来文明类型学研究，加来道雄进行了这样的想象：III 型文明实在是太强大了，被我们视作物理学基本定律的规律也会被它们扭曲。他认为，如果这个宇宙变得太不舒适、太过寒冷或者仅仅是太过无聊，我们遥远的后代或许将会通过构建通往其他宇宙的“虫洞”来重塑空间与时间。在发表于 1979 年的一篇具有广泛影响的论文《没有尽头的时间》（“Time without End”）中，弗里曼·戴森认为：如果生命存续且像在地球上一样继续演化的话，那么“就不可能对生命可能显露出的物理形态多样性附加任何的限制”[33]。生命与意识可以脱离血肉之躯而进入机器，乃至显现出更为古怪的形态。在戴森想象出的一种可能性中，生命形态存在于宇宙深空，它们基于由带电粒子组成的云团而生。戴森所参照的是弗雷德·霍伊尔（Fred Hoyle）于 1957 年发表的小说《黑云》（*The Black Cloud*）中的外星反派。由演化生出的此类转变或许意味着生命可以在星际空间以 10 亿年为单位一直存在下去，哪怕在又冷又老的宇宙中既没有自由能又没有水在流动。或许，在这样的宇宙中，生命的生活节奏会很缓慢，把大把的时光都花在休眠上。

当然，这在很大程度上还是推测，或许关于这点我们所能说的不过是它并非无稽之谈。但是，如果这些推测有那么一丁点儿道理，那么它们就是在提醒我们：无论何时何地，拥有集体学习能力的生物体的出现极为重要。

第 10 章

遥远的未来

余下的时间

我快没电了，天也要黑了。

——雅各布·马戈利斯（Jacob Margolis），记者，

于 2019 年 2 月对 2018 年 6 月 10 日“机遇号”

漫游车从火星发来的最后一则消息进行的诗意转述[1]

遥远未来的显著特征

本章所关注的内容将超越我们人类世代的未来。这里会谈到地球、太阳、银河系乃至整个宇宙的未来。这个史诗故事自 138 亿年前的大爆炸开始，而在本章的末尾我们将对史诗的终章做出推测。我们在这里真的想要借来众神的双眼，看看四散开来的时间的 B 序列和块宇宙的四维地图。和前面一样，我们的尝试是试验性的，也是推测性的，但有时候你会有种怪异的感觉——比起未来的几百年或是几千年，我们能把遥远未来的样子看得更加清楚。这几眼虽是雾里看花，却似乎正传递一个意料之外的要点：你我正处于时间

的开始阶段。我们的宇宙尚且年轻，它大部分的故事仍待讲述。

遥远的未来于我们而言已经不会有什么个人层面的联系，我们也无法对其产生什么实质性的影响。然而，对最遥远的未来进行想象似乎比上一章提到的预测中期未来还要容易些，这有点匪夷所思。究其原因，是距我们遥远的时间图景将主要由非常规律的机械过程所左右。所以，不用太担心像我们自己这样带有目的性的主体会有什么难以预料的行为。行星的运转是规律的，银河系的运转亦是如此。而且，如果你忽略少量带有目的性的主体所做出的难以预料的行为，那么宇宙作为一个整体，其运转似乎也是规律的。在本章中，我们的未来思维将与大趋势相伴。这些大趋势机械、规律且始终如一，我们将有足够的信心用它们来预测遥远的未来。宇宙学家告诉我们，对于某些整个宇宙演化过程中的趋势，我们甚至可以有理有据地用它们来预测时间的尽头。

当然，我们的自信也可能用错了地方。所有的预测都可能因明天的发现而变得荒谬。有的事情今天在人们眼里合情合理，但过20年或许就会让人啼笑皆非。

星球与星系的未来

地球、太阳和太阳系的未来

即便在庞大的时空维度上，有目的性的主体仍将扮演一定的角色。在未来的好几百万年间，人类活动仍将在很大程度上决定我们星球上不同物种间的相处方式以及气候与海洋系统的样貌。截至21世纪初，人类活动已经让地球上的生物总量减少了一半，首要原因便是人类对森林的砍伐。只要人类还在地球上兴旺发达，生物多样性就很难完全恢复到以前的水平。[2] 如果我们人类的后代移居到其他行星上，乃至其他的星系中，那么在整个银河系的维度上都将能感受到我们的影响。上一章所提到的情景中，有的情景让人惊艳不已：我们遥远的子孙后代可能会拥有操控整个银河系的能力，他们甚至能让今天你我所知的物理定律都发生扭曲。但在大多数遥远未来的情景中，我们的后代都将只是个小角色。

以几亿年的时间跨度来看，左右地球未来的主要是地质与天体运行的进程。[3] 人们对地球板块的变化趋势已经有了充分的了解，因而我们足够有理由去自信满满地对一两亿年以后的地球地质构造进行预测。[4] 大多数地球板块都按已知的方向以每年几厘米的速度进行移动，所以地质学家可以大致预料到海陆将如何自行重新排布。大西洋正在变宽，而太平洋和地中海正在缩小，所以有可能美洲大陆将会与东亚、东南亚以及澳大利亚会合，而随着地中海走向消失，北非和欧洲将发现它们正在连为一体。在大约两亿年之后，这些变化趋势将会使今天世界上分散的大陆板块聚集到一起，形成一块超级大陆。有的人已经将之命名为“阿美西亚”（Amasia）。这块大陆将为大肆扩张的大西洋所包围。上一块超级大陆叫作泛大陆，它的分裂发生于大约两亿年前。所以，如此分散再聚首的情景将会是长期循环趋势的一部分，可能会持续好几十亿年。[5]

二三十亿年以后，随着从地核散发的热量变少，地球板块运动将会减慢，乃至停滞。当板块的运行机制渐渐停下脚步的时候，地球的容貌将会僵住，因而整个地球的板块就像在做一个巨大的鬼脸。造山运动将会停止，岁月的侵蚀将会使各大陆的地表变得平坦。风呼啸着穿过广袤的平原，无可阻挡。

地球和太阳系的长期命运将掌握在我们的恒星太阳手中。一旦你意识到太阳的质量占太阳系总质量的 99.8% 的时候，我们这么说便也不无道理了。要知道，对于太阳而言，包括我们地球在内的各大行星以及围绕行星运转的卫星也就比尘埃组成的光环略强点。在有些宗教传统中，太阳被视作这宇宙中小小一隅的封建领主。它们没说错，因为恒星之间的距离太过遥远，所以其他恒星对我们的未来影响甚少。如果把太阳的尺寸比作西柚（而地球就像是 16 米开外围绕着它转动的花籽），那么距离最近的恒星系统——半人马座 α 星三合星系统将有 4300 千米之遥（实际上约距 4.4 光年），这比从旧金山到纽约更远。[6] 从恒星密集的银河系中心到恒星分布稀疏的银河系边缘，我们的太阳差不多处在中间，在这一区域，如此遥远的社交距离很常见。

和我们银河系中的大多数恒星一样，太阳和太阳系也围绕银河系中心区域运转。自 45 亿年前我们的太阳系诞生以来，它已经绕着银河系转了 20 来圈。和数以百万计的其他恒星一起，太阳时而高出银河系的中心平面（银道面），时而低一些，就像露天游乐场里的旋转木马似的。邻近的恒星有时候会向我们靠拢，但没有哪个会凑得太近。我们的太阳系每十亿年总有那么一两次要穿越星际尘埃云。在好几百万年的时间里，宇宙其他地方的光都会被遮蔽。如果我们遥远的子孙后代活在那段时期，它们会误以为我们的太阳就是全宇宙唯一的恒星。目前，我们的位置靠近银河系的中心平面，所以当我们望向银河系中心时，我们的视线会被星际尘埃云阻挡。但在 1500 万年以后，我们骑的旋转木马就会高过中心平面。如果那时候地球上还有天文学家的话，他们就会看到银河系中心核球的绝妙风景。[7]

恒星间保持这等规模的社交距离意味着，若是把恒星与行星视作一片大得无法想象的汪洋，那么太阳系便是汪洋中遥远的群岛。最近，我们遇到了两个从外星系来的陌生客人。2017年，人们发现了一个长得像饼干的奇特天体，给它起名“奥陌陌”（Oumuamua，在夏威夷语中的意思是“首个从远方抵达的信使”）。它很可能是从其他恒星系统中类似冥王星的矮行星上分离的碎块[8]。还有一颗叫作2I/鲍里索夫彗星（2I/Borisov）的星际旅行者于2019年被克里米亚的天文爱好者发现。这两个天体的运行速度实在是太快了，以至于逃过了太阳系的引力，而这也是天文学家确信它们来自其他恒星系统的原因。

天文学家们研究过各种类型数以百万计的恒星，这些恒星也处于各自演化进程中的不同阶段。因此，天文学家很清楚恒星演化的趋势，那也意味着他们在对太阳的未来进行预测时可以有些信心。[9]和所有的恒星一样，我们的太阳由氢、氦、尘埃和冰所组成的坍缩云团形成。随着压力的不断增加，云团中心不断升温，直至足以让含有单个质子的氢原子核聚变成为氦原子核。只要还有未参与聚变的质子，太阳就会一直燃烧下去。不同恒星间的主要区别是形成时的气体体积和尘埃云团的大小。在更大的云团中，引力会带来更大的压力与更高的温度，这意味着在体积较大的恒星中，其储存的质子会燃烧得更快，恒星也会更早消亡。相反，被称为红矮星的恒星体积较小，燃烧得更慢，但可以存在数千亿年。

太阳属于中等大小。它已经存在了45亿年，而且可能继续存在几十亿年。但也有人曾表示：要是我们的遥远后代因拥有了卡尔达肖夫II型或是III型文明的技术而学会了如何培育太阳，那它的消亡还可以再推迟几十亿年。[10]否则，太阳的长期命运就将完全取决于未参与聚变的质子什么时候耗尽。随着时间的推移，质子不断聚变成为氦原子核，并在恒星的中心位置不断集聚。像太阳这样的恒星就会变得越来越大，温度也越来越高。今天，我们的太阳要比初生时大 10%，而它向外散发的能量则可能要多出大约四成。[11] 随着太阳向外散发能量的增加，地球大气中温室气体的水平随之下降，诸如氧气这样的非温室气体的水平由此上升，地球上的生命也因此活过了这段变暖期。这些变化让地表温度保持在足以使生命繁盛的稳定水平上，当然，生命的繁盛也得益于水可以在海洋中以液态形式存在。詹姆斯·洛夫洛克认为，我们只是运气不错，而生物的存在本身也有助于维持它们在地球上生存所需的条件。[12] 事实果真如此吗？不管对错，什么也无法确保地球将会一直像今天这般对生命友好。的确如此，最近有研究表明，在大约 10 亿年后，太阳散发的热量不断增加，可能会分解地球大气中的二氧化碳。这对生命来说是灾难性的：呼吸二氧化碳维生的植物会因此窒息。没有植物呼出的氧气，动物也会窒息。[13]

再过 30 亿～40 亿年，太阳会变得更加炙热。它会把地球上的海洋全部蒸干，而那里本是地球生命的故乡。太阳辐射会把水分子分解为氢原子和氧原子。较轻的氢原子会漂浮到太空中，而氧原子则会和诸如铁这样的物质结合。地球会变得像废弃的沉船那样锈迹斑斑。地表的温度会达到 1000 摄氏度，石头会跟萨尔瓦多·达利画的钟那样开始融化。地球看上去就像是它那个酷热难耐而又寸草不生的邻居——金星。哪怕是最顽强的生命形态也将放弃抵抗，就此作古。[14]

等到了 40 亿年以后，太阳就将显出老态。太阳到目前为止都还算是一位稳定可靠的恒星公民，而这对地球上的生命来说也是好事，因为包括人类在内的生命都得以依靠稳定的天体运行趋势。然而，随着太阳储存的质子逐渐减少，它的表现将会变得更加不稳定。核聚变会减缓，然后太阳的核心会突然坍缩。这还没有完，因为突然的坍缩会让太阳的核心再次变热，飙升的温度会让核心部分周围的区域发生聚变。这部分区域将会扩张，而太阳的外缘会到达目前地球运行轨道的位置。太阳会鼓起来，它的外缘开始脱落，就像被丢弃的羊毛衫一样。到那时候，地球和太阳系的其他行星可能已经后撤到了更远的地方，因为随着太阳质量的下降，引力也减小了。这颗恒星变得越来越难以预料，从它上面脱落的碎屑定会把地球弄得遍体鳞伤。对于太阳系外围的气态巨行星而言，尽管它们处于相对安全的位置，但还是要忍受太阳越来越癫狂的表现。它们也会飘走，有可能会进入深空漫游并由此变成无家可归的流浪行星，就像我们在 2017 年见到的奥陌陌一样。

看起来晚景凄凉，但事情还可能更糟一些。比太阳质量大的恒星会英年早逝，而且是剧烈的超新星爆发——整个恒星系统可能会在几个小时内完全蒸发掉。这样的恒星系统没有给生命留下演进的时间。和大多数中等体量的恒星系统一样，我们的太阳系的死亡过程注定要漫长许多。它的某些过往还能继续保留一个又一个 10 亿年，而幸存的行星还会围绕着已死的君主以幽灵般的身躯翩翩起舞。然而，这死去的太阳系可是在遥远的过去曾孕育过生命的，不是每个恒星系统都能说出这样的话。

星系的未来

一如恒星与恒星系统、人与细菌，星系也会演化。

恒星诞生于大若银河的育儿所中。这间育儿所以氢元素为主，还有少量其他元素。随着恒星的消亡，它们会在超新星爆发和外层脱落时奉还当初形成它们的原材料。死亡恒星的余烬渐渐冷却，而余烬中的物质已不足以再次形成恒星了。这意味着，对于银河级的星系而言，它们的年龄越大，所包含的足以形成新恒星的物质会越少。早在好几十亿年前，我们银河系的恒星形成速度就达到了顶峰。银河系正在衰老，越来越多的居民变成了尸体，或者叫红矮星。再过几十亿年，星系中的星尘储备就将耗尽，再想要形成新星的话就得靠像太阳这样正在衰老的恒星了。衰老的恒星在外层脱落时会提供新材料，但这也不过是涓涓细流。大爆炸之后几亿年，星系们就开始了能量充沛的恒星形成过程。而在几十亿年以后，这一时代行将终结。各大星系将主要分布着体型较小、燃烧缓慢的红矮星。与我们这个时代灿烂的银河系相比，由红矮星组成的星系将要持续的时间会长得多。[15]

随着时间的推移，引力会让邻近的星系相互碰撞。碰撞的过程会很平缓，但场面壮观。在本星系群中，有 30~60 个星系存在，而其中银河系和仙女星系是最大的。[16] 它们的引力作用会拉近规模较小的邻居，再把邻居大部分的恒星财产据为己有。银河系已经把麦哲伦云中的两大星系拽到了面前。在接下来的几亿年中，银河系会与它们慢慢融为一体。随着星系的碰撞，单个恒星也会彼此擦肩而过。引力场的扭曲会让它们的轨道发生偏移。尘埃云会融合，密度会越来越大，可能也会触发新的恒星形成高峰期。仙女星系和银河系正以每秒几百千米的速度彼此靠近。再过 30 亿~40 亿年，太阳已是风烛残年。彼时，仙女星系和银河系将会相遇。它们要么会围绕彼此运行并最终旋转着分开，要么在几百万年的时间里慢慢融为一体。融合的过程会很慢，但仍然会造成混乱。星系中心的黑洞会合在一起形成新的星系级怪兽。恒星们会被迫朝着新的方向旋转。它们（或许包括我们行将就木的太阳在内）会被带进深空，或者冲向新融合的星系中心那怪兽的口中。本星系群中所有的星系最终可能会形成一个巨大的超星系。随着宇宙加速膨胀，星系合并结束，彼此之间的距离更加遥远，它们已经再难遇见彼此。此时的宇宙愈发孤独，一个个超星系就像是宇宙中的一座座孤岛。

宇宙的未来与时间的尽头

一切的尽头是怎样的?

在所有的人类社会中，人们当然都问过万物的尽头是什么。主要存在两种可能性：要么宇宙永恒因而没有尽头，要么它是有限的，所以会有尽头。对于南亚次大陆的很多宗教与哲学流派而言，人们所设想的宇宙既没有开端也没有尽头。[17] 自牛顿生活的年代至20世纪中叶，现代的科学宇宙论都持同样的观点。但犹太教、基督教等亚伯拉罕诸教传统上会把上帝想象成宇宙的造物主。这样的宇宙既有开端也有尽头。从20世纪60年代起，大爆炸模型为大多数宇宙学家所接纳。根据这种理论，宇宙拥有开端，随之而来的还有漫长的演化历史和最后的尽头。**大爆炸**这个名字是天文学家弗雷德·霍伊尔起的蔑称。他觉得这个模型很荒谬，也一如既往地支持宇宙没有开端与终结的观点，即“宇宙恒稳态理论”（steady-state universe）。但大多数宇宙学家现在都会把宇宙的开端追溯到138亿年以前，很多人也对它终结的方式和时间做出了预测。[18]

如果你认为时间可能有尽头，你或许就会把神学家们口中的

“末世论”想象成大难临头的恢宏终章，或者可能是缓慢的消亡。“末世论研究的是万物的最后结局，也是关于天地创造的终极故事。”[19] 在某些宗教传统看来，时间的尽头可能很近，我们中间的某些人甚至可能目睹它的来临。在这些宗教传统中，最后的日子将会揭示存在的意义。[20]

关于存在和宇宙，人们能否从披着科学外衣的末世论中学到些什么？科学中又是否有与“救赎”相对应的概念呢？有是有，但只是带着几分诗意的说法罢了：去看看书的最后几页，我们或许就能知道自己在故事中所处的位置。科学的宇宙论并不指望通过时间的尽头去揭示宇宙的意义。然而，鉴于我们对故事的初始阶段已经有了不少了解，对时间尽头的思索可能会告诉我们故事的全貌。这就可以是它的意义。从美学上来看，这也会更加完满。

现代科学对于时间尽头的阐释

为了对现代科学中末世论所涉及的尺度有一个概念，我们不妨用太阳长达 90 亿年的生命周期作为基本单位。[21] 到目前为止，宇宙已经存在的时间不过是 1.4 个太阳生命周期。大多数宇宙学家认为它将会持续数十亿个，乃至数千亿个太阳生命周期。这点很有意义，因为它说明我们仍生活在一个年轻的宇宙中，几乎挨着时间的开端。到目前为止，我们才刚刚看到宇宙最初的几条故事线。接下来的故事将会如何展开呢？在宇宙中，有没有足够规律与简单的趋势可以给我们提供些线索呢？尽管现代宇宙学要研究的领域千头万绪，但这样的线索居然真的存在。既然存在这样的趋势，那可能意味着思考时间的尽头反倒会比询问百年之后的人类命运更容易些。

所有关于宇宙的重要趋势都基于一个观点：我们的宇宙正在膨胀。这个观点最早于20世纪20年代被提出。美国天文学家埃德温·哈勃表示，比起离我们较近的星系，距离更远的星系正以更快的速度远离我们。比利时宇宙学家乔治·勒梅特（Georges Lemaître）指出，这一定意味着宇宙正在膨胀。在长达几十年的时间里，宇宙膨胀的观点一直处在科学宇宙论的边缘，并没有什么存在感。然而，慢慢积累的证据表明，遥远过去的宇宙的确与今日不同，所以它肯定拥有某种意义上的历史，那就说明它一定也有开端。到了20世纪40年代末，俄裔美国物理学家乔治·伽莫夫（George Gamow）认为，如果真的存在大爆炸，那么随着宇宙的膨胀和冷却，一定会存在一个拐点。在这个拐点上，宇宙已经冷却到可以让带电的质子和电子结合生成中性的原子。宇宙中的大多数物质都会瞬间变成电中性，光能的释放将伴随巨大的闪光。没有多少人把他的观点当回事，直到射电天文学家阿诺·彭齐亚斯（Arno Penzias）和罗伯特·威尔逊（Robert Wilson）于1964年意外发现了伽莫夫所说的能量闪光。今天人们将其称为“宇宙背景辐射”（cosmic background radiation）。这一发现让多数天文学家接受了宇宙膨胀的观点，而到了20世纪60年代，“大爆炸宇宙论”成为现代天文学的核心模型。

大爆炸宇宙论让天文学的思维方式发生了革命性的变化。它意味着宇宙和地球以及你邻居家的狗一样，都有变化的历史，这也鼓励人们去寻找宇宙历史的大趋势。宇宙会永远膨胀下去吗？或者，宇宙最终会停止膨胀甚至开始缩小？想回答这个问题需要两方面的测量数据：测量宇宙膨胀的速度以及估计出宇宙中的物质究竟有多少。第二个测量数据确实很必要，因为知道了宇宙中包含多少物质，我们也就能搞清楚如此大的质量能在膨胀过程中施加多大的引力。这么大的引力足够拉住膨胀的宇宙吗？[22]膨胀或许正在减速？如果不是这样的话，膨胀就会永远持续下去。宇宙冷却的速度越来越慢，而宇宙中的物质和能量会分散在越来越大的空间里，它们所呈现的形态也会愈发无序。熵带来了自由能的流动，并由此建构起了复杂实体。但熵最终一定会让这些复杂实体土崩瓦解，所以宇宙的形态将会变得越来越简单。19世纪的物理学家们将这种情景描述为宇宙的"热寂"（heat death）。所有的能量最终都会以热能的随机无序状态呈现，而宇宙的创造力也终会耗尽。充其量也就是一些散落的物质和能量将会一直随意晃荡下去，直到永远。这毫无意义可言。

另一方面，如果宇宙中物质的质量大到足以拉住膨胀的势头，或许有一天宇宙就会再次开始收缩。如果真的如此，宇宙的密度就会越来越大，温度也会越来越高，直到所有的物质和能量再次聚集到一个微小的、类似大爆炸奇点的空间中。是否一整个循环又会自此开始呢？会有新的大爆炸和新的宇宙吗？后续的宇宙是否会在两种状态中来回摇摆呢？一边是寒冷、广袤与空空如也，另一边是高温、微小，但塞满了物质和能量。由宇宙坍缩的观点引出的其他可能性也会让人好奇。如果时间是沿着宇宙膨胀的方向前进的，那在坍缩的宇宙中时间会倒流吗？斯蒂芬·霍金在畅销书《时间简史》中曾随口提出了这个观点，但他后来放弃了这种看法。[23]

长达几十年的研究也没能找到这些问题的答案，因为天文学家发现宇宙似乎恰恰稳定在了持续膨胀与坍缩的临界点上。宇宙中的物质似乎足以让膨胀最终停止，但又似乎不足以让坍缩开始。这意味着宇宙将持续膨胀，但速度越来越慢。这又引出了一个近乎神学的深奥问题：为何宇宙能像掉不下来的别针一样如此精妙地稳定在奇特的平衡点上？

1998年，这些争论出人意料地有了答案。彼时正有两队天文学家想要更加精确地测量宇宙膨胀的速度。一队由澳大利亚的布莱恩·施密特（Brian Schmidt）领衔，另一队则由美国的索尔·珀尔马特（Saul Perlmutter）牵头。为了进行测量，他们选取了Ia型超新星作为研究对象。这种类型的超新星所产生的能量几乎相同，所以，通过从地球上观测到的不同亮度就能非常准确地测量出它们的实际远近。两队天文学家都得出了令人震惊的结论：宇宙的膨胀速度并没有放慢；它的速度在加快，而且在过去的几十亿年里一直在加快。我们仍然不清楚为什么情况会是这样，但大多数宇宙学家都认为一定存在某种可以使膨胀加速的能量形态（因为没人搞得清楚它是什么，所以称它为“暗能量”）。这些发现如今已经为大多数天文学家所接纳。它们表明宇宙的膨胀速度将会一直加快，直到永远。

如果这些想法没错的话，宇宙就将会越来越大、越来越空，温度会越来越低，膨胀的速度还越来越快，直至宇宙的不同部分开始彼此失联，因为遥远天体所发出的光已经无法抵达了。最终，本星系群仍将因为引力而聚在一起，而我们将看不到本星系群以外的任何东西。要是那时候还有天文学家活着的话，他们可能会为这样的古老记载困惑不已——宇宙中包含的星系不是二十来个而是几十亿个。那个破碎的宇宙要比我们今天的宇宙老一万倍，也要大上许多。在那样的宇宙中，连红矮星也会死。那时，组成各大星系的将是死亡的恒星、黑洞以及根据量子物理学说随机从真空中蹦出来的各种物质。恒星剩下的物质会被黑洞吞噬。这一刻将会来临——宇宙将只剩下吃撑的黑洞与散落的量子碎片。最后，连黑洞也会蒸发，剩下的只有空荡荡的空间和暗物质，或许还有几个孤苦伶仃的光子尚存能量，另外可能还有几个迷失方向的古怪粒子在那里纳闷：为什么我会在这儿？[24]而我们（当然是比喻义的，因为到时候我们谁也不会在那里）将不得不进行这样的想象：在长到难以置信的万古永世之中，有几个光子和中微子在孤单地游荡。在愈发空无一物的宇宙中，它们什么东西也不会遇见，而这种僵尸般的存在将持续的时间长到无法想象。什么都不会剩下。我们甚至无法确定时间和空间还能否以我们所能理解的方式存在下去。但是，量子物理学家向我们保证：在这样实际上无限的时间尺度中，可能出现的任何事物仍有机会短暂地从虚空中跳出来，或许包括你大脑的拷贝，或是装满郁金香的花瓶。[25]这个地界实在太诡异了，我们就别把自己的推测太当真了！

这个版本的故事有多大的可能性呢？它不过诞生 20 多年，而且，正如吉姆·霍尔特（Jim Holt）所说："宇宙学家每过 10 来年就要来一回自我颠覆。"[26]关于宇宙遥远的未来，这是我们基于现有证据所能讲述的最佳故事。但我们有充分的理由认为这个故事还会演变。其中一个原因在于我们对宇宙中的大部分地方究竟有什么还一无所知。大多数星系的运行表明：宇宙中一定存在我们尚未发现的庞大物质。天文学家称之为"暗物质"，而暗物质可能会占到宇宙总质量的 25%。似乎在让宇宙膨胀不断加速的暗能量就更烧脑了。关于这种力量，爱因斯坦的广义相对论中就有带有神学色彩的暗示。如果它真的存在，那么目前它肯定占到宇宙总质量的约 70%。把暗物质和暗能量的质量加起来，看上去好像我们对于宇宙质量的 95% 都算不上真正清楚。显然我们遗漏了一些重要的东西。在未来的几十年间，若是对暗物质和暗能量能有更好的认识，那么人们对宇宙未来打的所有赌都可能为之改变。

还有一个概念可能会改写我在前面所讲的故事，那就是“多重宇宙”（multiverse）。时至今日，很多宇宙学家都在非常认真地考虑一种可能性——我们的宇宙并不是唯一。我们可以基于很多神学上的理由（但尚无确凿的证据）去做出这样的想象：在甚至比块宇宙还大的巨型多维空间中，大爆炸可能时时刻刻都在发生，而这就是宇宙学家口中的多重宇宙。若果真如此，那么有可能不同宇宙的基本属性就和不同的动物种类一样会存在些许差异。这可能意味着不同的宇宙可能会沿着某种泛维度的宇宙时间各自演进。或许有的宇宙引力会稍强，另一些宇宙电磁场会稍弱。[27]在这样的情景中，宇宙可能会千差万别：有的可能只会存在几秒钟，有的则会比我们的宇宙存在的时间长得多；有的可能会催生出像大肠杆菌和兔子这样的复杂实体，有的却甚至连恒星也不会出现。美国物理学家李·斯莫林（Lee Smolin）认为新的宇宙可能会在黑洞中诞生。如果真的如他所言，那也就意味着：对于宇宙而言，只有当它们能生成大到可以坍缩成黑洞的恒星，它们的宇宙学参数才能复制并代代相传。[28]随着时间的推移，通过某种宇宙界的自然选择，这类宇宙似乎会变得越来越普遍。当然，只有能创造像我们这样的复杂实体的宇宙才能有像我们这样的生物居民。所以，当我们发现自己所处的宇宙为了创造复杂实体做出了何等精妙的调试时，一点也不需要大惊小怪。

想法不错……但是，目前我们没有关于这些说法的证据。我们的技术只够我们观察一个宇宙，任何关于其他宇宙的理论都仅仅基于逻辑推演和想象。我们只有一个样本。天文学家们曾经用下面这个试题给学生们下套："请定义宇宙并举出两个例子。"[29] 对于想要理解未来的我们而言，这个玩笑是苦涩的。尽管我们一直在想象某种"多重未来"，但实际上我们只见到过一个。

致 谢

本书大部分是新冠肺炎大流行期间在悉尼写成的。这场疫情让我们所有人都回归自己的内心世界。于我而言，这意味着我更关注自己心爱的家人。我曾经长时间待在书房不露面，而这些时间本可以用来做些更好或者更有意思的事情。对此，查迪和艾米丽却一直很包容我。艾米丽的女儿索菲亚活泼可爱，她的到来点亮了我们的生活（也就是写下这段话的 5 个月以前）。现代科技让我们得以和远在英国和美国的家人同样保持着日常的联系，包括索菲亚的表兄妹丹尼尔和伊维·罗丝，他们的爸妈约书亚和奥利维亚，还有我们在英国和美国的兄弟姐妹，戴安娜、罗伯、鲁斯、弗雷德和乔，以及身在英国、美国等地的亲朋好友。本书构思进展缓慢，但因为身处这样一个友爱的人际关系网中，我的思维也活跃了起来。与此同时，对**他们的**未来的思考也让未来这个抽象的概念变得更为真切。

我还欠其他学者的人情，我要感谢悉尼麦考瑞大学。我的大部分学术生涯是在那里度过的，而麦考瑞大学多年来一直支持研究大历史这个尚且陌生但广具影响的概念。圣迭戈州立大学历史系同样支持关于大历史的教学，我在两校都有很好的朋友。我必须得感谢这么多年来选修我的大历史课的学生。因为与他们的交谈真的对我理解大历史的性质与影响力大有帮助。他们对我帮助很大，大到他们自己都没法想象。国际大历史学会（the International Big History Association）的成员们为我们这些有志于尽可能拓展学术领域的人打造了一个多元且颇具鼓励性的社群。比尔·盖茨和他的同事们通过“大历史项目”对大历史教学慷慨赞助。

在我的两本相关联的著作——《起源：万物大历史》（关于过去的）和《未来大历史》（没错，是关于未来的！）的出版工作中，布罗克曼（Brockman）经纪公司所给予的支持非常慷慨、热情，且一如既往地高效。利特尔 & 布朗出版社的特雷西·贝哈尔和伊恩·斯特劳斯为本书做了两轮非常细致的编辑，为我的原稿增色不少。我对他们非常感激。

不管你有着怎样科班出身的学术特长，写这样的一本书都会让你超越自己的本行。（我的本行是研究俄罗斯历史，在本书中的确提及过一两次。）擅长其他领域的学者朋友们的意见就显得格外重要。我向朋友们一个领域接一个领域地询问学术意见，我问他们自己该读什么书（也要问问他们**不要**读什么书，因为如果问题不在我的专业范围内，我可没有时间去读一本错的书）。我所询问的朋友们都很愿意花时间回答问题，也都慷慨地根据各自学术特长给出了意见。很多想法和参考意见都是在简短的对谈和电邮往来中产生的。对他们我要一并致以诚挚的谢意。

我要特别感谢在本书成形过程中读过它部分章节的人士。在我进入未来研究这个陌生而迷人的领域时，澳大利亚未来学家约瑟夫·沃罗斯成为我的引路人与导师。他介绍我阅读了这一领域中的基础性著作。而他自己的著作结合了大历史和未来研究，同样对我颇有启发。约瑟夫在最后阶段还对我的草稿提出了很多有用的建议。我还把草稿发给了其他朋友和学者，大家都给了我反馈（尽管大家工作很忙），并慷慨地提出了建议。他们常常让我避免犯下恶劣的事实性错误，也让我避免措辞不当、搞错重点。他们包括天体物理学家查理·莱恩威弗，世界史学者梅瑞·威斯纳-汉克斯、玛尔尼·休斯-沃灵顿、克雷格·本杰明和埃丝特·奎达克斯，生物学家迈克尔·吉林斯，哲学与政治学者萨萨·帕夫科维奇，还有我带的博士生马克斯·巴内特。查理提醒我熵不仅仅是一种创造性的力量，它也具有破坏性。梅瑞挑出了我书稿中残留的欧洲中心主义痕迹（天呐！）。克雷格在术语和中文的音译中挑出了前后不一致的错误。迈克尔警告我别认为生物体的目的性是那么理所应当的。我在第 8 章里写到了更加乐观的未来情景，萨萨看到后给我泼了冷水。我并没有采纳所有的意见，所以我要强调很重要的一点：要是书中存在失误与差错、不当与盲点，责任全在我一人。这些东西都是每个作者交完终稿之后会担心被发现的。在讨论如未来这样陌生的话题时，这点尤其关键，因为我常常会忍不住对着某些古怪冷僻的领域钻牛角尖，有时候还不听别人好心相劝。我的朋友没法次次救我于偏执之中。

术语参考释义

本附录主要包含两类词条：（1）专业术语的简单解释，比如**熵**；（2）本书所特有的词汇的解释，比如**集体学习**或者**未来思维**等。

动作电位（action potential）：由神经元通过轴突发出的电脉冲。神经元以此与其他神经元或肌肉进行交流。动作电位由**化学渗透**提供能量。

农业时代（agrarian era of human history）：从大约1万年前末次冰期结束到几百年前现代社会开始之间的时代。

人类世（Anthropocene epoch）：20世纪，我们人类突然成为地球变化的主要驱动力之一，人类世随之开启。这个概念最早由荷兰气候学家保罗·克鲁岑于2000年提出，已经为很多领域与学科的学者所采纳。

时间之矢（arrow of time）：认为时间只会沿一个方向运动的看法。

时间的A序列（A-series time）：该术语最早源于J. 埃利斯·麦克塔格特关于时间的著名论文。它描述的是两大类针对时间的哲学观点中的一类。时间的 A 序列将我们日常对于时间的体验认真地当作一种动态的流动——未来变成现在，再变成过去。它关于时间的核心比喻是将其比作一条河流。参见“**时间的 B 序列**”。

大历史（big history）：从多学科的视角多维度地看待整个过去的历史。

块宇宙（block-universe）：想象出来的一个包含了整个宇宙所有过去与未来的实体。在**时间的 B 序列**中就有块宇宙的影子。有时候块宇宙也被认为是从上帝视角来看待时间。

时间的 B 序列（B-series time）：该术语最早源于 J. 埃利斯·麦克塔格特关于时间的著名论文。它描述的是两大类针对时间的哲学观点中的一类。时间的 B 序列超越了我们日常对于时间的体验。它就像是从上方俯视时间。它关于时间的核心比喻是将其比作地图。参见“**时间的 A 序列**”“**块宇宙**”。

因果关系（causation）：一个事件可以解释其他更晚发生的事件。对于大多数未来思维而言，这个概念很关键，因为它让我们基于所见到的起因去预测后果。但因果关系这个概念也导致了很复杂的哲学难题，正如休谟所言：鉴于每个 B 都有很多个原因，不可能认定 A 引发了 B。最近的一些研究（比如朱迪亚·珀尔的研究）表明，即便从介入某个特定过程的特定当事方的角度出发，并考虑事件的或然性，因果关系的概念仍不可或缺，也依然会很有效。

细胞（cell）：组成所有生物的基本单位。细胞存活所需的所有分子和物质都由具有半透性的细胞膜包裹。参见“**真核生物**”和“**原核生物**”。

确定性（certainty）：本书所定义的确定性有两种形式。绝对确定性中没有任何例外。除了用于一环环的演绎推理，它在现实世界中很可能无法实现。而对确实可靠性所描述的肯定推断而言，我们可以有足够的把握依靠其行动，其中也包括对未来的推断。

化学渗透（chemiosmosis）：大多数（很可能是所有的）细胞都能为细胞膜外的阳离子提供泵压，并由此产生微量负电荷。这些电荷可以用来为重要的生化过程提供能量，包括向其他细胞提供电脉冲。参见“**动作电位**”。

生物钟（circadian rhythms）：使生物体跟上外部环境规则变化的内在节奏。很可能所有的细胞和生物都有生物钟。

钟表时间（clock time）：占主导地位的当代时间观念。钟表时间使用普遍、节奏规律、可以测量。因为我们常常根据钟表时间来调整自己的作息，所以会感觉有点被强加的意味。

集体学习（collective learning）：一项因语言而生的人类特有技能。人类由此可以准确地分享、储存、积累大量新的观念、经验、见解和信息。并且随着时间的推移，人类可获得的信息越来越多。集体学习解释了为何人类对我们环境的方方面面乃至对未来的控制能力得以随着人类历史的演进与日俱增。时至今日，地球上产生的变化都由我们主导。参见“**人类世**”。

复杂实体（complex entities）：由多种组件精密排列而成并因此具有独特涌现性质的结构体。复杂实体组织有序，所以其完整性可以维持一段时间。

演绎（deduction）：基于某些已知为真的公理得出结论的逻辑论证过程。数学推理就是最好的例子。参见“**归纳**”。

决定论（determinism）：极端形态的决定论会告诉我们，自宇宙诞生的那刻起，其历史的每个细节在原则上都是可以预测的。

祛魅（disenchantment）：社会学家马克斯·韦伯的一个观点。

他认为现代科学的一个重要特征便是拒绝相信随心所欲而又变化无常的灵魂、超自然力量和神明的存在。宇宙也因此主要由规律且不以人的意志为转移的进程所支配。这让预测在一定程度上有了可行性。

占卜（divination）：试图通过与灵魂、神明与超自然力量进行接触来感知并改变未来的某些方面。

能量（energy）：有能力促使事件发生的力量。参见“**自由能**”“**热力学第二定律**”。

熵（entropy）：混乱状态的度量。参见“**热力学第二定律**”。

真核生物（eukaryotes）：包含细胞核及其他细胞器官的细胞。所有的宏观生物都由真核细胞组成。参见“**原核生物**”。

预报（forecast/forecasting）：任何想要确认可能未来的行为。这里用作“**预测**”的近义词。

奠基时代（foundational era of human history）：人类历史的第一个时代，也是迄今为止最长的时代。它从数十万年前最初的人类演化诞生之日起一直持续到约 1 万前年的末次冰期结束。这一时代也常用其他称谓来描述，如“石器时代”。这里用“奠基时代”是为了强调人类历史之后所有时代的基础都是在这个时代打下的。

自由能（free energy）：像引力一样有序而并非随意流动的能量。它因此可以做功，也可以促使事件发生或改变事件的进程。

未来（future）：除了过去与当下的所有时间。在“时间的 A 序列”中，未来包含很多可能的形态。我们在当下并不清楚未来以何种方式存在，所以从严格意义上说，未来指的是我们对将来可能发生的事件的**预期**。

未来锥（future cone）：一种包含未来可能性的图。它的一系列原型由爱因斯坦和闵可夫斯基最先开发。

未来管理（future management）：用未来思维对事件加以干预，并希望其转向我们想象中偏好的未来情景或**乌托邦**。

未来研究（future studies）：对未来可能性做广泛的跨学科研究的领域。这一研究兴起于 20 世纪。

未来思维（future thinking）：在本书中该词被广泛使用。它指的是所有生物体为了应对不确定的未来而采取的所有方法。未来学家所用的很多词语也涵盖其中，比如**先见之明**、**预报**、**预测**和**预兆**。

归纳（induction）：基于已知事物得出关于未知事物结论的逻辑论证过程。和演绎论证不同，每次归纳论证都会需要一个“大胆相信”的过程。大多数形式的未来思维都基于归纳而存在。参见“**演绎**”。

信息（information）：对于未来思维而言，关于过去与当下的信息非常关键，这是因为它减少了不确定性，也限定了未来可能性的数量。总体而言存在这样一个规律：信息越多（越好），我们的预测能力越强。

生物体（living organisms）：生命由生物体构成。它们都是由细胞组成的复杂实体。尽管周围全都是破坏性的力量，但生物体似乎具有显而易见的目的性和创造性，并且它们以此努力维持着自身的结构并繁衍后代。

露卡（LUCA）：意为“最后共同祖先”，也是想象中地球上所有生命的祖先。它很可能存在于距今 40 亿年前。

宏观生物（macrobes）：像我们这样由大量真核细胞组成的有机体，也被称为**多细胞生物**。

物质（matter）：宇宙中占据空间的、客观存在的“东西”。爱因斯坦证明物质由压缩能量组成，也可以被重新转换为能量，如核聚变。参见“**能量**”。

力学特性（mechanical behavior）：所有可以被解释为因力学法则作用于被动无目的性的实体而产生结果的变化过程，也译“机械行为”。这些特性通常都很规律，也让预测在某种程度上得以实现。参见**“目的性”**。

微生物（microbes）：包括所有原核生物在内的单细胞生物。

中期未来（middle futures）：在几百年、几千年甚至几百万年的时间尺度上所想象出的未来。

现代史（modern era of human history）：最近几百年，全球化、新的技术、基于化石燃料的能源使得今天的人类社会涵盖全球，甚至改变了地球的样貌。

确实可靠性（moral certainty）：概率进程的极大确定性，包括足以支持行动的未来发展进程的确定性。该词为莱布尼茨所使用。

多细胞生物（multicellular organisms）：作为**宏观生物**的近义词使用。

纳斯列丁·霍加式策略（Nasreddin Hoca strategy）：这种做调查的策略有些自相矛盾。一方面，关于我们想要了解的事物，我们并无直接证据，或证据极少；另一方面，我们会在其他可能存在相关证据的地方四下张望。这一策略源自著名土耳其智者的故事。

自然时间（natural time）：非人类世界的节奏，如日夜交替、四季流转。

不远的将来（near future）：想象中大约未来百年的时间尺度。

预测（prediect/predicting）：常常被（作为批判）用于形容对

可能的未来所下的过分精确、过分自信的论断，但在这里我们将它作为**预报**的近义词使用。

概率（probability）：某一事件发生或者某一论断被证明为真的可能性。17 世纪出现的概率论将严谨的数学作为概率计算的出发点，它也是今天所有统计思维的基础。

原核细胞（prokaryotes）：不包含细胞核及其他细胞器官的细胞。大多数单细胞生物都基于原核细胞存在。参见“**真核细胞**”。

蛋白质（protein）：所有细胞中都存在的分子。它们由更小的分子链（氨基酸）精密组织而成。这些分子链弯曲成非常精妙的结构。这些结构让蛋白质得以实现细胞大部分的基础生化功能。

心理时间（psychological time）：我们身体和思想的不规则的临时性节奏，比如警觉、倦怠、清醒、困意等等。

间断平衡（punctuated equilibria）：这类变化模式最早于生物演化过程中被发现，但它们存在于所有的复杂实体的演化过程中。一段欣欣向荣的时期后面接着一段相对的稳定期，最终还会接上崩溃期与瓦解期。

目的性（purposefulness）：在这里指的是**看上去**像是有目的驱动的行为，比如生存与繁衍。所有的生物体都会展现出这样的行为，但我们并不是很清楚它的源头在哪里。包括人类行为在内，有目的性的行为往往显得过于无常，以至于无法进行有把握的预测。参见“**力学特性**”。

随机摸奖（random dipping）：一种基于当下的随机选择对未来可能性进行想象的手法，比如掷骰子。

遥远的未来（remote futures）：在数十亿年的时间尺度上所想象的未来，直至宇宙的整个周期。

热力学第二定律（second law of thermodynamics）：因为它还存在或然性，所以并非严格意义上的“定律”。它断言在一个封闭系统中（比如宇宙），熵（无序）趋于增加，并由此表明时间存在方向。至少，对有朝一日会发生结构崩溃的复杂实体而言，时间存在方向。然而，有些自相矛盾的是，热力学第二定律不仅解释了自由能何以促成复杂实体的出现，而且解释了所有复杂实体终将解体这一事实。参见“**熵**”。

社会时间（social time）：其他人的行为给我们的行为所施加的节奏。随着人类交流网络规模的扩大与重要性的提高，社会时间也变得愈发重要。

平衡点（sweet spot）：所有严肃的预测师都会在过于笼统（会让预测显得空洞无趣）与过分精确（肯定会被证明有错）间追求这样一个精妙的平衡点。

趋势捕捉（trend hunting）：试图对过去的规律趋势进行认知与理解，这些趋势也可以被当作可能发生的未来的线索。

乌托邦（Utopia）：本书用该词表示生物体在驶向未来的过程中所追求的目标。

焦虑区域（Zone of Anxiety）：想象中的未来区域。在焦虑区域中，我们对可能会发生的事情非常关心，也对预测的结果的可能性将信将疑。人们大多数的预测行为正是由可能未来的这一区域引发的。

注　释

导论

1. 原文出自英王钦定本《圣经·哥林多前书》13：12。
2. Cicero, *On Divination* bk. 2, 395.
3. Collingwood, *The Idea of History*, 120.
4. Rescher, *Predicting the Future*, 1.
5. 但是，仍有一些教材讲的是为未来做计划的现代方法，比如 Hines 和 Bishop 合著的 *Thinking about the Future*，以及 Szostak 所著的 *Making Sense of the Future*。
6. 关于大历史，参看 Benjamin，Quaedackers and Baker，*Routledge Companion to Big History*；Christian，*Origin Story*；Gibelyou and Northrop，*Big Ideas*。关于大历史和未来思维，可以参看 Voros，"Big Futures"。
7. Garrett, *Hume*, xix.
8. Watts, "'New' Science of Networks," 243–46, and Caldarelli and Catanzaro, *Networks*, 2; on the Silk Roads, see Christian, "Silk Roads or Steppe Roads."
9. Bell, *Foundations of Futures Studies*, 1:182.
10. Schrödinger, *What Is Life?* 1.

11. Collingwood, *The Idea of History*, 54; Carr, What Is History? 68–69; Confucius cited in De Vito and Della Sala, "Predicting the Future," 1019.
12. 参见 Christian，*Maps of Time* 和 *Origin Story*。

第 1 章　未来是什么?

1. 引自 Guthrie，*Faces in the Clouds*, loc. 1056, Kindle.
2. Dator, *A Noticer in Time*, 77.
3. "Temporalities," forum in *Past and Present;* Wood, "Big History and the Study of Time."
4. 出自 Holt，*When Einstein Walked with Gödel,* 20.
5. Omar Khayyám, *Rubaiyat,* xxvii.
6. Milton, *Paradise Lost,* bk. 1.
7. Augustine, *Confessions,* bk. 11, 230, 238; Ismael, *How Physics Makes Us Free,* 210.
8. Ismael, "Temporal Experience," 460; 不错的入门读物包括 Bardon, *Brief History of the Philosophy of Time*, and Baron and Miller, *Introduction to the Philosophy of Time*; 还可参见 Callender, *Oxford Handbook of Philosophy of Time*。
9. T. R. V. Murti, 引自 Loy, "Māhāyana Deconstruction of Time," 14.
10. Mellor, *Real Time* and *Real Time II*.
11. Baron and Miller, *Introduction to the Philosophy of Time*; McTaggart, "Unreality of Time"（1908）.
12. Bardon, *Brief History of the Philosophy of Time*, 6; McTaggart, "Unreality of Time"（1908）, 458.
13. 牛顿的原文为拉丁语，我所引用的文本来自 1729 年的英文初版，译者为 Andrew Motte。
14. Mark Twain, *Adventures of Huckleberry Finn*（New York: Charles L. Webster, 1884）, chap. 12, https://etc.usf.edu/lit2go/21/the-adventures-of-huckleberry-finn/141/chapter-12/.
15. Omar Khayyám, *Rubaiyat*, xxvi.

16. Cossins, "The Time Delusion," 34; Dator, *A Noticer in Time*, 79, 谈论的是夏威夷原住民的时间观；McGrath, "Deep Histories in Time, or Crossing the Great Divide?" 4。
17. 澳大利亚未来学家 Joe Voros 向我介绍了未来锥；参见 Voros, "Big History and Anticipation"。
18. Price, *Time's Arrow and Archimedes' Point*, chap. 1.
19. James, "The Dilemma of Determinism," in *Delphi Complete Works of William James*, loc. 36,352, Kindle.
20. Augustine, *Confessions*, bk. 11, 228; Blackburn, *The Big Questions: Philosophy*, loc. 1720, Kindle.
21. Isaacson, *Einstein: His Life and Universe*, loc. 9621, Kindle.
22. 引自 Gallois, "Zen History," 432–33. 我要感谢 Ian Straus，是他提醒了我特拉法马铎人的例子。
23. Augustine, *Confessions*, bk. 11, 232.
24. James, "Perception of Time," chap. 15 of The Principles of Psychology, in *Delphi Complete Works of William James*, loc. 11,732, Kindle; Dennett, *Consciousness Explained*, chap. 5 on relevant psychological experiments, e.g., 111.
25. Augustine, *Confessions*, bk. 11, 233.
26. Rynasiewicz, "Newton's Views on Space, Time, and Motion," 1。牛顿的引文出自 Westfall, *Life of Isaac Newton*, 259。后来，牛顿想要撤回"感觉中枢"的比喻，但他一直坚称上帝是"字面意思上的无处不在"。
27. Omar Khayyám, *Rubaiyat*, trans. Edward Fitzgerald, 5th ed., 1889, no.73.
28. Laplace, "Philosophical Essay on Probabilities," 3–4.
29. Cicero, *On Divination*, bk. 1, 361–63.
30. Augustine, *City of God*, bk. 5, chap. 9, vol. 412, 177, 他在该章节中与西塞罗的观点针锋相对。
31. 为了更多了解 Laudan，参见 Curd and Cover, *Philosophy of Science*, 152; 参见 Hacking, *The Taming of Chance*。
32. 关于 Russell, 参见 Paul Davies, *Demon in the Machine*, 68ff.; Waldrop, *Complexity*,

328。

33. Gisin, “Mathematical Languages Shape Our Understanding of Time in Physics”；他的论点总结见于 Wolchover, “Does Time Really Flow?”
34. Feynman, *Character of Physical Law,* lecture 6, loc. 1981, Kindle.
35. Boethius, *Consolation of Philosophy,* 159.
36. Anderson, “More Is Different”；William James, “The Dilemma of Determinism,” in *Delphi Complete Works of William James,* loc. 35,914, Kindle.
37. Waldrop, *Complexity,* loc. 774, Kindle.
38. Hume, *Treatise of Human Nature,* pt. 3, sec. 2; Baron and Miller, *Introduction to the Philosophy of Time,* chap. 6; Russell, *History of Western Philosophy,* 85；关于吸烟和肺癌，见 McGrayne, *Theory That Would Not Die,* 112。
39. 参见 Kistler, “Causation,” 他引用的是 Russell, “On the Notion of Cause”。
40. Russell, “Psychological and Physical Causal Laws,” 288–89.
41. Pearl and Mackenzie, *The Book of Why;* Pearl, “Art and Science of Cause and Effect.”
42. 我在 2011 年的一场 TED 演讲中使用了一部关于炒鸡蛋的倒放影片。影片“History of the World in 18 Minutes”于 2011 年 3 月拍摄于加州长滩，TED video, 17:24, https://www.ted.com/talks/david_christian_the_history_of_our_world_in_18_minutes?language=en。
43. 关于复杂性和热力学第二定律之间自相矛盾的关系，参见 Egan and Lineweaver, “Life, Gravity and the Second Law of Thermodynamics”。
44. Price, *Time's Arrow and Archimedes' Point,* chap. 3.

第 2 章　实践中的未来思维

1. Ismael, “Temporal Experience,” 480.
2. Marx, *The Marx-Engels Reader,* 145.
3. 引文出自 Bhagavad Gita, discourses 1, 2, 3 and 11.
4. Einstein, “On the Electrodynamics of Moving Bodies.”
5. Elias, *Time,* 4.

6. 严格来说，指的是真空中的光速。

7. 引文出自 Riggs, "Contemporary Concepts," 51; Einstein, *Relativity,* chap. 9.

8. Danks, "Safe-and-Substantive Perspectivism," 127.

9. Wilczek, *Fundamentals,* 188ff.

10. E.g., Christian, *Origin Story.*

11. Nurse, *What Is Life?* 62.

12. Dennett, *Kinds of Minds,* 57.

13. Safina, *Becoming Wild,* 43, Kindle.

14. Collingwood, *The Idea of History,* 120.

15. Augustine, *Confessions,* bk. 11, 233.

16. Waldrop, *Complexity,* 330, paraphrasing an interview with Brian Arthur.

17. Chalmers, *What Is This Thing Called Science?* 13.

18. Hume, *Treatise of Human Nature,* 1.3.6.4.

19. Garrett, *Hume,* 17.

20. Wikipedia, s.v. "Maraṇasati, 最后编辑于 2021 年 11 月 4 日，23:49, https://en.wikipedia.org/wiki/Mara%E1%B9%87asati。

21. 我的这个例子借自 Pinker, *How the Mind Works*, 106–7。

22. Cited in Silver, *Signal and the Noise*, 230.

23. Nate Silver's 2012 book on prediction is called Signal and the Noise.

24. Rescher, *Predicting the Future*, 61.

25. Rescher, "Predicting and Knowability," 118.

26. Ord, *The Precipice*, 79.

27. Silver, *Signal and the Noise*, 61.

28. Vikram Mansharamani, "Navigating Uncertainty: Thinking in Futures," in Schroeter, After Shock, 15.

29. Goodwin, *Forewarned,* loc. 127 and 1005, Kindle.

第 3 章　细胞何以管理未来？

1. Waldrop, *Complexity,* 278.
2. Hume, *Enquiry Concerning Human Understanding,* 4.2.19.
3. Godfrey-Smith, *Metazoa,* loc. 3132, Kindle.
4. LeDoux, *Deep History of Ourselves,* 43; Kant, "Anthropology from a Pragmatic Point of View," 引自 de Vito and Della Sala, "Predicting the Future," 1019。
5. Waldrop, *Complexity,* 331.
6. Richerson, "Integrated Bayesian Theory of Phenotypic Flexibility," 54–64.
7. Lyon, "The Cognitive Cell," 4.
8. Lyon, "The Cognitive Cell," 3.
9. Dennett, *Kinds of Minds,* 57.
10. Porter, *Greatest Benefit,* loc. 4430, Kindle; Nurse, *What Is Life?* 9–10.
11. Nurse, *What Is Life?* 10–14.
12. Waldrop, *Complexity,* 278.
13. LeDoux, *Deep History of Ourselves,* 42.
14. Zimmer, *Microcosm,* 146–47.
15. Zimmer, *Microcosm,* 125.
16. Zimmer, *Microcosm,* 113–14.
17. Bray, *Wetware,* loc. 100, Kindle.
18. Nurse, *What Is Life?* 54.
19. Goodsell, *The Machinery of Life,* loc. 198, Kindle; Bray, *Wetware,* loc. 804,Kindle.
20. Bray, *Wetware,* loc. 27, Kindle.
21. 接下来的内容出自 Bray, *Wetware,* loc. 775, Kindle; and Roth, *Long Evolution,* 70。
22. Mitchell, *Complexity,* loc. 2445, Kindle.
23. 关于鞭毛，见 Zimmer, *Microcosm,* 24ff。

第 4 章　植物和动物如何管理未来？

1. Chamovitz, *What a Plant Knows,* loc. 645, Kindle.
2. Mukherjee, *The Gene,* loc. 5797, Kindle.
3. Wolpert, *Developmental Biology,* loc. 1098, Kindle.
4. Nurse, *What Is Life?* 66.
5. Peter Wohlleben's *Hidden Life of Trees* describes the difficult choices trees Make during their lives.
6. Chamovitz, *What a Plant Knows,* loc. 248, Kindle.
7. Wolpert, *Developmental Biology,* loc. 682, Kindle.
8. Chamovitz, *What a Plant Knows,* loc. 1033–57, Kindle.
9. Chamovitz, *What a Plant Knows,* chap. 5, specifically loc. 1291ff., Kindle,and see also loc. 548 and 414–98, Kindle; Simard, *Finding the Mother Tree.*
10. On plant "memory," Chamovitz, *What a Plant Knows,* chap. 7, and loc. 906, Kindle.
11. Chamovitz, *What a Plant Knows,* loc. 1684 and 854ff., Kindle; Darwin,*Insectivorous Plants,* from *Works of Charles Darwin,* loc. 96,446, ebook, Mobile Reference.com.
12. Foster and Kreitzman, *Circadian Rhythms,* 108; Chamovitz, *What a Plant Knows,* loc. 261, Kindle.
13. Chamovitz, *What a Plant Knows,* loc. 1795, Kindle.
14. Foster and Kreitzman, *Circadian Rhythms,* xvii, 11, 45.
15. 我的解释是基于 Foster and Kreitzman, *Circadian Rhythms,* 1。
16. Foster and Kreitzman, *Circadian Rhythms,* 57; 关于可能最简单的生物钟形态，请参见该书第 125—127 页。
17. Darwin, *Power of Motion in Plants,* from *Works of Charles Darwin,* loc.105,592–105,607, ebook, MobileReference.com; Peter Wohlleben 曾在 *Hidden Life of Trees,* 62 中简单提及同样的观点。
18. Darwin, *Power of Movement in Plants,* from *Works of Charles Darwin,* loc. 98,428, ebook, MobileReference.com.
19. Chamovitz, *What a Plant Knows,* loc. 375, Kindle.

20. Sheldrake, *Entangled Life,* chap. 4. 本条参考文献要感谢 Robin Christian。

21. Sabrin et al., "Hourglass Organization of the C. elegans Connectome."

22. Churchland, *Braintrust,* 44, citing Rodolfo Llinás, *I of the Vortex: From Neurons to the Self*（Cambridge, MA: MIT Press, 2002）.

23. Roth, *Long Evolution,* 82, chap. 7.

24. LeDoux, *Deep History,* 112, 137; Roth, *Long Evolution,* 79ff., chap. 7.

25. Roth, *Long Evolution,* 98.

26. Roth, *Long Evolution,* 94, 115.

27. Davies, *Demon in the Machine,* 195.

28. O' Shea, *The Brain,* 131, and see 52.

29. Roth, *Long Evolution,* 234, 226.

30. Roth, *Long Evolution,* chap. 5.

31. 出自 Kandel, *In Search of Memory,* loc. 1243, Kindle。

32. LeDoux, *The Deep History,* 61.

33. O' Shea, *The Brain,* 31; Roth, *Long Evolution,* 67.

34. Based on O' Shea, *The Brain,* chap. 3.

35. Kandel, *In Search of Memory,* loc. 1449, Kindle.

36. Kandel, *In Search of Memory,* loc. 1195, Kindle.

37. Kandel, *In Search of Memory.*

38. Kandel, *In Search of Memory,* loc. 3518, 3146, 3844, Kindle.

39. LeDoux, *Deep History,* 31.

40. Kandel, *In Search of Memory,* loc. 3186, Kindle.

41. Plutarch, *Life of Caesar,* chap. 63.

42. Goodwin, *Forewarned,* loc. 779, Kindle.

43. Gilbert, *Stumbling on Happiness,* 98.

44. Seth, *Being You,* 96–101, Kindle.

45. Kahneman, *Thinking, Fast and Slow.*

46. Kahneman, *Thinking, Fast and Slow,* chap. 10; 之所以说是“开玩笑”，是因为你只应该相信基于“大数”的统计结果，我们在第 7 章中会看到这点。

47. Kahneman, *Thinking, Fast and Slow,* 25.

48. Russell, *Human Compatible,* 16.

49. Gopnik, *The Philosophical Baby,* 119; the latest survey is Seth, *Being You.*

第 5 章　人类的未来思维有何不同？

1. Wordsworth and Wordsworth, *Penguin Book of Romantic Poetry,* 255.

2. Sornette, "Dragon-kings."

3. Roth, *Long Evolution,* 251.

4. Safina, *Becoming Wild,* 59, on sperm whale brains; Roth, *Long Evolution,* 232 and table on 226.

5. Churchland, *Conscience,* 24.

6. Dunbar, *Human Evolution.*

7. 在 Cheney and Seyfarth, *Baboon Metaphysics* 中，算计这些事情的复杂与烦人程度可见一斑。

8. Roth, *Long Evolution,* 234, 260; Churchland, *Braintrust,* 119.

9. Kahneman, *Thinking, Fast and Slow.*

10. Safina, *Becoming Wild,* 对动物文化的丰富性有着绝妙的描述；关于"集体学习"，见 Christian, *Maps of Time* and *Origin Story*；关于文化演进 , Mesoudi, *Cultural Evolution* 是不错的入门读物。

11. Mesoudi, *Cultural Evolution,* 203.

12. Steven Pinker, *The Language Instinct,* chap. 1, loc. 115, Kindle.

13. The role of cooperation is stressed in works by Michael Tomasello, such as *Why We Cooperate.*

14. Roth, *Long Evolution,* 260.

15. Goswami, *Child Psychology,* 52.

16. Gopnik, *The Philosophical Baby,* 28.

17. 关于通过口传文化进行的教育，参见 Kelly, *Knowledge and Power,* 31–32; Karl Popper, from Plotkin, *Darwin Machines,* 69–70: "the growth of our knowledge is the

result of a process closely resembling what Darwin called ‘natural selection.’”

18. Ferguson, *Essay on the History of Civil Society,* 7。
19. Whitehead, *Adventures of Ideas,* 93, in a chapter on foresight.
20. Noble and Davidson, “Tracing the Emergence,” 针对这些方法论有过郑重的警告。
21. 出自 Gell, *The Anthropology of Time,* 126。
22. Eliade, *Myth of the Eternal Return.*
23. Gell, *The Anthropology of Time,* 127.
24. 出自 Goody, “Time: Social Organization,” 31。
25. Gell, *The Anthropology of Time,* 315.
26. Goody, “Time: Social Organization,” 31.
27. Goody, “Time: Social Organization.”
28. Elias, *Time,* 144.
29. Gell, *The Anthropology of Time,* 3.
30. Goody, “Time: Social Organization,” 30.
31. Christian, *Maps of Time,* 254 and 209.
32. Rose, *Dingo Makes Us Human,* 5.
33. A central argument of Kelly, *Knowledge and Power,* see chap. 2.
34. Marshall Thomas, *The Old Way,* 266.
35. Haynes, “Astronomy and the Dreaming,” 54.
36. Marshack, *The Roots of Civilization;* Noble and Davidson, “Tracing the Emergence,” 127–29 列举了怀疑的理论。
37. Sahlins, “Original Affluent Society,” 22, 引自 Lee and DeVore, *Man the Hunter,* 37。
38. Kelly, *Knowledge and Power,* 133.
39. Haynes, “Astronomy and the Dreaming,” 54.
40. McGrath and Jebb, *Long History, Deep Time,* 4.
41. A central argument of Swain, *A Place for Strangers.*
42. Goody, “Time: Social Organization,” 39.
43. Ecclesiastes 1:4–11（Authorized [King James] Version）.

44. See Sahlins, "Original Affluent Society" ; Woodburn, "Egalitarian Societies."

45. Cited in Sahlins, "Original Affluent Society," 27.

46. Kelly, *Knowledge and Power,* 117.

47. Cicero, *On the Nature of the Gods,* bk. 1, 3–5.

48. Goswami, *Child Psychology,* 34–35.

49. 现在有一门学科专门研究关于宗教的认知科学。参见 Guthrie, *Faces in the Clouds;* Boyer, *Religion Explained;* Larson, *Understanding Greek Religion*。

50. Larson, *Understanding Greek Religion,* 74–75.

51. Rawson, *Cicero,* 241.

52. Marshall Thomas, *The Old Way,* 261.

53. 接下来的内容出自 Marshall Thomas, *The Old Way,* 269–73。

54. Lewis-Williams, *Conceiving God,* loc. 4604, Kindle.

第 6 章　农业时代的未来思维

1. From Johnston, *Ancient Greek Divination,* 7–8.

2. 数据出自 Our World in Data 中关于人口、森林砍伐和城市化的词条，以及 Christian, *Origin Story,* 312, 后者主要基于 Smil, *Harvesting the Biosphere*。

3. Richerson, Boyd, and Bettinger, "Was Agriculture Impossible?"

4. Genesis 8:15–17, 9:2（Authorized [King James] Version）.

5. Goody, "Time: Social Organization," 39–41; *Epic of Gilgamesh,* accessed July 3, 2021, http://www.ancienttexts.org/library/mesopotamian/gilgamesh/tab1.htm.

6. Cicero, *On Divination,* bk. 2, 383, 379; strictly, these opinions are those of the "character" of Cicero in dialogue with his brother, Quintus, which is why it is hard to be certain about Cicero's real views.

7. Revelation 4:1（Authorized [King James] Version）.

8. Hobbes, *Leviathan,* chap. 12, "Of Religion."

9. Jaspers, *Origin and Goal of History,* and see Eisenstadt, "Axial Age."

10. 出自 Bellah, *Religion in Human Evolution,* 268。

11. The phrase "imagined communities" is borrowed from Benedict Anderson's classic study of nationalism, *Imagined Communities.*
12. Cicero, *On the Laws,* 411; citation from Cicero, *On Divination,* bk. 2, 451.
13. Atwood, *Encyclopedia of Mongolia and the Mongol Empire,* 494–95.
14. 出自 Christian, *History of Russia, Central Asia and Mongolia,* 1:59–61。
15. De Rachewiltz, *Secret History of the Mongols,* 1:457–60; 还可能有其他译本；Atwood, *Encyclopedia of Mongolia and the Mongol Empire,* 99。
16. 出自 Christian, *History of Russia, Central Asia and Mongolia,* 1:425。
17. De Rachewiltz, *Secret History of the Mongols,* secs. 244–46（1:168–74）.
18. Atwood, *Encyclopedia of Mongolia and the Mongol Empire,* 100.
19. 出自 Christian, *History of Russia, Central Asia and Mongolia,* 1:425。
20. Thomas and Humphrey, *Shamanism, History and the State,* 11.
21. Johnston, *Ancient Greek Divination,* 3.
22. 出自 Raphals, *Divination,* 253, in turn from Xenophon, *Anabasis,* 4.3.17–19.
23. Johnston, *Ancient Greek Divination,* 11–12; Beard, "Cicero and Divination: The Formation of a Latin Discourse," 33–46; 大多数学者会把西塞罗的怀疑更当回事。
24. Flower, *Seer in Ancient Greece,* 34.
25. Johnston, *Ancient Greek Divination,* 33–36.
26. Johnston, *Ancient Greek Divination,* 49.
27. Hobbes, *Leviathan,* chap. 12, "Of Religion"; Strathern, *Brief History of the Future,* 13.
28. Johnston, *Ancient Greek Divination,* 69–70.
29. Parke and Wormell, *The Delphic Oracle,* 1:189.
30. Raphals, *Divination,* 220.
31. Nissinen, Ritner, and Seow, *Prophets and Prophecy,* 25.
32. Raphals, *Divination,* 148; Flower, *The Greek Seer,* 32.
33. Flower, *The Greek Seer,* 32–34.
34. Raphals, *Divination,* 72.

35. Keightley, "The Shang," 247, 252.

36. Raphals, *Divination,* 43; Keightley, "The Shang," 236–37.

37. Keightley, *These Bones Shall Rise Again,* 102.

38. Raphals, *Divination,* 88–89.

39. Keightley, "The Shang," 236–37.

40. Keightley, *These Bones Shall Rise Again,* 103.

41. Keightley, *These Bones Shall Rise Again,* 127.

42. Keightley, *These Bones Shall Rise Again,* 129.

43. Keightley, *These Bones Shall Rise Again,* 130; Raphals, *Divination,* 182–83.

44. Raphals, *Divination,* 205.

45. Raphals, *Divination,* 165.

46. Keightley, "The Shang," 256, and *These Bones Shall Rise Again,* 109.

47. Campion, *Astrology and Cosmology,* for a global overview.

48. *King Lear,* act 1, scene 2.

49. Raphals, *Divination,* 136.

50. Pankenier, *Astrology and Astronomy in Early China,* 6–7.

51. Raphals, *Divination,* 136.

52. 关于古文《易经》的现代英译本以及翔实的评述，请参见 Redmond, *The I Ching*。

53. Karl Jung, 1949, from Redmond, *The I Ching,* 22.

54. 英文译文出自 Redmond, *The I Ching,* 63。

55. Keightley, "The Shang," 258–60.

56. Raphals, *Divination,* 94, quotation from 99.

57. Bacigalupo, *Shamans of the Foye Tree,* 17.

58. Lewin, "Popular Religion," 68.

59. Lewin, "Popular Religion," 64; Ryan, *Bathhouse at Midnight,* 51–52.

60. Ryan, *Bathhouse at Midnight,* 44.

61. Ryan, *Bathhouse at Midnight,* 96, 100, 108.

62. Evans-Pritchard, *Witchcraft,* 142–43.

63. 出自 Christian, *History of Russia, Central Asia and Mongolia,* 2:343–44。

64. 出自 Christian, *History of Russia, Central Asia and Mongolia,* 1:59。

65. Tedlock, "Toward a Theory of Divinatory Practice," 65.

66. Bacigalupo, *Shamans of the Foye Tree,* 26.

67. Cicero, *On Divination,* bk. 1, 297, 345; Johnston, *Ancient Greek Divination,* 9.

68. Vitebsky, *The Shaman,* 112–13.

69. Evans-Pritchard, *Witchcraft,* 79–80.

70. Evans-Pritchard, *Witchcraft,* 73.

71. Evans-Pritchard, *Witchcraft,* 102–7.

72. Cicero, *On Divination,* bk. 1, 369.

73. Augustine, *Confessions,* bk. 7, 117.

74. Evans-Pritchard, *Witchcraft,* 108–9.

75. Beard, *SPQR,* 465; 接下来的段落基于 chap. 10 of Hansen, *Anthology of Ancient Greek Popular Literature*，它所翻译的内容是被学者们称为"第二版"神谕集。

76. 之后的版本又加上了针对士兵和农民的问题；Stewart, *Sortes Barberinianae,* 185–88。

77. Toner, *Popular Culture in Ancient Rome,* 48.

78. Luijendijk and Klingshirn, *My Lots Are in Thy Hands,* 1; Hansen, *Anthology of Ancient Greek Popular Literature,* 285–86.

79. Toner, *Popular Culture in Ancient Rome,* 47–48.

第 7 章　当代的未来思维

1. Lukes and Urbinati, *Condorcet,* 125.

2. Steffen et al., "Trajectory of the Anthropocene."

3. 本段数据出自 Our World in Data website 以及 Christian, *Origin Story,* 312，主要基于 Smil, *Harvesting the Biosphere*。

4. 例如 Arthur, *The Nature of Technology,* and Headrick, *Humans versus Nature*。

5 关于全球化的大历史视角，参见 Christian, to Zinkina et al., *Big History of Globalization* 的前言和绪论部分。

6. Ogle, *Global Transformation of Time,* 1–2.

7. Whitehead, *Adventures of Ideas,* 93, in a chapter on foresight.

8. 出自 Fernandez-Armesto, *The World,* CD。

9. 关于“深时”（deep time）这个概念的发现，见 Toulmin and Goodfield, *The Discovery of Time*，尽管年头已久，但写得确实很好。

10. 关于计时革命，参见 Christian, “History and Science after the Chronometric Revolution”。

11. Shapin, *The Scientifc Revolution,* 10; quotation from 37.

12. Davies, *Magic,* 45; On the borrowing of Schiller’s phrase “the disenchantment of the world,” see Gerth and Mills, *From Max Weber,* 51.

13. “Science as a Vocation,” in Gerth and Mills, *From Max Weber,* 139.

14. Shapin, *The Scientific Revolution,* 154 and 33.

15. Paraphrase of Wooton, *The Invention of Science,* 5–6, 8–9.

16. Porter, *Greatest Benefit,* loc. 8991, Kindle.

17. 如 Shapin 所指出的那样，这可能只是一个思想实验：*The Scientific Revolution,* 84; on Torricelli, see Dewdney, *Epic Drama,* 152ff。

18. Silver, *Signal and the Noise,* 372.

19. Pearl, “Art and Science of Cause and Effect,” 415.

20. 出自 Weaver, *Lady Luck,* 74。

21. Gilmour, “Nature and Function of Astragalus Bones.”

22. Stewart, *Do Dice Play God?* 28; Mlodinow, *Drunkard’s Walk,* loc. 806ff., Kindle. 我要感谢 Nic Baker 让我得以接触他关于卡尔达诺的研究。

23. 引自 Mlodinow, *The Drunkard’s Walk,* loc. 1007 and 1064, Kindle。

24. Stewart, *Do Dice Play God?* 29–30.

25. Mlodinow, *The Drunkard’s Walk,* chap. 3; William Feller 在经典著作 *Introduction to Probability Theory* 的第一章对“样本空间”这个概念有过非常严谨的描述。

26. Stewart, *Do Dice Play God?* 43–44; 实验表明即便是投掷普通的硬币所得到的

结果也并非完全随机。

27. 这些讨论部分基于 Mlodinow, *The Drunkard's Walk,* loc. 1064ff., Kindle, 尽管他将这一发现归功于伽利略。
28. Daston, *Classical Probability,* 15.
29. Weaver, *Lady Luck,* 42.
30. Pascal, *Pensées,* in the section beginning: "Infinite — nothing."
31. Arnauld, et al., *Logic, or the Art of Thinking,* 274–75.
32. Stewart, *Do Dice Play God?* 33 and 91.
33. McGrayne, *Theory That Would Not Die,* 7.
34. Rosenbaum, "100 Years of Heights and Weights," 281, 总结数据在第 282 页。
35. Hume cited in Hacking, *The Taming of Chance,* 13; Daston, *Classical Probability,* 10.
36. Isaacson, *Einstein,* 325.
37. Hacking, *The Emergence of Probability,* 105–6.
38. Hacking, *The Taming of Chance,* 40.
39. From Hacking, *The Taming of Chance,* 41.
40. Hacking, *The Taming of Chance,* 2–3 and passim.
41. Hacking, *The Taming of Chance,* 105.
42. Mayer-Schönberger and Cukier, *Big Data,* 6.
43. Mayer-Schönberger and Cukier, *Big Data,* 11.
44. Urry, *What Is the Future?* 89.
45. Holmes, *Big Data,* 27.
46. Bell, *Foundations of Futures Studies,* 1:44,
47. Meadows, Meadows, and Randers, *Beyond the Limits,* 199.
48. 参见 Turner, "Comparison of the Limits to Growth," 以及 "Is Global Collapse Imminent?"; Herrington, "Update to Limits to Growth," 2021。
49. Ord, *The Precipice,* 70–73.
50. Dewdney, *Epic Drama,* 154–58.
51. Blum, *The Weather Machine,* 19–28; Dewdney, *Epic Drama,* 158ff.
52. Blum, *The Weather Machine,* 125; on the ECMWF, see Blum, *The Weather Machine,*

chap. 8.

53. Silver, *Signal and the Noise,* 181–82.

54. 相关综述参见 Gidley, *The Future,* 58; Sardar, *Future: All That Matters,* chap. 3; and Bell, *Foundations of Futures Studies,* 1, chap. 1。

55. 关于现代未来研究的奠基人 Wells，参见 Wagar, "H.G. Wells and the Genesis of Future Studies"。

56. Wells, "Discovery of the Future," 1902.

57. From Sardar, *Future: All That Matters,* loc. 350, Kindle.

58. Figures from Bell, *Foundations of Futures Studies,* 1:63–64.

59. Strathern, *Brief History of the Future,* 205ff. and 263ff.

60. Andersson, *Future of the World,* 4; 关于 Flechtheim, 参见 Strathern, *Brief History of the Future,* chap. 4。

61. Gidley, *The Future,* 5–6, 51.

62. Meadows et al., *The Limits to Growth,* loc. 398–414, Kindle.

63. Gidley, *The Future,* 55–56; on the WFSF, see https://wfsf.org/; Sardar, *Future: All That Matters,* loc. 461ff., Kindle, 其中讨论了不同的本地视角中对未来研究的不同观点。如今已经有了专业未来学家的协会，它的网站（https://www.apf.org/）声称该协会在 40 个国家拥有 400 名成员。

64. Bell, *Foundations of Futures Studies,* vol. 1, chap. 2, is on "Purposes of Future Studies"; 也请参见 1:102–12。

65. Bell, *Foundations of Futures Studies;* and Aligica, "Special Edition on Wendell Bell; 关于包括 Hines 和 Bishop 在内的专业未来学家的研究方法，还有一本教科书级的入门读物 *Thinking about the Future;* 关于情景规划，见 Schwartz, *The Art of the Long View*。

66. 关于科幻作品和未来研究的关系，参见 James and Mendlesohn, "Fiction and the Future"。

第 8 章　不远的将来

1. Rees, *On the Future,* 12.
2. 出自 Krznaric, *The Good Ancestor,* 89。
3. Dator, *A Noticer in Time,* 42; Harman, *Incomplete Guide to the Future,* from Joe Voros, "Philosophical Foundations," 69.
4. Maslow, "Theory of Human Motivation" and "Symposium: Revisiting Maslow."
5. Christian, "History and Global Identity."
6. The declaration can be found at "Towards a Global Ethic," 1993, Parliament of the World's Religions, https://parliamentofreligions.org/towards-global-ethic-initial-declaration.
7. From Sargent, *Utopianism,* 15.
8. Sargent, *Utopianism,* 66, 引用的是天主教神父 Sangermano 的作品的 1833 年版英文译本。
9. Lukes and Urbinati, *Condorcet,* 7.
10. Lukes and Urbinati, *Condorcet,* 126, 45, 96.
11. Lukes and Urbinati, *Condorcet,* 136, 145.
12. 关于威尔斯的影响力，参见 Hensel, "H.G. Wells and the Drafting of a Universal Declaration of Human Rights"；另参见 Wells, *Rights of Man; or, What Are We Fighting For?* 23。
13. Lukes and Urbinati, *Condorcet,* 136–37.
14. Malthus, *Essay on the Principle of Population.*
15. Malthus, *Essay on the Principle of Population,* 18–20.
16. 出自 Bell, *Foundations of Futures Studies,* 1:117。
17. Meadows et al., *The Limits to Growth.*
18. Meadows et al., *The Limits to Growth,* 196. "Copernican revolution of the mind" 这一表述是由项目的罗马俱乐部赞助人添加的。
19. Meadows et al., *The Limits to Growth,* 24–25.
20. 出自 Meadows et al., *The Limits to Growth,* 175。

21. 出自 "United Nations Framework Convention on Climate Change," United Nations, 1992, https://unfccc.int/files/essential_background/background_publications_htmlpdf/application/pdf/conveng.pdf。

22. *1992 World Scientists' Warning to Humanity,* July 16, 1992, Union of Concerned Scientists, https://www.ucsusa.org/resources/1992-world-scientists-warning-humanity.

23. "The Future We Want," United Nations General Assembly, September 11, 2012, https://sustainabledevelopment.un.org/index.php?page=view&type=400&nr=733&menu=35.

24. 2015 年联合国可持续发展目标的序言部分，出自 "Transforming Our World: The 2030 Agenda for Sustainable Development," United Nations General Assembly, October 21, 2015.

25. The Sustainable Goals in their latest form can be downloaded from "Transforming Our World: The 2030 Agenda for Sustainable Development," United Nations, 2015, https://sustainabledevelopment.un.org/post2015/transformingourworld/publication.

26. Randers, *2052,* loc. 1319, Kindle.

27. Rumsfeld 的新闻发布会下载自：https://archive.ph/20180320091111/http://archive.defense.gov/Transcripts/Transcript.aspx?TranscriptID=2636。Silver, *Signal and the Noise,* 420–21 可以就此好好讨论一番。

28. 出自 Raworth, *Doughnut Economics,* 124。

29. Taleb, *The Black Swan.*

30. Eldredge and Gould, "Punctuated Equilibria."

31. 我在 Christian, *Origin Story* 中讲了这个故事。

32. 下列数据出自 Kaku, *Physics of the Future,* 328ff。

33. Rosling and Rosling, *Factfulness,* 51.

34. Max Roser, Hannah Ritchie, and Bernadeta Dadonaite, "Child and Infant Mortality," Our World in Data, 最后更新于 2019 年 11 月，https://ourworldindata.org/child-mortality; Smil, *Numbers Don't Lie,* 9。

35. Holmes, *The Age of Wonder,* 305ff. 对她骇人听闻的描述有过一番总结；Porter, *Greatest Benefit,* loc. 7145, Kindle 也做了摘录。
36. Pinker, *Better Angels of Our Nature*；关于 Pinker 论据的总结，参见 Steven Pinker, "A History of Violence: Edge Master Class 2011," Edge, September 27, 2011, https://www.edge.org/conversation/mc2011-history-violence-pinker.
37. Schwab, *Stakeholder Capitalism,* 25.
38. 这组关键的图表出自 Max Roser, "Future Population Growth," Our World in Data, 最后修改于 2019 年 11 月, https://ourworldindata.org/future-population-growth; Ehrlich and Ehrlich, *The Population Bomb.*
39. Vollset et al., "Fertility, Mortality, Migration, and Population Scenarios."
40. 数据出自 Max Roser, "Fertility Rate: Children Born per Woman [World]," Our World in Data, 首次发布于 2014 年；2017 年 12 月 2 日又发布了对数据的大量修订，见 https://ourworldindata.org/fertility-rate。
41. Weart, "Development of the Concept of Dangerous Anthropogenic Climate Change."
42. Riahi et al., "Shared Socioeconomic Pathways," 其中对基本方法有过解释。
43. Allan et al., *Climate Change 2021,* 16–18.
44. Allan et al., *Climate Change 2021,* 36.
45. 数字出自 Bar-On, Phillips, and Milo, "Biomass Distribution on Earth"。
46. S. Díaz et al., IPBES Global Assessment（2019）, 24.
47. The 2021 UNEP report, *Making Peace with Nature*，其中有些统计数字很吓人。
48. Lovelock, *Gaia: A New Look at Life on Earth.*
49. Rockström and Klum, *Big World: Small Planet.*
50. 出自 Raworth, *Doughnut Economics,* 47。
51. Ord, *The Precipice,* 24–26 and 90–102，该书关于全面战争的概率有一番不错的讨论。
52. Piketty, *Capital in the Twenty-First Century.*
53. Scheidel, *The Great Leveler,* introduction.
54. Scheidel, *The Great Leveler.*
55. Al-Khalili, *What's Next?* 它对已经开始谋划的新技术有过一番调查。

56. Christian, "The Noösphere."

57. Randers, *2052,* loc. 670, Kindle.

58. Dator, *A Noticer in Time,* chap. 5, pt. 4, "The Four Generic Futures."

59. Ord, *The Precipice,* 37，包含灭绝性毁灭的灾难，第 167 页列出了可能的生存危机。

60. Greer's *The Long Descent* 描述了如此缓慢的下降。

61. Greer, *The Long Descent,* 83.

62. Raskin, *Journey to Earthland.*

63. Sinclair and LaPlante, *Lifespan.*

64. Meadows et al., *Limits to Growth,* 171.

65. 关于"超人类主义"，参见 Grinin and Grinin, "Crossing the Threshold of Cyborgization"。

66. 出自 Schwab, *Stakeholder Capitalism,* 167.

第 9 章　中期未来

1. Ord, *The Precipice,* 52.
2. Wells, *The Outline of History,* vol. 2, chap. 41, pt. 4.
3. 例如 Wagar, *Short History of the Future,* and Stableford and Langford, *The Third Millennium*。
4. Gates, *How to Avoid a Climate Disaster,* chap. 4.
5. Kaku, *Physics of the Future,* 252.
6. Kaku, *Physics of the Future,* 246.
7. Kardashev, "Transmission of Information by Extra-Terrestrial Civilizations" and "On the Inevitability and the Possible Structures of Supercivilizations."
8. Sagan, *The Cosmic Connection,* chap. 34.
9. Rorvig, "How to Spot an Alien Megastructure," 谈到了对侦测这种结构的最新尝试。
10. Voros, "Big Futures," 423, on Hoag's objects; Kaku, *Physics of the Future,* 330.
11. Feynman, "There's Plenty of Room at the Bottom."
12. John Smart, "Exponential Progress," in Schroeter, *After Shock,* 499.

13. 该观点出自 Drexler, *Radical Abundance*。

14. 关于人工智能，参见 Russell, *Human Compatible*。

15. Kaku, *Future of Humanity,* 125.

16. Bostrom, *Superintelligence,* 123.

17. Kaku, *Physics of the Future,* 109.

18. Strathern, *Brief History of the Future,* 296.

19. Srubar, "Buildings Grown by Bacteria."

20. Natasha Vita-More, "A History of Transhumanism," in Lee, *The Transhumanism Handbook,* chap. 2, 49.

21. Lem, "Thirty Years Later," from Swirski, *Art and Science of Stanislaw Lem.*

22. Gerjuoy, "Most Significant Events of the Next Thousand Years."

23. Finney, *From Sea to Space,* chap. 3, "One Species or a Million?" 105.

24. Finney, *From Sea to Space,* chap. 3, "One Species or a Million?" 113.

25. 出自 Caitlin Yilek, "Jeff Bezos on Future of Spaceflight," CBS News, July 21, 2021, https://www.cbsnews.com/news/jeff-bezos-space-heavy-industry-polluting-industry/.

26. Finney, *From Sea to Space,* 105.

27. Kaku, *Future of Humanity,* 107.

28. Ord, *The Precipice,* 231.

29. Grinspoon, *Earth in Human Hands* 对天体生物学和行星科学的演变进行了很好的描述。

30. Olaf Stapledon, *Starmaker,* 被引用于 Kaku, *Future of Humanity,* 244。

31. Shostak, "The Value of 'L,'" 404.

32. Robinson, "Realism of Our Times."

33. Kaku, *Physics of the Future,* 340; Dyson, "Time without End," 453.

第 10 章　遥远的未来

1. Jacob Margolis（@JacobMargolis）, "My battery is low and it's getting dark," Twitter, February 12, 2019, 4:38 p.m., https://twitter.com/jacobmargolis/

status/1095436913173880832.

2. Bar-On, Phillips, and Milo, "Biomass Distribution on Earth."
3. 接下来的内容部分基于 Meadows, *Future of the Universe,* chap. 2。
4. 参见 Robin George Andrews, "Watch This Billion-Year Journey of Earth's Tecto-nic Plates," *New York Times,* February 6, 2021, https://www.nytimes .com/2021/02/06/science/tectonic-plates-continental-drift.html, 这里面有一部演示过去十亿年间板块运动的影片。
5. Nance et al., "The Supercontinent Cycle."
6. Meadows, *Future of the Universe,* 111.
7. Meadows, *Future of the Universe,* 117 and 114.
8. 在 *Extraterrestrial* 一书中，哈佛大学天文系系主任 Avi Loeb 推测它是由智慧生物创造出来的，但其他人很少对此当真。
9. Meadows, *Future of the Universe,* chap. 2.
10. Voros, "Big Futures," 417.
11. Meadows, *Future of the Universe,* 18.
12. Lovelock, *Gaia.*
13. Shah, "Complex Life's Days Are Numbered."
14. Meadows, *Future of the Universe,* 65–66.
15. Meadows, *Future of the Universe,* 126.
16. 关于星系碰撞，见 Meadows, *Future of the Universe,* chap. 10；关于银河系与仙女星系的碰撞，见 Mack, *The End of Everything,* 50–51。
17. Walls, *Oxford Handbook to Eschatology,* 151.
18. Dyson, "Time without End."
19. Walls, *Oxford Handbook to Eschatology,* 3.
20. Walls, *Oxford Handbook to Eschatology,* 6.
21. Klee "Spiritualism: The Technological Endgame," in Schroeter, *After Shock,* 65.
22. Mack, *The End of Everything,* 61.
23. Hawking, *Brief History of Time,* 150–51.
24. Mack, *The End of Everything,* 95.

25. Holt, *When Einstein Walked with Gödel,* 18.

26. Holt, *When Einstein Walked with Gödel,* 243.

27. Smolin, *Life of the Cosmos.*

28. Rees, *Just Six Numbers.*

译后记

我们这代人的成长与求学期处于风云变幻的世纪之交。唱着《明天会更好》，我们曾以为“经济增长”“社会进步”“地球村”是理所应当的未来景象。在日益全球化的当代世界，我们读着历史，看着过往的兴衰沉浮，未免有几分置之度外的意思。信息革命以来，人类社会的发展速度以及所积聚的财富远超历史上任何一个时期。我们有理由相信：今天的人类已经不同于往日。

然而，我们忘了，人类所经历的时间跨度之于漫长的生命历史不过须臾一瞬。当“黑天鹅事件”频频出现时，我们终于真切地感受到自己正生活在历史之中。而我们所司空见惯的一切变得不再那么确定。

承蒙中信出版社的信任，去年二月底我开始着手翻译这部《未来大历史》。彼时恰逢俄乌冲突爆发、新冠肺炎疫情依然肆虐全球，人类的前景扑朔迷离。我们迫切地想要回望自己的来处，希冀它可以让我们更了解自己将要到达的地方。翻译此书的过程于我个人而言同样是一次寻找答案的过程。

大卫·克里斯蒂安可谓“大历史”研究领域的执牛耳者。在丰富的研究和教学经验的基础上，他大胆打破学科间的边界，用全新的知识图谱为我们剥茧抽丝地讲述这个世界的来龙去脉。从《时间地图》（*Maps of Time: An Introduction to Big History*）到《起源：万物大历史》（*Origin Story: A Big History of Everything*），克里斯蒂安脑洞大开，将无数历史与自然史的碎片串联起来，再刷新我们对整个世界的认知。

但克里斯蒂安的野心并不止于此。在《未来大历史》中，作者基于前作所描绘的模型，进一步系统梳理了各种环境下与社会形态中的生物体对未来所进行的管理，更将视野放宽到宇宙洪荒——时间的尽头是什么？也因此让我们感悟到当下的人类并不孤单。古往今来，对未知的恐惧、因不确定性而生的焦虑、对美好的期许从未改变，对大多数人而言玄妙莫测的未来学因此变得具象而生动。

不得不惊叹于作者的旁征博引与脑洞大开，从量子物理学、分子生物学、天体物理学到考古学、人类学、哲学、逻辑学、社会学，再到世界各地的神话传奇与史海钩沉，该书万花筒一样的呈现方式让人应接不暇，但读罢则会感到酣畅淋漓。毕竟，一本书既能涉猎《易经》与殷墟甲骨，又能浅谈相对论与概率论，这件事本身就显得有些不可思议，但克里斯蒂安做到了。

然而，这看似发散的叙述背后却无不紧扣“时间”的主题。作者仅用20万字左右的篇幅就几乎为我们编撰了一部关于时间的百科全书。“光阴似箭”“岁月如歌”似乎不仅仅是我们面对人生时的诗意慨叹，更像是凝聚着人类智慧的具象模型。对于稍纵即逝的“当下”，我们也会因此产生更加深邃的思考：“把握当下”不光是一句劝人奋进的口号，它更具有深厚的方法论意义。当我们笃定地知道未来的不确定与此时此刻的可控时，或许在面对困难时会变得更加从容。“寄蜉蝣于天地，渺沧海之一粟。”于浩瀚的宇宙与漫长的时间而言，人类甚至我们的地球与太阳系也不过沧海之一粟。但当我们在这本书中看到连大肠杆菌都在认真“管理”自己的未来时，因渺小而放弃未来管理的一切理由便也不复存在。

最近，ChatGPT 的横空出世让人们为之惊叹，但人们对于可能会被人工智能主宰的未来也多了几分忧虑。电影《流浪地球 2》热映和电视剧《三体》热播，同样广泛引发了人们对人类与地球未来的深思。人工智能的兴起究竟是福是祸？远远还没达到 I 型文明的地球人究竟能在宛若黑暗森林的宇宙生存多久？这些也恰恰是克里斯蒂安在书中考虑的问题。正因为这些与现实的具象联系，对于未来的思考不再是空中楼阁。在一个个思想游戏过后，我们对于自己每天的生活同样会有更丰富的理解。

然而，在如此丰富的内容面前，翻译这本书是一个巨大的挑战。为了尽可能准确地传达作者的原意，对于书中所述及的诸多问题与全新概念，本人作为译者无法仅仅满足于浅尝辄止。因此，除了打磨文本以外，译者将很多时间花在了相关知识背景的搜索与核实上，对原文中极少的名称错误进行了更正，某些地方按照中文读者的阅读习惯进行了个别字词的补译，并酌情加上了注释。在此，我要特别感谢中信出版社的策划编辑程时音与责任编辑曲沛然两位老师，她们对我的译文提出了很多有益的修改意见。但囿于本人知识水平有限，错漏不妥之处在所难免，还请读者不吝指正。

译者　王恺昊

2023 年 2 月

于北京居所